"十二五"高等院校工业设计规划教材

丛书主编 何人可

计算机辅助工业设计——三维产品表现

Computer Aided Industry Design:3D Product Performance

主编 张文莉 姜斌

副主编 李明珠 王春艳

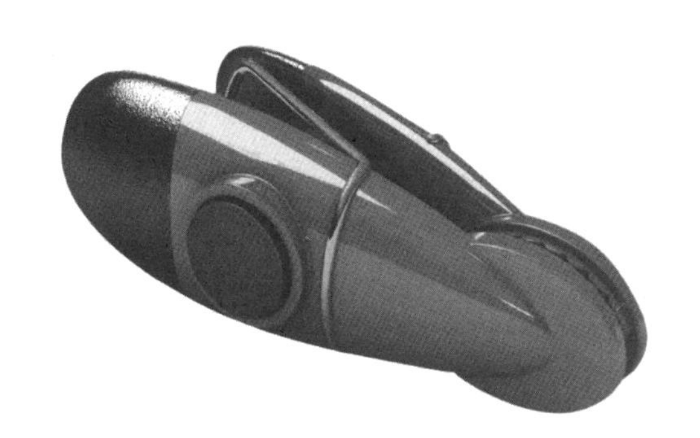

湖南大學出版社
HUNAN UNIVERSITY PRESS

内容简介

本书针对高校教学的实际需要，同时根据市场对学生的基本要求编写。在虚拟产品开发环境下，计算机几乎渗入工业设计各阶段的工作，成为设计师不可或缺的工具。

本书阐述了概念可视化阶段三维效果的表现、设计商品化阶段计算机的功用，对贯穿整个虚拟产品开发流程的设计集成管理与评价进行了讨论，最后介绍了两款计算机辅助工业设计软件的基本操作方法。

图书在版编目（CIP）数据

计算机辅助工业设计——三维产品表现/张文莉，姜斌主编.——长沙：湖南大学出版社，2013.8

（“十二五”高等院校工业设计规划教材）

ISBN 978-7-5667-0382-8

Ⅰ.①计… Ⅱ.①张… ②姜… Ⅲ.①计算机辅助设计—工业设计—高等学校—教材

Ⅳ.①TB47-39

中国版本图书馆CIP数据核字（2013）第140350号

计算机辅助工业设计——三维产品表现

Jisuanji Fuzhu Gongye Sheji——Sanwei Chanpin Biaoxian

主　　编：张文莉　姜　斌

责任编辑：贾志萍　程　诚　　　　责任校对：全　健

责任印制：陈　燕

出版发行：湖南大学出版社

社　　址：湖南·长沙·岳麓山　　　　邮　　编：410082

电　　话：0731-88822559(发行部),88821251(编辑部),88821006(出版部)

传　　真：0731-88649312(发行部),88822264(总编室)

电子邮箱：pressjzp@163.com

网　　址：http://www.hnupress.com

印　　装：湖南画中画印刷有限公司

开　　本：889×1194　16K　　　印张：12.5　　　字数：320千

版　　次：2013年8月第1版　　　印次：2013年8月第1次印刷

书　　号：ISBN 978-7-5667-0382-8/J·264

定　　价：49.80元

参编院校（按地域分布排列）

天津工业大学

天津美术学院

山东大学

山东轻工业学院

山东工艺美术学院

郑州轻工业学院

中原工学院

河南工业大学

湖南大学

长沙理工大学

中南林业科技大学

南华大学

东南大学

南京理工大学

南京航空航天大学

南京林业大学

江苏大学

华东理工大学

张文莉

博士，教授，1968年出生于江苏靖江。毕业于江苏大学机械专业，南京航空航天大学和斯图加特大学（德国）联合培养博士。现为江苏大学艺术学院工业设计系教授，长期从事工业设计和数字化艺术设计教学及研究。

姜斌

硕士，副教授，毕业于湖南大学设计艺术学院工业设计专业。自1995年开始在南京理工大学参加设计教育工作，主讲课程“产品设计”被评为江苏省省级精品课程。2005年获得教育部国家教学成果奖。2010年被评为中国教育部国家级优秀教学团队成员。

总　序

21世纪是由中国制造转变为中国创造的世纪，在这一进程中，工业设计将起到关键作用，综合化和国际化已成为工业设计专业发展的必然趋势。工业设计教育必须从以课程为中心向以课题为中心转变，将设计作为一种高度综合的交叉学科来组织教学，全面提高设计师的综合素质。同时，随着中国经济的日益国际化，设计教育也必须面向国际化的竞争环境，培养具有国际化视野的设计人才。鉴于此，我们着手编写这套新型的工业设计教材。

本套教材编写的宗旨是创新型、立体化与互动式、国际性。

创新型主要体现在：

1．教材力求触及设计教育本质，建立以项目为核心、以案例为基础的教学模式，在内容上探寻认知发展的规律和研究的方法，在形式上辅以多媒体的教学手段，在实施上强调培养学生的社会实践能力和实际动手能力，使教材能引导工业设计专业健康发展，对工业设计教育的改革与实践起到积极的作用。

2．充分重视设计创意的可生产性，充分探索新材料、新生产工艺在工业设计中的可实现性。既可作为工业设计的专业教材，亦可作为工业产品设计公司的工作参考书。

立体化与互动式主要体现在：

1．本套教材随纸质教材配备VCD/DVD光盘，光盘不只是简单的纸质教材的电子教案，其中包括了丰富多彩的拓展材料，如教材中没有涉及的新材料、新技术、新思想和新案例等，是教材内容的补充和延伸。

2．信息化时代的教材出版和建设，有别于过去的纯纸质形式。随着教学理念和手段的变化，学生成为课程的主体。教材出版和建设必须以用户体验为核心，才可能提升教材的可用性和出版社的品牌价值。因此，教材建设的核心竞争是服务的竞争，教材的服务模式成为"纸质+电子版+网络"的形式。今天的工业设计是创造品牌而不仅仅是制造产品，教材的建设也是如此，必须注重质量和服务。我们期待以本套教材为基础，建立一个中国设计教育的数字网络，不仅在教材内容方面与读者有互动，同时也可以为工业设计同行搭建一个学术和实践交流的数字平台，实现设计教育与实践的资源共享和信息交流。

国际性主要体现在：

当代工业设计的研究重点已经发生了巨大变化，由注重产品的设计，发展到强调系统设计、服务设计和人机交互设计的融合，同时讲求设计的可制造性、设计的人文价值和社会价值。本套教材的选题和内容都以此为宗旨，吸收国内外优秀的设计理念和案例，为培养具有国际化视野的设计人才服务。

我们的目标是：通过教材建设来引导和规范专业课程教学，紧密结合社会实际需要，对课程体系进行创新实验，提高工业设计人才培养水平。

参与本套教材编写的大多是专业设计领域具有丰富教学经验的专家和骨干学者，还有许多有创新精神和新思维、新设计观念的年轻教师，这使得扎实的基础理论和实际经验与新设计观念、创造力相融合。本套教材力求体现设计专业的实用性要求，培养学生的创造能力，实现教师与学生的良好互动、设计爱好者之间的交流沟通，真正成为创新型、立体化与互动式、国际性的工业设计规划教材。

教育部高等教育工业设计专业教学指导分委员会主任委员

何人可 教授

2010年6月于岳麓山下

绪　论

虚拟产品开发环境下，计算机几乎渗入工业设计各阶段的工作，成了设计师不可或缺的工具。我们将计算机在工业设计不同阶段的介入分成问题概念化、概念可视化及设计商品化三个阶段考量，本书将主要阐述概念可视化阶段三维效果的表现、设计商品化阶段计算机的功用，并对贯穿整个虚拟产品开发流程的设计集成管理与评价进行讨论，此外还选择了Rhinoceros及Alias Studio Tools软件进行解说。

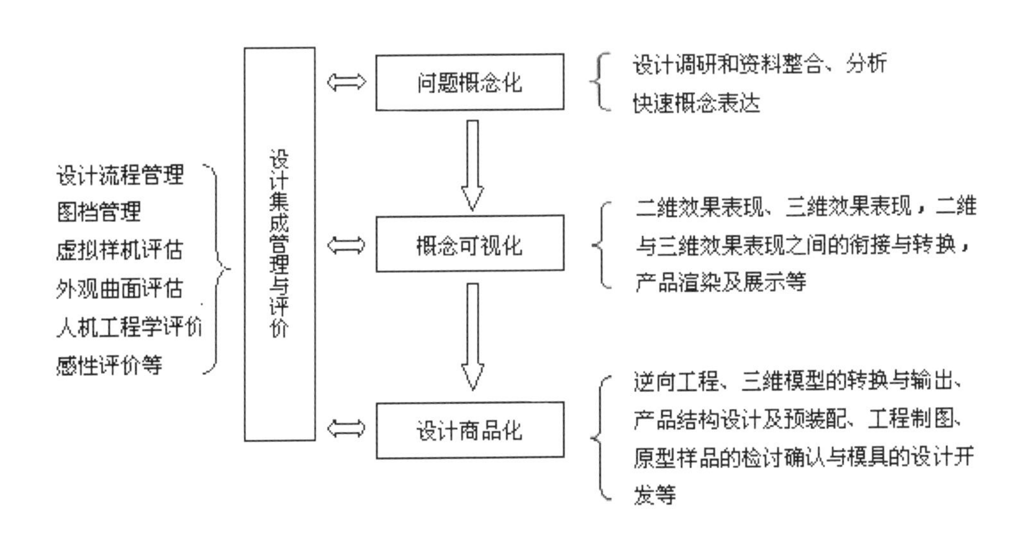

在概念可视化阶段，需要将问题概念化阶段形成的设计概念转化成具体的概念产品，并且以产品效果图的形式表现出来。产品效果图是设计师之间进行有效沟通和交流的桥梁，也是管理决策部门对产品设计方案进行评审的重要依据，同时又是工程设计部门对产品进行工程设计的基础。目前，产品效果图的表现方法主要分为二维和三维两种。

CAID（Computer Aided Industrial Design）在概念可视化阶段的具体应用侧重于三个环节：①二维效果图表现；②三维效果图表现（三维模型制作和渲染）；③设计方案展示。利用计算机来辅助设计概念表达，将设计师的创意和想法转化为可视的产品二维或三维效果图，采用合理的展示手段对产品设计方案进行展示，可给企业决策者或客户以直观的感受，方便方案的评选与决策，也为设计商品化阶段奠定了基础。

目录

Contents

Contents

01 概念可视化——三维效果表现

1.1
三维效果表现

工业产品的最终表现形式是与产品的功能、结构、色彩、材质等要素相互关联的三维立体形态。工业设计最终要面向制造，随着计算机技术的发展，计算机在结构设计、工程设计与分析、模具设计、工艺设计、快速成型等过程中发挥着越来越重要的作用，而这些通常需要以三维模型为基础，所以需要将设计方案三维化。

相对于二维效果表现，三维效果表现拥有更大的优势：更加符合人们对几何形态的认知，能够表达更多的产品信息，更便于人们对产品的讨论与评估。设计师可以通过三维模型更直观、准确地表达出设计构思，设计团队、企业决策者和客户可以在三维模型上进行设计讨论与产品评估，工程师可以直接在三维模型的基础上进行后续的结构设计，也可以用快速成型机将三维模型直接输出为实物模型。

1.1.1 三维建模的思路与方法

各种形态产品的三维建模，对初学者而言都有很大难度。尤其是在面对复杂形态时，他们通常感到束手无策，不知道从哪里下手。尽管CAID软件的建模方式和操作手法各有不同，但总的来说，三维建模的思路与方法是一致的。一个产品可能是简单的几何形态，也可能是纯粹的有机形态，但多为两者的结合。在实际建模过程中，大多数产品模型是不可能通过某一个命令就建立起来的，而是要依据一定的方法和规律，利用简单形态的组合、变化来完成最终的产品模型。因此，在开始建模之前，需要对产品形态进行细致的分析，最后整理出清晰的建模思路与方法，在此基础上开展建模工作，可以少走一些弯路，提高建模效率。

建模是指从基本的点、线、面、体入手，通过一系列的操作完成对产品形态的三维表现，建模思路则是对如何实现这一过程的设想。要明确建模思路，首先要了解三维环境中点、线、面、体各元素之间的关系。在三维软件中，点是最基本的元素；线是由控制点所定义的；面是通过线的拉伸、旋转、扫掠、放样等方式形成的；而体是由多个面组合而成的，是产品形态的最终表现形式。建模过程可以描述为：通过关键控制点的绘制和编辑确定关键曲线；以曲线为基础延展形成曲面；建立曲面间相互连接的过渡面；通过多个曲面的组合形成封闭实体，实现产品形态的三维建模。

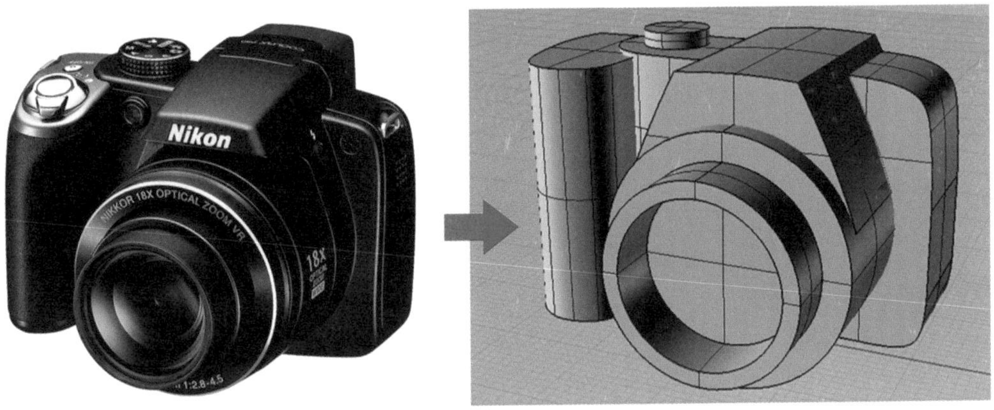

图1-1　相机的形体分析和建模思路

在开始建模之前，需要对产品形态进行理解和分析。不同的产品，其建模方法会有所不同，但基本形体的建立方式却是有限的，这就需要对产品形态进行理解和分析，把一个复杂形体分解成若干个典型的基本形体。任何一个复杂的形体都是由简单形体的叠加、剪切或混合得到的，都可以抽象还原为一个或多个基本形体。对产品形态的理解和分析是三维建模的基础，主要有两种方法：一是组合构成法，即搭积木式的“加法”；二是切割构成法，即挖洞式的“减法”。在实际应用中，需要根据不同产品的形态特征，选择使用合适的方法。另外，设计师需要在生活中对事物多加观察、多加分析，以丰富自己的想象力、提高对产品形态的概括能力。因此，产品形态的三维建模方法和步骤可归纳为：①基本形体建模。基本形体可以是简单的长方体、球体、圆柱体等，也可以是单纯的有机形态。通常，几何形态的建模比较简单，而有机形态的建模则需要分析形态的构成原则，然后绘制出关键曲线，通过拉伸、旋转、扫掠、放样等手段将曲线延展成曲面。②基本形体的组合、切割及过渡面的生成。对由多个基本形体构成的组合形体来说，在完成基本形体建模后，还需要通过不同形体间的组合、切割来建立产品的三维模型。③倒角及细节处理。图1-1为相机的形体分析和建模思路，可见一台相机可以简化为几个长方体和圆柱体的组合。

1.1.2　计算机辅助三维效果表现

虽然三维空间的快速概念表达能够有效地描述设计思想和产品方案，并在此基础上进行立体空间的初步评估，但产品设计最终仍然需要将选定的方案完全三维化，通过建立具体的三维模型，对形态、细节、结构等方面的设计进行进一步的明确和优化，为产品制造提供基础，这就需要真正的三维造型。

目前，比较流行的专业建模软件主要有Rhinoceros、Alias、Pro/ENGINEER、Unigraphics、CATIA等。这里着重介绍前三种：Rhinoceros和Alias属于专门面向三维造型设计和动画设计的软件，提供了多样化的三维建模手段和专业的设计模块；而Pro/ENGINEER属于集成化程度较高的CAID软件，工业设计模块十分强大，对产品设计提供了强有力的支持。

（1）Rhinoceros

Rhinoceros，简称Rhino（犀牛），是美国Robert McNeel & Assoc公司开发的专业3D造型软件，广泛应用于工业设计、三维动画制作、机械设计等领域。与其他建模软件相比，它没有庞大的身躯，不占用太多资源，所需硬件配置也很低。但是它包含了所有的NURBS建模功能，是不受约束的自由造型3D建模工具，十分符合设计师的建模思维，同时它能输出3DS、OBJ、DXF、IGES、STL等不同格式，几乎适用于所有3D软件。

Rhinoceros主要侧重于模型的创建，具有很高的建模效率和易用性，其人性化的操作流程让设计人员极易上手。对于后期渲染方面，V-Ray、Brazil、HyperShot等渲染工具也纷纷推出了针对Rhinoceros的外挂渲染插件。但由于Rhinoceros的集成化程度较低，缺少与下游设计环节的衔接，需要设计人员具备结构设计、工艺设计、模具设计等工程知识和丰富的建模经验。另外，Rhinoceros是非参数化建模软件，没有历史记录功能，模型的修改显得比较困难。图1-2为使用Rhinoceros完成的轰炸机三维建模。

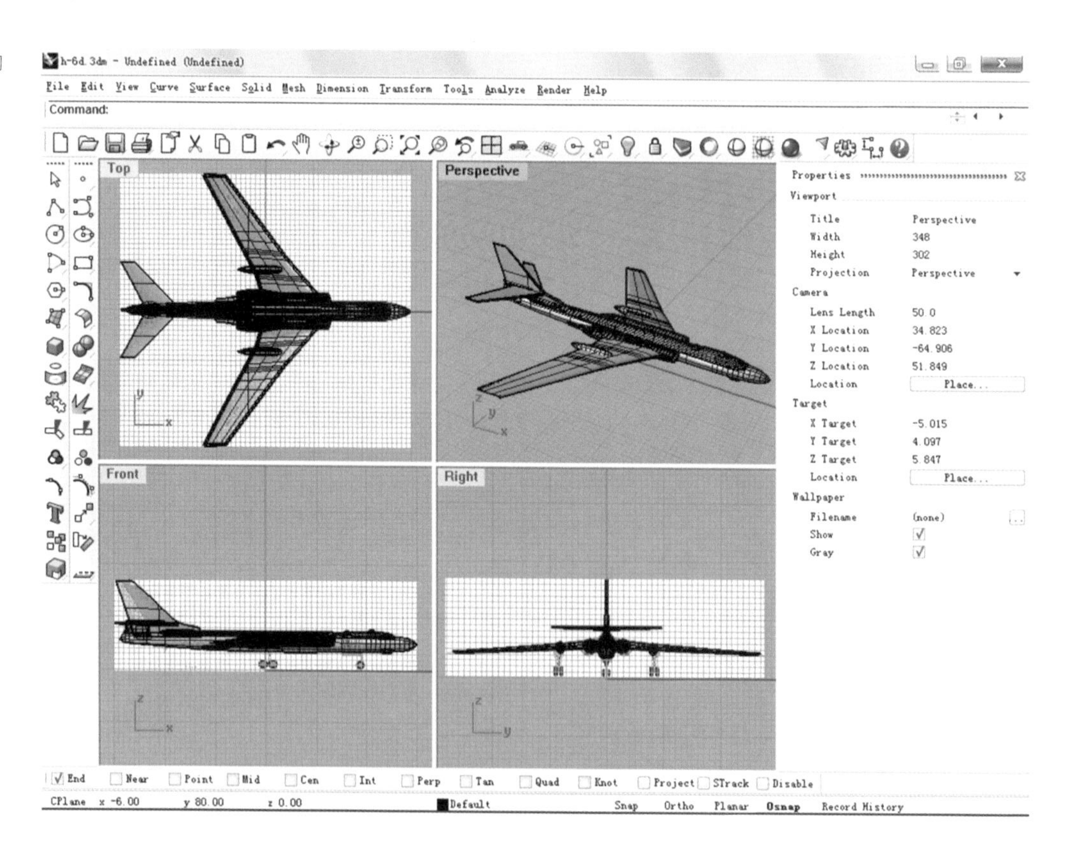

图1-2　使用Rhinoceros完成的轰炸机三维建模

（2）Alias

Autodesk Alias系列软件是专门为工业设计开发的三维造型设计软件，为工业设计提供各个阶段的辅助工具，可以帮助设计师完成从草图绘制、造型设计，一直到制作可用于加工生产的最终模型的全过程辅助。Alias 2010包含了Alias Design、Alias Surface

以及Alias Automotive三个设计模块，分别针对产品设计、曲面设计以及汽车设计三个领域。

Alias从本质上与传统的CAD（Computer Aided Design）软件不同，其价值在于外形设计的高自由度及高效率。它具有强大的NURBS建模能力，非常适合表现产品设计中的流线造型、复杂曲面等。同时，参数化建模系统更方便了设计师对设计方案的修改与评估。它能够优化设计流程，提供的一整套草图绘制、建模和概念可视化工具可以帮助设计师完成创意设计，在单一软件环境中快速地将想法变为现实。除了典型的曲面设计外，它还可用于逆向工程。Alias巧妙地将设计与工程、艺术与科学连接起来，实现了设计、创意与生产的一体化。图1-3为使用Alias完成的手机三维建模。

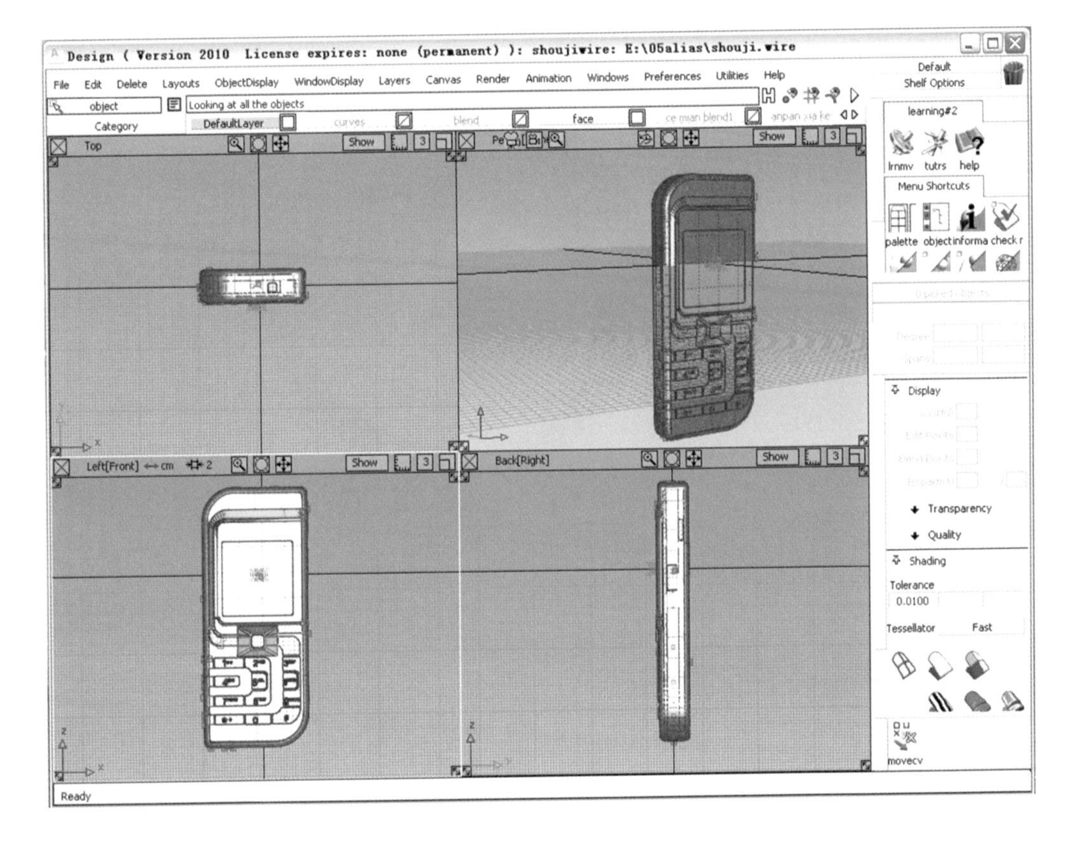

图1-3 使用Alias完成的手机三维建模

（3）Pro/ENGINEER

Pro/ENGINEER，简称Pro/E，是美国PTC公司的产品，目前已经发布了最新版本Pro/ENGINEER Wildfire 5.0。它的软件设计思想可概括为单一数据库、参数化、基于特征、全相关及工程数据库再利用等概念，主要应用于工业设计、机械设计等领域。

Pro/ENGINEER提供了目前所能达到的最全面、集成最紧密的产品开发环境。它以其先进的参数化设计，基于特征设计的实体造型而受到用户的欢迎，可以帮助用户克服传统的设计障碍，提高产品开发的速度、效率和创新性。整个系统建立在统一的数据库上，具有完整而统一的模型，能将整个设计到生产的过程集成在一起。Pro/E采用模块化方式，用户可以根据自身的需要进行选择，分别进行草图绘制、零件制作、装配设计、钣金设计、加工处理等操作。此外，Pro/ENGINEER不但可以应用于工作站，也可以应用到单机上；用户界面简洁，概念清晰，符合工程人员的设计思想与习惯。基于以上原因，Pro/ENGINEER在最近几年已成为三维机械设计领域最富有活力的建模系统，并作为机械CAD/CAE/CAM领域的新标准而得到业界的认可和推广。图1-4为使用Pro/ENGINEER完成的车轮三维建模。

图1-4　使用Pro/ENGINEER完成的车轮三维建模

1.2 二维与三维效果表现之间的衔接与转换

产品造型设计中，使用二维效果表现在效率上有着绝对的优势，不用经历复杂的建模和漫长的渲染，就可以得到最终的效果。但二维效果图并不能够完整而精确地表现产品设计方案的全部信息，仅适用于表达概念。与之相对的三维表现方法则可以全方位地展示产品，表现效果也最接近于实际产品的真实效果，但通常需要花费大量的时间。因此，我们在设计过程中需要由二维设计方案向三维实体建模转换，将二、三维这两种截然不同的表现方法结合起来，并汲取各自的优点来进行产品造型设计和效果表现。在进行三维建模时，为了保证二维向三维转换过程中设计方案的延续性，忠实还原二维设计方案，许多CAD软件将二维设计模块与三维设计模块进行了整合，使创作过程能够很好地衔接，方便了设计方案的表达与修改。

当设计师将设计方案由二维设计图转变为三维模型之后，还需要对其进行更深入地分析并继续细节设计，如果此时发现设计方案的不合理之处，需要对形态进行一些改动，则往往需要重新绘制设计图来推敲形态。这种继续设计或是对原有方案的修改过程，通常是依靠绘制二维草图来完成的。在一些CAD软件中，能够轻松实现二、三维效果表现之间的衔接与转换，为高效、便捷地表达设计方案提供了可能。例如，在Alias中设计师可以将二维草图直接绘制在三维场景中，以此实现二维与三维的相互作用。利用这一功能，设计师在进行方案探讨的过程中，可以将新的设计思路以及客户的修改意见直接绘制在三维模型上，并与他人进行直观的交流。

这种由二维平面向三维立体转换的设计流程，目的是给设计师提供一种更加直观的设计方法，使设计师能够在设计最初阶段就对产品最终效果有很好的把握。二维设计图转化为三维模型的中间阶段，弥补了二维与三维之间的鸿沟，使设计的流程更加流畅和自然。

1.3
数字雕塑

1.3.1 数字雕塑概述

随着计算机三维造型技术的发展，使用三维软件进行产品设计与评估已成为一种趋势。但是，就目前常用的计算机建模方式而言，无论是多边形还是NURBS曲面，方法都比较复杂，需要经过长时间的练习才能熟练掌握。而在计算机三维软件应用之前，设计师是通过雕塑黏土等材料制作实物模型，实现对新产品的设计和评估，其最大的特点是直观、造型自由度大、不受技术条件限制。用于计算机建模的三维软件的操作方式与传统的雕塑造型有很大的不同，这使得习惯于传统工作方式的设计师们很难适应，难以发挥出他们的全部才能。

计算机三维软件的设计者们一直都在寻求更直接、更人性化的数字模型建立方式，能提供像“雕塑”和“刮黏土”一样容易使用的功能，使设计师能以制作黏土模型的方式在计算机中直观建模。其中，最先应用的是三维扫描技术，它是集光、机、电和计算机技术于一体的高新技术，主要用于扫描三维物体，以获得物体表面的空间坐标及色彩信息，能够将实物的立体信息转换为计算机能直接处理的数字信号，并在计算机中生成三维模型。早期三维扫描仪采用探测头接触物体表面，通过探测头反馈回来的光电信号拾取物体表面上的点；如今的三维扫描仪则通过发射激光进行采样，可以扫描体形很大的物体，实现对各类表面的高速三维扫描。在产品设计过程中，可以先由模型师制作出黏土模型，然后经过三维扫描获得数字模型，逆向完成计算机三维建模。

三维扫描技术的最大不足就是无论如何都需要一个原形，无法实现完全的数字化。如果将手工建模与三维扫描技术的特性相结合，就可以在计算机虚拟空间中直接进行无实物建模，软件工程师由此开发出了FreeForm、Mudbox、ZBrush等数字雕塑系统与软件。除了FreeForm需要专门的输入设备，其他两款软件因其操作方便（键盘鼠标即可）、与传统建模软件的无缝拼接、极高的建模效率以及出色的模型质量等优点，在影视制作、游戏设计、产品造型等领域迅速普及。这类软件的特点是抛弃了以往三维软件对顶点、曲线的编辑方式，完全使用笔刷工具对模型进行编辑和修改，结合使用数位板的压力感应功能，设计师可以对笔触进行完全控制，获得预想中的效果。同时，这类软件对内核进行了优化，使其可以对大量多边形进行编辑而不会出现模型无法拖动现象。因此，设计师有能力制作出更精细的细节，提高真实程度，极大地增加了模型的表现力。

1.3.2 三维数字雕塑系统

（1）FreeForm

FreeForm是目前全世界第一套使用触觉的计算机辅助设计系统，与雕塑黏土一样，它可以通过触觉来雕塑任何形态的三维造型，让设计者能够快速且随心所欲地设计与构建三维模型。FreeForm完全摆脱了一般3D设计软件的限制，而是提供了与真实世界互动的最基本方式——触觉，设计师可以通过触感，与模型进行直接和自然的互动。FreeForm的工作原理很简单，通过操纵杆来塑造显示屏里的电子“黏土”，在上面以不同的强度和半径进行刻画，可以随心所欲地构建任意形状的模型。FreeForm相比手工建模和三维扫描仪的优势在于其更强的直观性和灵活性。使用FreeForm系统，设计师对电子黏土有完全的控制能力，可以方便地对模型进行修改，创建难以用数字化描述的理想设计作品。

FreeForm完全符合现代产品设计理念和制造流程，它消除了“二维绘图”与“三维产品设计”间的鸿沟；补充了实体模型的不足，甚至取代了实体模型；可以让设计师自由地在三维环境里挥洒创意，就如同他们用纸和笔在二维平面上设计一般，同样也可以直接在输入的草图、二维工程图、扫描的点集数据或是三维工程图上进行设计。FreeForm系统可以迅速且方便地画出大概的模型及设计思路，接着再对模型做细节设计。设计好的FreeForm模型可以直接输出到快速成型设备以产生原型；也可以输出到其他的制造软件中。

FreeForm系统已经应用于工业产品、玩具、礼品、消费电器以及汽车内饰等诸多与设计相关的领域，使设计过程变得十分方便。但因其不支持鼠标键盘操作，需要单独购买专用的输入设备，成本较高，因此FreeForm系统目前的普及程度并不高。图1-5为使用FreeForm完成的数字雕塑。

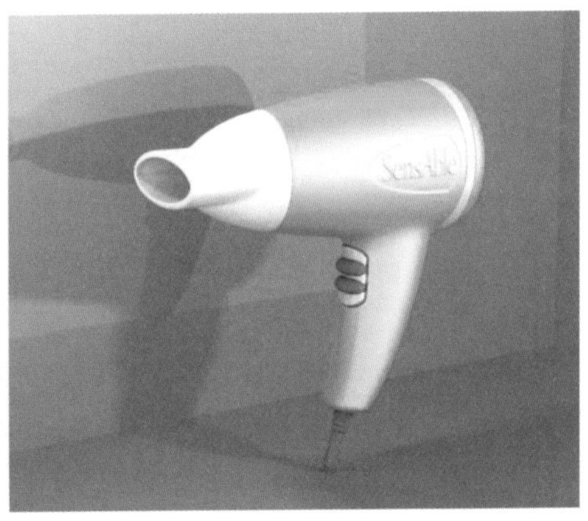

图1-5　使用FreeForm完成的数字雕塑

（2）Mudbox

Mudbox最初是新西兰Skymatter公司开发的一款独立运行且易于使用的数字雕塑与纹理绘画软件，现在属于Autodesk公司所有。该软件提供了一种全新的基于绘画笔刷的建模方式，使用户可以在三维空间中自由使用笔刷工具雕塑出复杂的三维模型。Mudbox是由电影、游戏和设计行业的专业艺术家设计开发的，为三维建模人员提供了创作自由

图1-6　使用Mudbox完成的数字雕塑

性，而不必担心技术细节。

Mudbox数字雕塑软件拥有高度直观的用户界面和一套高性能的创作工具，包括建模工具和细节制作工具等，可用于制作超逼真的高多边形三维模型。用Mudbox数字雕塑软件制作的模型可以很容易地输出到Autodesk公司的Maya、3ds Max等三维软件中进行贴图处理、动画设置和最终渲染。Mudbox数字雕塑软件现在已经广泛地被世界很多著名视觉效果设计公司、游戏开发公司所采用，其中著名电影《金刚》中的角色就是由Mudbox数字雕塑软件完成的。图1-6为使用Mudbox完成的数字雕塑。

（3）ZBrush

ZBrush是由Pixologic公司研发的数字艺术创造工具，该软件提供了极其优秀的雕塑建模功能，极大地增强了设计师的创造力。设计师可以通过数位板或者鼠标来控制ZBrush的立体笔刷工具，自由自在地随意雕塑自己头脑中的形象。

ZBrush细腻的笔刷可以轻易塑造出皱纹、发丝、青春痘、雀斑之类的皮肤细节，包括这些微小细节的凹凸模型和材质。ZBrush不但可以轻松塑造出各种数字生物的造型和肌理，还可以把这些复杂的细节导出成法线贴图和低分辨率模型。这些法线贴图和低模可以被大型三维软件Maya、3ds Max等识别和应用，成为专业动画制作领域最重要的建模材质辅助工具。ZBrush通过使用许多强大的输出选项可以轻松配置模型，进行快速成型或者在其他数字应用程序中使用。由于该软件对计算机硬件的要求较低，用户覆盖了从艺术爱好者到大量的电影和游戏工作室的制作人员。图1-7为使用ZBrush完成的数字雕塑。

图1-7　使用ZBrush完成的数字雕塑

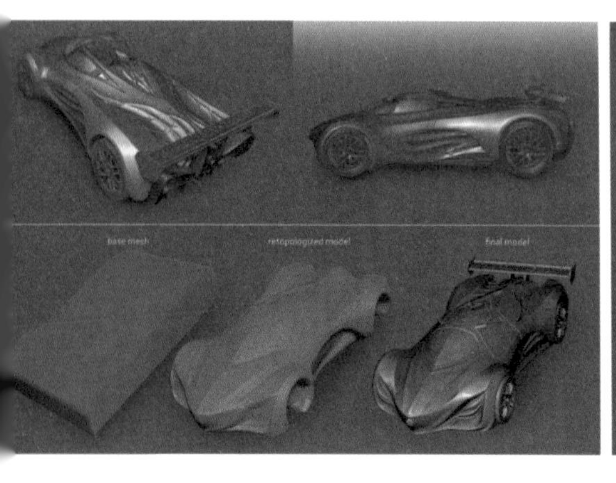

总之，将数字雕塑软件整合到设计流程中，可以极大地提高制作效率，使设计过程更为直观。可以预见，数字雕塑技术将在未来得到普遍应用，并成为设计师进行创意设计的得力助手。

1.4
渲染

在确定设计概念之后，设计师可以利用计算机建模软件生成三维模型，并为其添加材质、灯光、环境等，进行多角度的渲染。所谓渲染（render），就是指计算机三维绘图软件依据所设置的灯光参数以及材质属性，按照计算机图形学理论，通过计算灯光与各个三维模型之间的相互关系，最终将三维模型和场景输出为图像文件或视频信号。计算机三维渲染图的最终效果主要由灯光和材质两大因素决定的。通过对灯光、材质以及环境的调试，渲染生成的产品效果图能够真实反映出产品的实际效果，形象而直观，具有很强的说服力，同时还可以变换多种配色方案，为设计评价提供依据。

1.4.1　主流渲染器简介

渲染器是计算机渲染的基础，也是设计师必不可少的工具之一。通常，三维软件都有自带渲染器，如3ds Max、Rhinoceros、CINEMA 4D等，但自带渲染器往往需要经过复杂的参数调试，才能达到理想的渲染效果，对设计师的材质贴图技术和灯光技术有较高的要求。随着计算机图形技术的进步，各种高级渲染器层出不穷，便捷的参数设置、高效的渲染速率为工业产品的渲染提供了有力支持，可以轻松渲染出照片级别的产品效果图，这无疑提高了产品设计方案展示过程中的说服力和可信度。这里着重介绍V-Ray、HyperShot、Alias ImageStudio和Brazil四款渲染器。

（1）V-Ray

V-Ray光影追踪渲染器由专业的渲染器开发公司Chaosgroup开发，是目前业界最受欢迎的渲染软件之一。基于V-Ray内核开发的有V-Ray for 3ds Max、Rhinoceros、Maya、CINEMA 4D等诸多版本，为不同领域的优秀3D建模软件提供了高质量的图片和动画渲染。除此之外，V-Ray也可以提供单独的渲染程序，方便使用者渲染各种图片。

V-Ray渲染器提供了一种特殊的材质——VrayMtl，在场景中使用该材质能够获得更准确的物理照明（光能分布）、更快的渲染、更方便的反射和折射参数调节。使用VrayMtl，可以应用不同的纹理贴图，控制其反射和折射，增加凹凸贴图和置换贴图，强制直接全局照明计算，选择用于材质的双向反射分布功能（BRDF）。V-Ray的功能比较

图1-8 V-Ray渲染实例

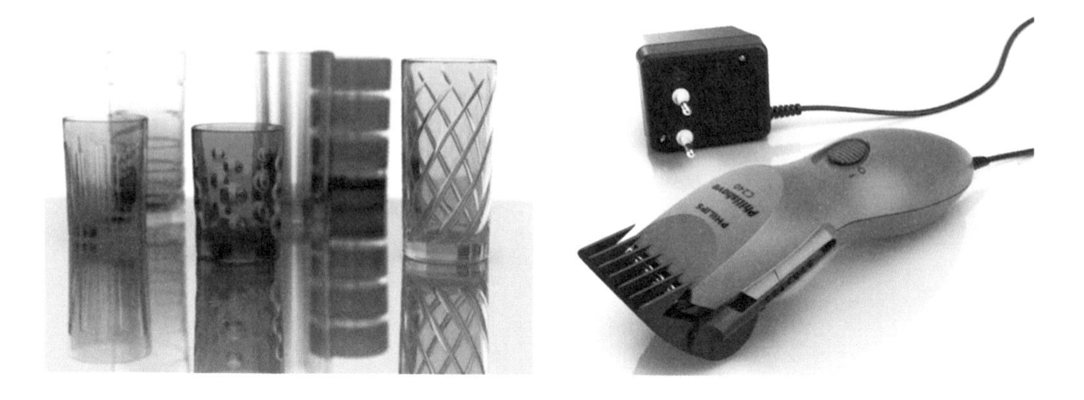

全面，支持全局照明、焦散、景深以及卡通渲染等流行的渲染特性，并且提供了新的灯光和材质类型。V-Ray的特点是设置简单灵活、易学易用，而且渲染速度很快，这使其在面世后很短时间内就赢得了大量用户，成为目前最流行的外挂渲染器之一。图1-8为V-Ray的渲染实例。

（2）HyperShot

HyperShot是由Bunkspeed公司出品的一款基于luxrender的即时着色渲染软件。它的即时渲染技术，可以让使用者更加直观和方便地调节场景的各种效果，在很短的时间内作出高品质的渲染效果图，甚至直接在软件中表达出渲染效果，大大缩短了传统渲染操作所需要花费的时间。此外，HyperShot自带许多材质、贴图和场景，简化了相关参数的调试过程，设置非常简单，能基本满足产品设计的需要。HyperShot的强大功能，使渲染成为产品设计流程中一个必要而简单的部分。

HyperShot支持模型的直接导入，可以直接打开3DS、OBJ、IGES等格式的模型；也可以以插件的形式支持Rhinoceros、Pro/ENGINNER、SolidWorks等软件，但需要安装相应的接口文件。图1-9为HyperShot的渲染实例。

图1-9 HyperShot渲染实例

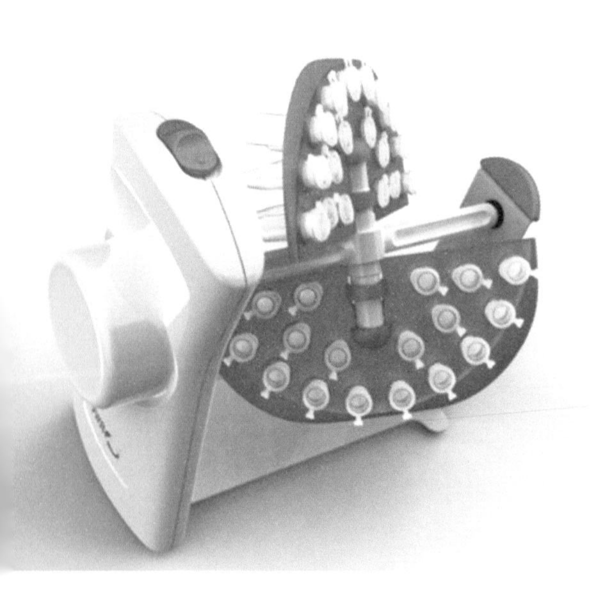

（3）Alias ImageStudio

Alias ImageStudio是业内著名的Alias公司推出的一款全新渲染软件。它主要针对进行概念建模但又需要高质量渲染图像的设计作品，能够将在StudioTools或CAD软件中创建的3D文件转换成出色的渲染图像。ImageStudio应用了Mental Ray技术并支持艺术级的"Image Based Lighting"。软件可通过IGES格式读取由StudioTools、Maya和其他CAD软件所创建的3D模型。渲染图像可被保存为多种格式，例如BMP、TIF、JPEG等。

图1-10 Alias ImageStudio渲染实例

Alias ImageStudio是一个强力渲染软件，可以将StudioTools导出的文件进行高质量、照片级的渲染处理，而且支持HDRI图像技术。其材质模块包括了许多用于现代产品制造的新型材料，例如纹理塑料、喷砂玻璃、金属栅格等精细材料以及布料、皮革等柔软材料。Alias ImageStudio具有易用的用户界面和领先的输出功能，可以获得视觉效果逼真的产品渲染图，提高设计师的工作效率。图1-10为Alias ImageStudio渲染实例。

（4）Brazil

Brazil渲染器是德国SplutterFish公司开发的产品，拥有强大的光线跟踪、全局光照、散焦等功能，又拥有独立的灯光、材质、摄像机模块以及灵活的参数调节，渲染效果特别出色。

Brazil是一款为超高质量图像开发的渲染器，高级的算法、新的思想和可延展性的结构体系几乎能满足所有渲染要求，其功能集成在同类渲染器中是比较全面的。Brazil以渲染图像的高品质著称，其渲染的图像品质要优于其他渲染器，但是渲染速度较慢，设计师应根据具体项目的情况进行选择性使用。图1-11为Brazil渲染实例。

图1-11 Brazil渲染实例

1.4.2 高级渲染表现的相关概念

（1）全局光照明

全局光照明（global illumination，简称GI），是高级渲染器的重要特性之一，也是高级渲染器区别于传统渲染器的主要因素。GI是一种高级照明技术，它能模拟真实世界的光线反弹照射现象。一束光线投射到物体后被打散成多条不同方向带有不同该物体信息的光线继续传递、反射、照射其他物体，当这条光线再次照射到物体之后，每一条光线再次被打散成多条光线继续传递光能信息，照射其他物体，如此循环，当最终效果达到用户要求时，光线将终止传递，这一传递过程称为光能传递，也就是全局光照明。

在没有全局光照明技术时，使用计算机渲染的效果图只有光线直接照射到的地方才是亮的，而光线没有直接照射的地方则是漆黑一片。全局光照明效果为用户提供了虚拟场景中的物体形状、材质以及相互位置关系的重要信息，从而能够大大提高计算机生成图像的真实感，实现非常真实的漫反射光照，很好地模拟各种光学效果。目前的高级渲染器中都集成了全局光照明引擎，往往使用一个光源并通过对渲染参数的简单设置就可以得到逼真的全局光照明效果。另外，全局光照明能够方便地调用3D硬件加速计算，渲染效率较高。

全局光照明的渲染方式经常用于产品效果表现，使用这种方式渲染所得到产品效果图主体突出，同时又给人一种舒适、干净的感觉，渲染效果显得更加真实自然。

（2）HDRI贴图

HDRI是计算机图形学中的一个概念，是高动态范围图像（high-dynamic range Image）的缩写，将HDRI贴图引入到渲染表现中是高级渲染器的另一个特点。通过使用HDRI图像进行光线表现，可以得到极为逼真的渲染效果。计算机在表示图像的时候是用8bit（256）级或16bit（65536）级来区分图像的亮度的，但这区区几百或几万个亮度级别无法再现真实自然的光照情况。普通的图形文件每个像素只有0～255的灰度范围，这实际上是不够的，也就是说自然界的光线颜色和强度是上述的规格无法囊括的，一些极亮和极暗的光线不能通过上述的规格来表现。想象一下，太阳的发光强度和一个纯黑物体之间的灰度范围（亮度范围的差别），必定远远超过256个级别。普通的图形文件除了在亮度上无法与现实中人眼所能感知到的亮度相比外，对色彩的记录也有较大的缺陷。计算机中最常见的JPEG格式图片是8bit图片，其色彩由三原色RGB构成，每种颜色也在0～255的区间内以整数形式表示。例如，两个采样点颜色分别是R：216；G：0；B：0和R：217；G：0；B：0，虽然只相差一个单位，看似非常接近，但在真实世界中R：216与R：217之间还会有许多其他颜色。这些丰富的色彩信息也因为普通图形文件格式的承载能力有限而不能被完整记录下来。从以上两点不难看出，普通图形文件格式是非常不精确的，远远没有记录到现实世界的实际状况，这种普通的8bit或16bit的图片又可称之为LDRI（low-dynamic range image）。

HDRI就是为了解决上述问题发展而来的，HDRI是一种亮度范围非常广的图像，它比其他格式的图像有着更大的亮度数据贮存，而且它记录亮度的方式与传统的图片不同，不是用非线性的方式将亮度信息压缩到8bit或16bit的颜色空间内，而是用直接对应的方式记录亮度信息。HDRI可以说是记录了图片环境中的照明信息，因此我们可以使用这种图像来“照亮”场景。有很多HDRI文件是以全景图的形式提供的，我们也可以用它做环境背景来产生反射与折射。HDRI图片可以使用Photoshop软件制作，也可以从专业图像公司购买或网上免费下载。

在制作产品与真实使用环境相结合的展示效果图时，使用HDRI图片进行贴图，辅助渲染，可以使产品与环境完美结合到一起，极大地提升产品效果图的真实感和表现力。

（3）分层渲染技术

计算机三维渲染表现是一项需要花费大量时间的工作，要表现的产品越复杂、真实度越高，相应付出的渲染时间也就越多。为了提高渲染速度并为后期效果的修改提供方便，在产品效果图制作过程中可以将不同的画面元素分开进行渲染，最后在平面处理软件中对画面进行重新组合，从而得到最终的表现效果。分层渲染，就是将物体的光学属性分类，然后再执行渲染，得到一个场景画面中的多张属性贴图。分层的作用就是让我们在后期合成中更容易地调整画面效果，如减弱阴影、物体遮挡、高光特效等。

分层渲染根据具体要求，可以按照物体的视觉属性精细分层，比如分为颜色层、高光层、阴影层、反射层、折射层、发光层等。把一个物体视觉属性分为如此多的层次后，后期控制的可操作性大大增强，可以调节出非常丰富的效果。在产品效果表现时一般可以将画面分为如下几层：颜色层只要表现出物体的颜色和明暗关系，可在渲染时将材质的所有反射以及折射属性全部关闭；反射层主要表现材质质感，在渲染该层时只需将模型赋予高反射的金属类材质并适当降低材质的diffuse（固有色）值；阴影层单独渲染阴影，有助于后期对阴影的调节；物体选择遮罩层为后期修正图片提供相应的选区。

分层渲染完毕后，可以用Photoshop、After Effects及Fusion等后期合成软件完成对渲染层的合成。由于单独渲染各个渲染层的速度都比较快，大大提高了渲染的效率，同时由于合成过程中可以对画面元素进行精确控制，使渲染过程的可操作性得到了很大增强。分层渲染技术往往是大型设计制作时不可缺少的一个技术环节。

1.5 产品设计方案的展示与表现

1.5.1 爆炸图及三维运动模拟动画

爆炸图是将产品装配图分解成各个零件的表现图，可以清楚地反映产品的组成结构、装配形式。利用爆炸图来表现装配结构的形式已经广泛使用，现在随着CAD软件的发展可以更加直观地将装配过程进行动态演示。很多CAD软件都提供了三维装配动画演示功能，生成装配体后，很容易进行动态装配过程的演示，为生产制造提供直观的依据。通过产品爆炸图和动画演示，可以清楚地了解产品复杂的装配关系。

爆炸图应当尽量按照产品零件装配的顺序和方向进行拆解，为了清楚显示零部件之间的装配关系，可将装配的轴线方向用轨迹线标出，如果零部件较多，可按照实际装配过程制作出装配动画，清楚地模拟再现整个产品的装配过程。爆炸图也可以直接生成到工程图上，由于每个零件都被清楚地分散开来，使设计人员有可能在一个视图上标出所有零件序号。爆炸图可以用来分析零件之间的装配关系是否合理，是否存在干涉现象，记录和再现整个产品的装配过程和顺序。除此之外，动画演示还可以表现产品的物理机构运动，并进行多角度演示。爆炸图可以通过存储的方式输出为常用的图片文件格式（JPEG、BMP、PNG、TIF），或者使用录制动画命令，生成一个WMV或AVI格式的动画模拟文件。输出的动画文件可以在非线性编辑软件中进行编辑，或用于多媒体演示中。爆炸图也可以输出为Acrobat或者Autodesk Viewer等电子文档格式。

运动模拟动画除了反映装配关系，在工业设计中的其他领域也有广泛应用，如汽车碰撞情况模拟，或演示一个产品从概念雏形到最终效果的设计开发过程等。图1-12为数码摄像机的爆炸图。

图1-12 数码摄像机的爆炸图

1.5.2 动画、视频和非线性编辑

产品设计要充分考虑人在使用时的状态与感受，因此在设计展示过程中对于产品情境的表达必不可少。产品情境表达是指对产品使用状态、使用环境、产品与人的关系等进行表达。为了表现产品在环境中的状态，产品和使用者的关系，情境表达可以用讲故事的方式为客户提供相应的线索，在设计阶段用于诠释设计的理念，为产品设计评价提供帮助。产品设计方案仅靠计算机渲染图不能完全反映产品的使用状态，也不能充分体现产品与使用环境之间的关系，因此设计师会通过产品展示动画和演示视频来表达产品情境。产品情境表达在市场宣传时往往能更好地打动受众，宣传产品形象乃至企业形象，赢得投资者和消费者的关注与信赖。

动画是利用计算机软件创作的一系列连续画面，它可以表现事物随时间和空间变化的过程。产品展示动画是计算机三维渲染图的延续，连续变化的产品渲染图构成了展示动画的基本元素。产品展示动画是产品设计的高级表现形式，能以动态的方式从各个角度展示产品的细节。动画在产品表现方面，除上一节所说的动画应用外，还有拟人图形的动画、符号化图形动画、人物表情或者形体语言动画等，分别应用于不同场合与不同的表现目的。

演示视频是指由摄像机拍摄的内容，与动画相比，视频内容取材于现实生活，给人真实可信的感受。演示视频和产品展示动画的结合可以更有效地表达产品情境，传达更多产品的文化内涵和情感价值。

非线性编辑是指用计算机编辑视频，将拍摄的内容进行剪辑、叠放、排序等操作，再加上片头、配音、字幕甚至动画等，制作成一段完整影片的过程。产品演示视频通常需要将实际拍摄的画面与计算机制作的图像进行合成，这个过程可以用非线性编辑软件来完成。PC机上常用的非线性编辑软件有Premiere、After Effects、Combustion等。各种非线性编辑软件基本原理相近，例如可对3D动态视频文件或者DV捕获的视频素材进行专业处理，可在计算机平台上播放，支持多种文件格式。非线性编辑软件都可以实现专业级的音频混合和时间线拖放控制、字幕、抠像、界面优化、制作阶段的实时效果支持等功能。

1.5.3 产品交互设计表达

（1）多媒体演示

产品设计表达往往会运用多种展示手段，如借助多媒体的优势，根据需要将以上提到的不同表达形式综合起来，将产品设计的大量信息集成在一起，利用交互手段将信息内容按照一定规则组织起来，用户可根据自己的意愿，选择感兴趣的内容进行浏览。这种综合的表现形式可用于设计投标、产品广告、电子商务等。

多媒体可以集成文字、图形、图像、动画、视频、音频等多种元素，然后通过一个整合的平台向观众传达信息，访问者通过一定的交互界面进行浏览。将丰富的多媒体信息组织起来，通过设计良好的交互界面使人们易于使用，是多媒体表达设计的重点。具体到产品设计的多媒体信息组织就是要将大量的产品信息按照合理的逻辑关系和条理进行重新整合，并通过受众可以理解的方式表达出来，同时考虑不同的传播用途和表达对象采取不同的信息组织方法。

除了信息组织结构，多媒体演示的交互界面设计也是非常重要的。如果说信息组织是对信息的梳理和重新规划，那么交互界面设计就是这种规划的视、听觉表达。交互式阅读能满足个性化需要，用户可根据自己的兴趣选择浏览内容，交互界面是设计者与用户对话的窗口，界面设计的好坏直接影响到用户的感受。图1-13为产品设计方案的多媒体演示。

目前，国内外流行的多媒体软件主要有PowerPoint、Authorware、Flash、Director等，这些软件在实际运用中都能合理地整合多媒体信息的组织结构，提供了优良的交互界面。这里介绍最常用的三款多媒体演示软件。

PowerPoint是一款简单易用的多媒体软件，常被称为电子幻灯片，主要用于制作演讲报告。它能够制作出集文字、图形、图像、声音以及视频剪辑等多媒体元素于一体的演示文稿，把所要表达的信息组织在一组图文并茂的画面中，演示文稿可以通过计算机屏幕或投影仪播放。

在PowerPoint中，使用设计模板可以将每个幻灯片的版式规范化。信息内容可以按

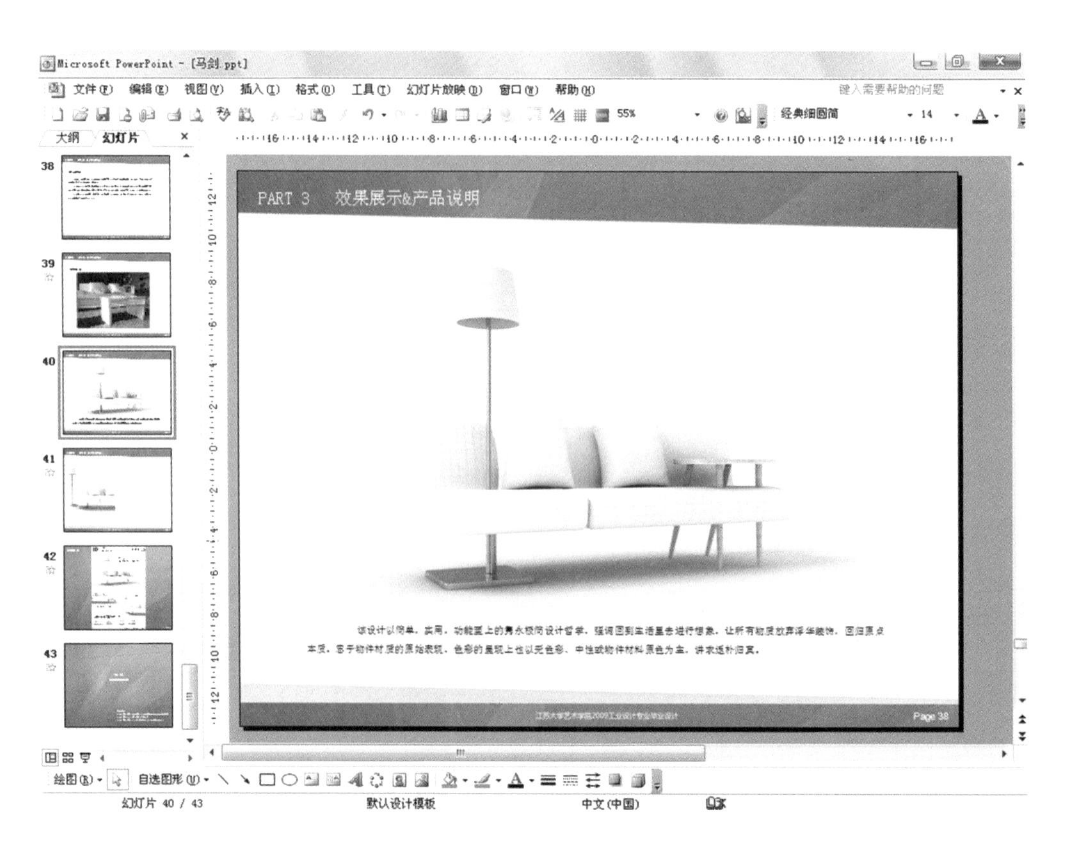

图1-13 产品设计方案的多媒体演示

照幻灯片的形式依次播放，也可以为某几项文字或图片内容添加互动行为，如点击后直接链接到某个幻灯片、网站、文档或者视频动画等。软件还为幻灯片的切换提供了多种动画效果。同时，PowerPoint具有网络会议和协同设计的功能，根据软件提供的联机协作功能，可以进行网上的可视会议。PowerPoint目前支持的文件格式有BMP、JPEG、OLE、SOUND、WAVE、MPEG等。

Authorware是美国Macromedia公司开发的一款多媒体制作软件。它以图标为导向，无需传统的计算机语言编程，只需要调用图标来编辑一些控制程序走向的活动流程图，将文字、图形、声音、动画、视频等各种多媒体项目数据汇在一起，就可达到多媒体制作的目的。而且，该软件具有多种镜头和界面切换动画模式，随着版本的升级，动画效果不断增加和成熟。

该软件的缺点是素材本身的效果制作能力较弱，比如对一张产品图片的处理不如Photoshop图像处理功能，而动画的生成又不如Flash自由，所以在运用该软件时，最好将各种素材处理完毕，最后在场景中进行合成。该软件支持的格式有MPEG、WAVE、MP3、JPEG、GIF、OLE等。

Flash是美国Macromedia公司开发的一款基于矢量图形的交互式多媒体软件。设计人员和开发人员可使用Flash来创建演示文稿、应用程序和其他允许用户交互的内容。Flash有自己的动态交互脚本和语言，可以进行个性化的界面和动画设置，具有强大的矢量动画制作能力。

Flash可以包含简单的动画、视频内容、复杂演示文稿和应用程序以及介于它们之间的任何内容。通常，使用Flash创作的各个内容单元称为应用程序，用户可以通过添加图片、声音、视频和特殊效果，构建包含丰富媒体的Flash应用程序。Flash的文件精简，非常适合网络播放，不足之处是由于它用影帧的方式来设计和控制电影文件，导致元素太多或者场景过长，很难控制。

利用多媒体，可以将设计的各个阶段的信息整合起来，形成真正的设计流程表达。对设计来说，进行多媒体素材的收集和整理，有利于设计程序的科学化、合理化，并且以低空间占有的方式进行设计素材的储备和保存。多媒体的介入，不仅完善了设计表达，同样在一定程度上健全了设计方法和程序。

（2）网络虚拟展示

由于互联网的快速普及，通过图片进行产品展示的方式已逐渐不能满足人们的需要，于是产生了网络虚拟展示。网络虚拟展示可以表现产品的造型、材质、功能、操作等多方面的详细信息，用户可以有选择地进行观摩，多角度、多方位地观看产品，得到需要的信息。

目前，网络虚拟产品展示已成为主流的产品展示形式之一，主要特点就是对三维模型的网上交互演示。网络虚拟产品展示允许用户对产品虚拟模型进行多种方式的交互操作，例如用户可以通过界面按钮给产品更换色彩、材质、配件等，还可以模拟对产品的真实操作，如旋转按钮、开关声音、开关电源、拆装部分结构等，虽然不能亲手触摸到产品，也能够感受到产品使用中的许多细节。这种展示形式可用于产品推广或电子商务，网络受众广泛，传播面广。

网络产品虚拟演示的制作使用的是网络三维虚拟实景技术（简称3DVR），该技术模拟人的视觉、听觉、触觉等感官功能，使人能够沉浸在计算机生成的虚拟境界中，并能够通过语言、手势等自然的方式与之进行实时交互，创建了一种人性化的多维信息空间。一些专业制作软件可以支持三维模型的实时显示，同时可进行交互行为设定，但目前的网络虚拟展示仍然以平面的三维显示为主。如果要使产品的真实性达到可触摸、可使用、可感觉的“真实”效果，需要借助许多相关仪器，如立体投影、传感器、数据手套、力反馈装置等。目前，高端的虚拟现实技术已经在一些大型企业中得到应用，如奔驰汽车公司使用虚拟现实技术展示汽车设计方案，给产品评估提供了真实可靠的依据。图1-14为汽车产品的网络虚拟演示。

图1-14　汽车产品的网络虚拟演示

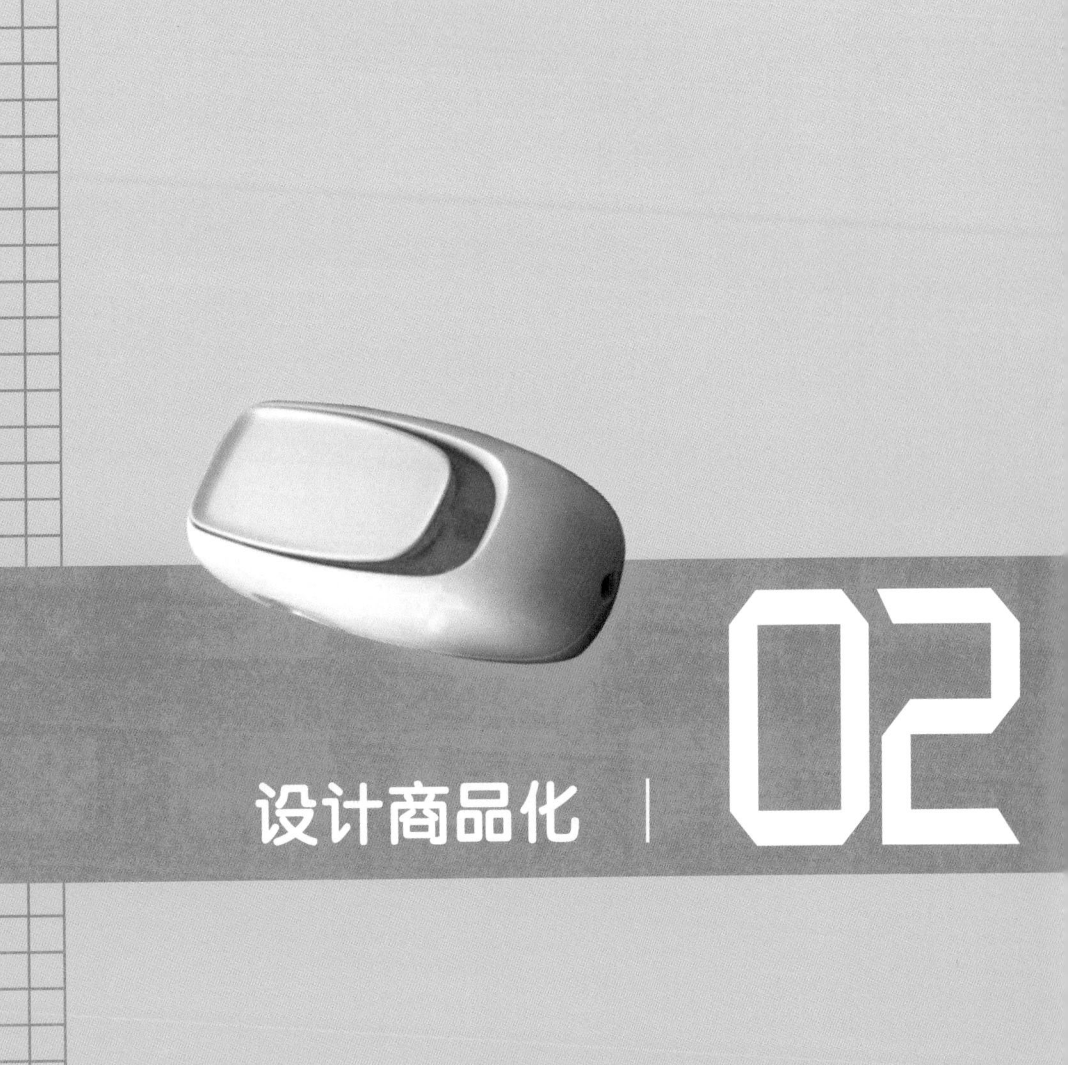

02 设计商品化

2.1 概述

设计的最终目的是创造商品，从而获得商业价值，概念可视化是将抽象的设计概念具体化，而要想得到真正的产品，还必须要将概念产品付诸生产，因此设计商品化是也是产品开发的一个重要阶段。为了保证在设计下游的结构设计和模具设计中，产品形态信息可以无损失地传承，工业设计师必须参与到产品的基本结构设计中去。工业设计师的工作不只是将概念表达出来，更重要的是，概念设计应具有生产的可行性，并且能顺利地被后期的工程人员直接加以应用。

量产工作的完成需要经过结构设计、原型样品(Prototype)的检讨确认与模具的设计开发之间的相互配合。这个过程包括很多复杂的工作：首先必须对三维数字模型进行结构设计和预装配，绘制指导生产的工程图纸；其次是制作原型样品以便对产品反复推敲，并利用计算机辅助工具对产品进行评价；最后根据产品设计的需求，利用不同的方式投入生产。产品设计流程如图2-1所示，在产品设计流程中，对产品的设计评价贯穿在设计的各个环节。

图2-1　产品设计流程

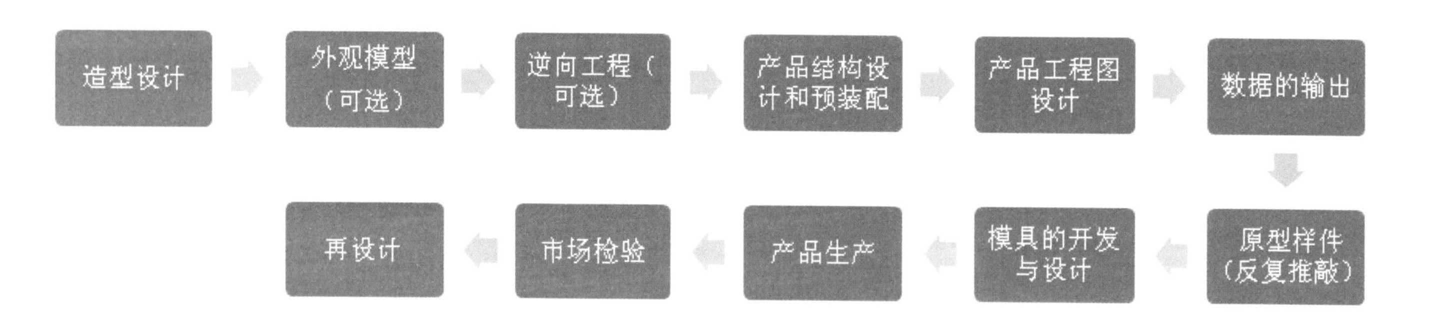

2.2 逆向工程

产品设计通常有两种思路：一种是在市场调研基础上，依据产品设计需求分析，进行产品创新设计，进而进行结构等设计，最后完成产品制造加工，常称为正向工程，也是产品设计的一般思路。这种设计方法周期长、成本高、风险大。随着科技的进步和逆向工程技术的发展，产生了产品设计的另一种思路：通过一定的测量手段，对产品或模型进行实物三维测量，得到点云数据（point cloud）后，再通过CAD软件进行曲面重构，进而对产品分析、修改或再设计，得到新的产品，这种思路也就是逆向工程。准确地说，逆向工程是将实物转变为CAD模型相关的数字化技术、几何模型重建技术和产品制造技术的总称，是将已有产品或实物模型转化为工程设计模型和概念模型，并在此基础上对已有产品进行解剖、深化和再创造的过程。随着逆向工程硬件和软件技术的进一步发展，它在产品设计中发挥着越来越重要的作用。

2.2.1 逆向工程在产品设计上的应用

目前，逆向工程在产品设计上的应用，可以分为三个不同的层次：

第一个层次，流程图如图2-2所示，即产品—逆向—产品。利用逆向工程对产品进行仿制，这种需求可能发生于原始设计图文件遗失、部分零件重新设计或是委托给厂商一件样品或产品，如鞋子、高尔夫球等，请制造厂商复制出来。这个过程已成为我国沿海地区许多家用电器、玩具、摩托车、仪表板等产品企业的产品开发及生产模式，是逆向工程的初级应用。

图2-2 逆向工程的初级应用

第二个层次，流程图如图2-3所示，即产品—逆向—改进设计—产品。这是一个基于逆向工程的典型设计过程：利用逆向工程技术，直接在已有的国内外先进的产品基础上，进行结构性能分析、设计模型重构、再设计优化与制造，吸收并改进国内外先进的产品和技术，极大地缩短了产品开发周期，有效地占领了市场。一般适用于复杂外形或外形要求较高的产品，是逆向工程的中级应用。

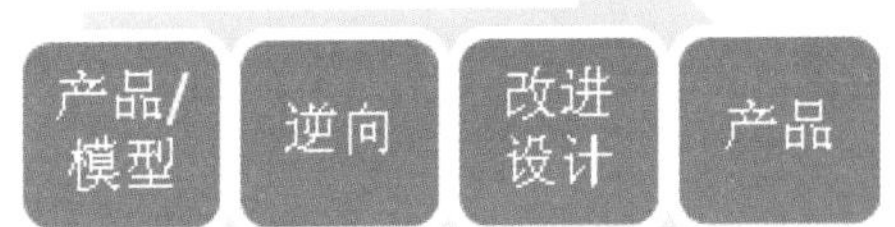

图2-3 逆向工程的中级应用

第三个层次，流程图如图2-4所示，

图2-4 逆向工程的高级应用

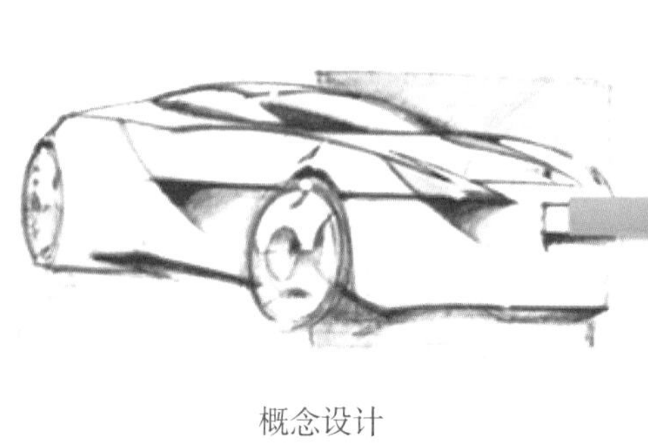

概念设计

油泥模型

三维扫描

产品

曲面重构

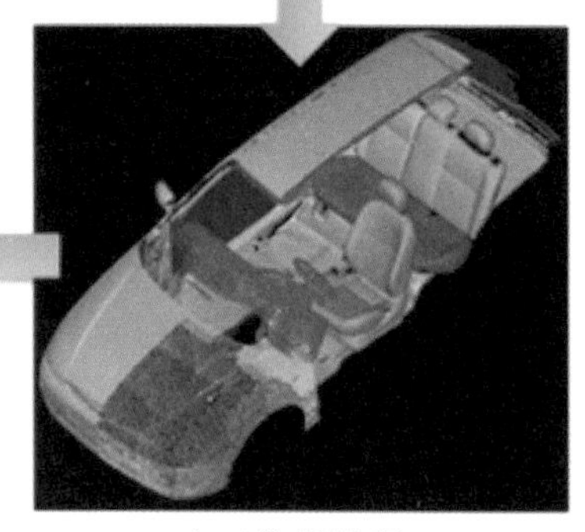

点云数据处理

图2-5 汽车设计流程

即概念设计—模型—逆向—再设计—新产品。在飞机、汽车和模具等行业的设计和制造过程中，产品通常由复杂的自由曲面拼接而成，在此情况下，设计者通常先设计出概念图，再以油泥、黏土模型或木模代替数字建模，并用测量设备测量外形，构建CAD模型，在此基础上进行设计，最终制造出产品，这是逆向工程的高级应用。如图2-5为汽车设计流程。

2.2.2 逆向工程的一般流程

随着逆向工程技术的发展和市场竞争的日渐激烈，逆向工程的第三个层次在新产品开发设计中越来越广泛地被采用。产品设计在逆向工程阶段的基本流程如图2-6所示。

在逆向工程阶段，主要包括三个步骤：数据采集、采集数据的处理、数字模型重构。现对三个步骤进行简单介绍。

（1）数据采集阶段

数据采集是指通过三维测量系统得到产品的点云数据。三维测量系统即数字化采集设备，根据测量探头是否跟产品或零件表面接触，主要分为两大类：接触式和非接触式。根据探头的不同，接触式又可分为触发式和连续式；非接触式按其原理不同，又可

数据采集

采集数据的处理

数字模型重构

图2-6 逆向工程阶段的基本流程

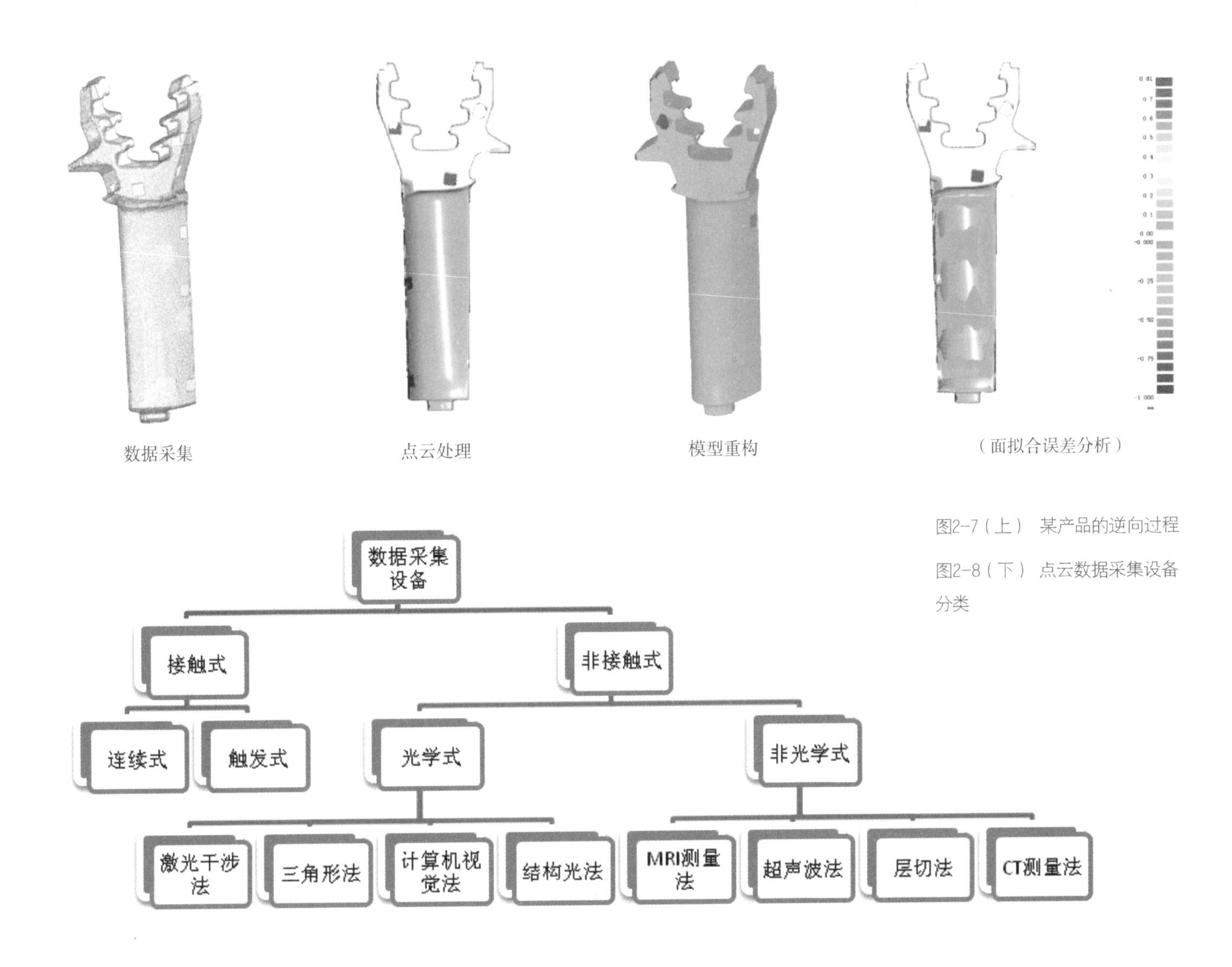

图2-7（上） 某产品的逆向过程

图2-8（下） 点云数据采集设备分类

分为光学式和非光学式。其中，光学式包括三角形法、结构光法、计算机视觉法、激光干涉法、激光衍射法等；而非光学式则包括CT测量法、MRI测量法、超声波法和层析法等。各种测量方法的具体分类如图2-8所示。

由于原理不同、使用方法不同，各种设备各有优缺点。接触式测量设备发展较早，技术相对较成熟，因此具有较高的可行性和可靠性，但是存在探头容易损坏、不能测量柔软易变形表面、测量速度较慢等不足之处。在接触式测量方法中，三坐标测量机（CMM）是应用最为广泛的一种测量设备，其中以法国Faro公司的三坐标测量机较著名，如图2-9所示。与

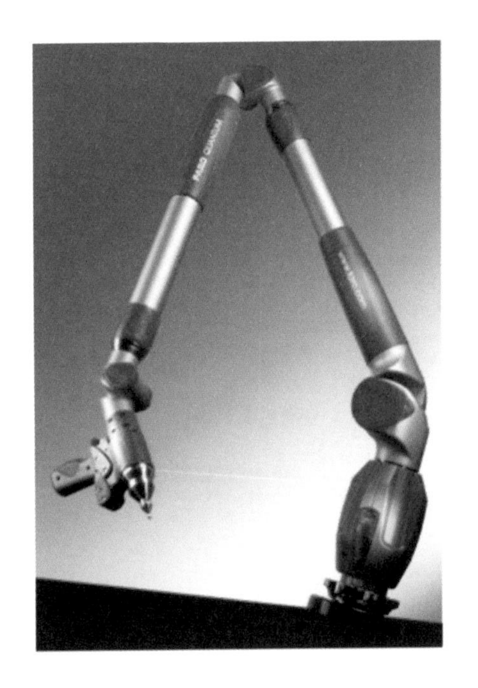

图2-9 法国Faro悬臂测量仪

图2-10　ATOS三维扫描系统

之相比，非接触式测量速度快、可直接测量轻工件、薄工件等不可接触的高精密工件，但是其测量精度相对较差，测量结果易受工件表面和外界的干扰。在非接触式测量方法中，结构光法是被认为目前最成熟的三维形状测量方法，被工业界广泛应用，德国的ATOS测量系统是这种方法的典型代表，如图2-10所示。

（2）点云数据的处理

测量设备都带有自己专门的数据处理软件或直接集成到其他逆向工程软件中，可对测量后的数据进行简单的预处理，如数据的删减、对齐、点云的修补、误差点的识别和去除等，然后将处理好的数据以某种格式输出，为实物的三维CAD模型、产品或模具制造做准备，当然也可以将点云数据直接输出到逆向工程软件中进行点云处理。

测量得到的数据可分为有序点（扫描线点云）、散乱点和网格化点三种类型。在逆向工程的软件中，对不同类型的点云有不同的处理方法，考虑到本书的范围，在这里不作详细介绍。如图2-11为Geomagic Studio的点云处理界面。

（3）三维CAD模型的重建子系统

逆向工程的一个重要领域就是与快速原型（RP）制造相结合，一般的测量设备都可以输出STL格式，这种格式可以直接在快速原型设备中打开并进行快速原型制作（格式转换和快速原型将在后面的章节中介绍）。但是，一般情况下，由于后续

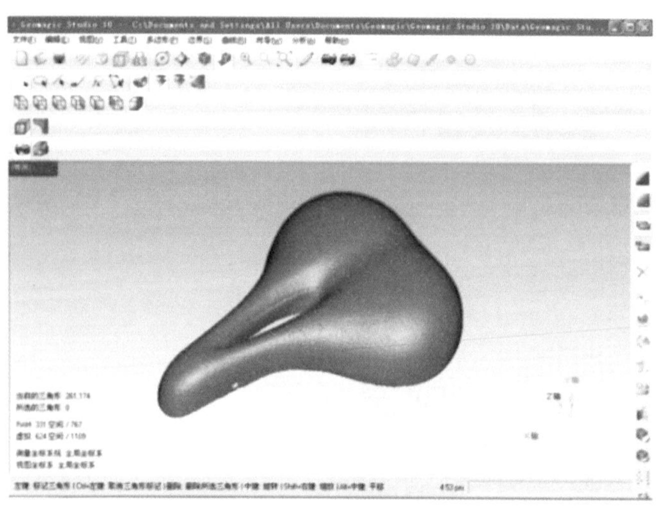
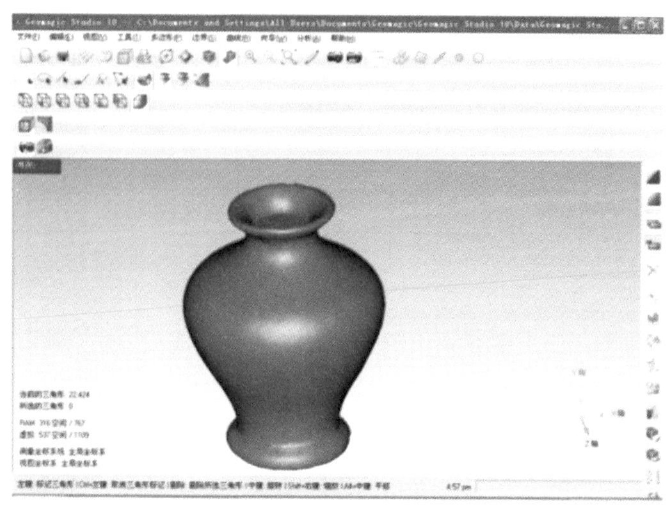
图2-11　Geomagic Studio的点云处理界面

的产品加工制造、虚拟制造仿真、产品分析和产品的再设计等应用都需要CAD数字模型的支持，这些应用都不同程度地要求重建的CAD模型能准确还原实物样件，所以实物的三维CAD模型重建是整个过程最关键、最复杂的一环。模型重建流程如图2-12所示。

对于点云数据的处理和CAD三维模型重建，有许多专用软件，如美国EDS公司的Imageware、美国 Raindrop（雨滴)公司出品的Geomagic Studio、英国DelCAM公司出品的CopyCAD和韩国 INUS 公司出品的RapidForm等。随着软件的发展，目前在许多流行的CAD/CAM集成系统中也开始集成了类似模块，如CATIA V5中的DAE、QSR模块，Pro/Engineering中的Pro/SCAN模块，Cimatron中的Reverse Engineering功能模块等。尤其是CATIA，因其功能强大，集成了CAD/CAE/CAM等功能，也由于其与专业的逆向工程软件能很好地对接，许多知名企业，如宝马、丰田 、奔驰、克莱斯勒、波音等都在使用，感兴趣的读者可以有选择地学习。如图2-13所示，使用两种不同的软件完成逆向设计。

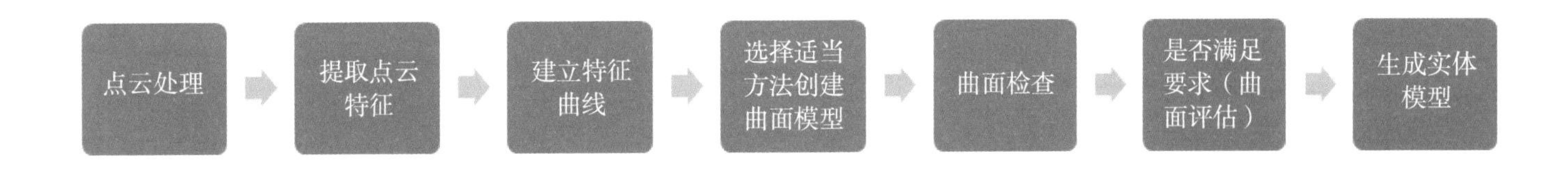

2-12（上） 三维模型重建流程

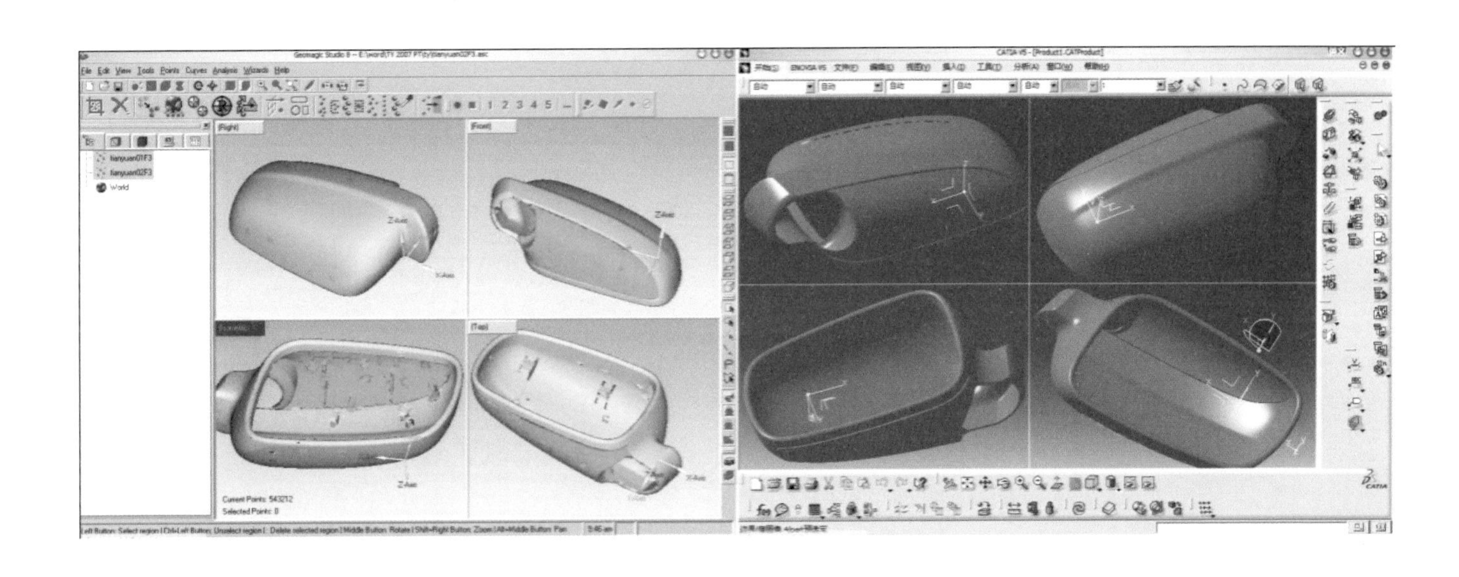

2-13（下） Geomagic点云处理和CATIA进行曲面重构

2.3
三维模型的转换与输出

2.3.1 概述

通常，在完成产品概念设计之后，运用工程设计软件对产品进行工程设计有两种方法：一是将前期概念可视化阶段制作的模型进行格式转化，直接输入到工程软件中，并在此基础上进行工程设计和制作；二是根据前期概念可视化阶段完成的产品形态，或者将前期的模型转入工程设计软件中作为背景参考，也可以在模型上提取需要的特征点作为参考，重新制作产品造型并完成相关的结构设计。第一种方法，直接利用前期制作的模型数据进行后续的结构设计，可以在很大程度上保证设计的前后一致性，缺点是在后期的工程软件中不便于对导入的模型进行修改，一旦发现问题，就必须返回到上游软件中重新设计制作，再导入工程软件中重新设计，费时费力。而第二种方法是在工程软件中重新制作模型，当遇到造型和结构相冲突的设计时，可以利用工程软件中的模型树随时对造型和结构进行修改，这种方式无疑在设计流程的连贯性上更具有优势，但是，工程软件严格的尺寸建模对产品造型而言难度较大，也不利于设计师创造性的发挥。总体而言，这两种方式各有利弊，设计师应根据所设计产品的特点选择不同的设计方法。如果产品的造型以自由曲面为主，不易在工程软件中完成，可以先在曲面造型中建模后再导入工程软件中，如玩具、首饰等产品；而对于曲面形态较少的产品，则可以直接在工程设计软件中进行模型制作，如手机、小家电等产品。

三维模型输出的用途主要有两方面：一方面是前面提到的将造型软件中的模型导入工程设计软件中进行更深入的工程设计；另一方面是将模型转换成能够被快速成型设备识别的模型数据，制作产品的实物模型。

三维模型文件格式的转换是进行模型输出的关键，目前各类软件都提供了比较完整的文件输出功能，以实现软件的兼容性，方便设计师进行模型转换和协同设计。工程软件大都是基于实体建模，同时绝大多数的工程软件都具有曲面编辑功能。因此一般情况下，曲面模型完成格式转换后，在工程软件中都可以打开。封闭的模型经过转换可以直接在工程软件中进行实体编辑；开放式的NURBS曲面模型完成格式转换之后，被工程软件直接识别为曲面模型。另外在工程软件中可以对曲面模型进行实体化处理，可将曲面模型转换为实体模型。曲面模型在输出前需要将曲面合并，成为一个完整的曲面，这样

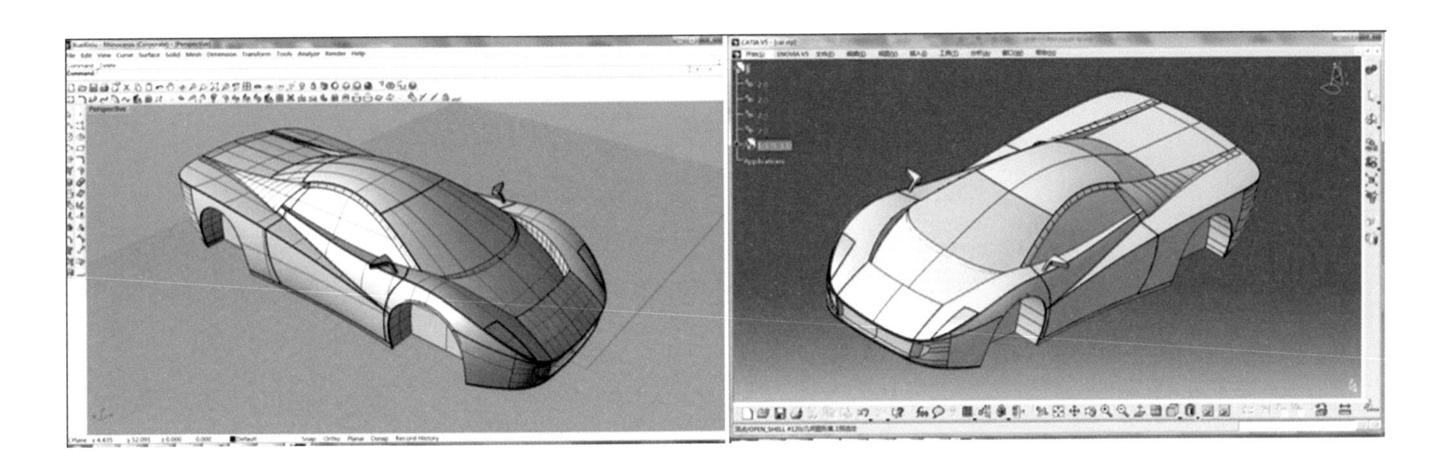

图2-14 Rhino造型设计，导出STEP格式到CATIA软件中

才能被工程软件正确识别。对于曲面模型，可以利用工程软件中的工具将其转换为实体模型，以便于使用各种实体编辑工具对模型进行修改，并在此基础上进行产品的后续设计工作。如图2-14所示，在Rhino中制作的模型，导出STEP格式后，可以直接在CATIA中打开，并识别为曲面模型，继续进行设计。

2.3.2 曲面模型文件向工程设计软件的转换

目前，在微机和工作站上用于数据交换的图形文件标准主要有：AutoCAD系统的DXF(Data Exchange File)文件，美国标准IGES（Initial Graphics Exchange Specification即初始图形交换规范)及国际标准STEP(Standard for the Exchange of Product model data）。其他一些较为重要的标准还有ESPRIT（欧洲信息技术研究与开发战略规划）资助的CAD-I标准（仅限于有限元和外形数据信息）、德国的VDA-FS标准（主要用于汽车工业）、法国的SET标准（主要应用于航空航天工业）等。

（1）DXF格式

AutoCAD的DXF(Drawing Exchange Format)文件主要用于实现高级语言编写程序与AutoCAD系统的连接，或其他CAD系统与AutoCAD之间的图形文件交换。它是具有专门格式的ASCII码文本文件，有较好的可读取性，易于被其它程序处理。由于AutoCAD的应用极为广泛，已经深入到各行各业之中，所以它的数据文件格式已成为一种实质上的工业标准， 绝大多数CAD系统都能读入或输出DXF文件。DXF图形数据交换文件为推广应用CAD/CAM技术提供了很大的便利。

（2）STEP文件格式

STEP（产品模型数据交换标准）是国际标准化组织（ISO）所属技术委员会“产品模型数据外部表示”分委员会（External Representation of Product Model Data）制定的国际统一CAD数据交换标准。所谓产品数据模型，是指为在覆盖产品整个生命周期中应用而全面定义的产品所有数据元素，包括为进行设计、分析、制造、测试、检验和产品支持而全面定义的零部件或构件所需的几何、拓扑、公差、关系、属性和性能等数据，另外，还可能包含一些和加工处理有关的数据。产品模型数据可以为下达生产任务、质量控制、测试和进行产品支持等提供全面的信息。

STEP为产品在它的生命周期内规定了唯一的描述和计算机可处理的信息表达形式。这种形式独立于任何特定的计算机系统，并能保证在多种应用和不同系统中的一致性。这一标准还允许采用不同的实现技术，便于产品数据的存取、传输和归档。STEP标准是为CAD/CAM系统提供中性产品数据而开发的公共资源和应用模型，它涉及建筑、工程、结构、机械、电气、电子工程及船体结构等大多数产品领域。在产品数据共享方面，STEP标准提供四个层次的实现方法：ASCII码中性文件、访问内存结构数据的应用程序界面、共享数据库和共享知识库。STEP标准具有几方面的优越性：一是经济效益显著；二是数据范围广、精度高，通过应用协议消除了产品数据的二义性；三是易于集成，便于扩充；四是技术先进、层次清晰。STEP 是一个范围很广的标准，目前商用CAD系统包含很多应用协议(AP)，例如：AP 203 配置控制设计（configuration controlled design） 主要针对通用机械设计中产品的配置管理、曲面和线框模型、实体模型的小平面边界表示和曲面边界表示等；AP 214 汽车机械设计过程的核心数据（core data for automotive mechanical design process）主要针对汽车行业的解决方案。如今，STEP标准已经成为国际公认的CAD数据文件交换全球统一标准，许多国家都依据STEP标准制订了相应的国家标准。我国STEP标准的制订工作由CSBTSTC159/SC4完成，STEP标准在我国的对应标准号为GB16656。目前流行的三维工程设计软件如Pro/E、UG、CATIA、SolidWorks等都可以直接打开并编辑STEP格式的文件。STEP标准体系极其庞大、数据文件会比IGES的文件容量更大。

（3）IGES文件格式

IGES是指初始图形交换规范(Initial Graphics Exchange Specification)，其定义为基于Computer-Aided Design (CAD) & Computer-Aided Manufacturing (CAM) systems（电脑辅助设计与电脑辅助制造系统）不同电脑系统之间的通用ANSI信息交换标准。最初开发IGES是为了能在计算机绘图系统的数据库上进行数据交换。IGES的开发思想主要来自波音公司的CAD/CAM集成信息网和通用电气公司的中性数据库。IGES的最初范围仅限于工程图纸所需的典型几何图形和标注元素（entity），随着技术的不断发展和生产的需要， IGES逐渐成熟，日益丰富，覆盖了越来越多的CAD/CAM数据交换应用领域。作为较早颁布的标准，IGES被大多数CAD/CAM系统接受，成为应用最广泛的数据交换标准，这符合期初制订IGES标准的目的：建立一种信息结构来产品定义数据的数字化表示和通信，以及在不同的CAD/CAM系统间以兼容的方式交换产品定义数据。如Rhino、Alias、CATIA、IDEAS、Pro/E和UG等软件都提供直接输出IGES文件的功能。

在德国、日本、澳大利亚等国家，都进行过对IGES和STEP格式分别在不同CAD系统

（ALIAS、CATIA、IDEAS、Pro/E和UG等）之间的转换的实验，结果表明，STEP不仅在几何方面不逊色于IGES，而且还解决了IGES在图形和几何以外等许多方面所欠缺的东西。因此，围绕STEP进行的产品数据交换，越来越受欢迎，正逐渐成为全球产品数据交换的利器。

2.3.3 产品模型文件向快速成型设备的输出

（1）用于快速成型的文件格式

STL（stereo lithography interface specification）是快速成型设备所支持的通用模型文件格式。这种格式最初出现于1989 年美国 3D SYSTEM 公司生产的SLA 快速成型系统，是一种应用于CAD 模型与成型系统之间数据转换的文件格式，现在已被大多数CAD 系统和快速成型系统制造商所接受及采用，成为快速成型系统中的标准文件格式。简单地说，STL文件是用大量的三角网格面来近似表现CAD模型。一般情况下，三角形面片的数量对成型模型轮廓的近似度有着很大的影响，三角形面片的数量越多，所做出模型的近似值越大精度也越高。相反，三角形面片的数量越少，近似度则越小。但是也并不是说三角形面片的数量越多越好，因为三角形面片的数量会直接影响档案转换出来的容积（file size），三角形面片的数量越多，文件的容积就越大，数据的处理及传送就越困难。用同一个CAD 模型可以转换成三角形面片数量达数十万的文件档案，也可以转换成只有数百三角形面片的档案。三角形面片的数量的多少，主要视乎于模型的复杂程度及使用者对原型的要求。使用者应该根据自己的需要在模型的精确度与文件有效处理之间做出适当的平衡。另外，不同的CAD 软件对转换出来的STL文件的质量也有着相当的影响，一些比较高级的软件如Pro/Engineer、UG 等，在转换的过程中会自动作出检测和修补。当发现文件不能修补的时侯，这些软件会终止其转换过程，标注出导致不能转换的问题所在，从而减少坏文件(Bad STL)的出现。除此之外，这些软件会因模型的形状，以不同密度的三角形面片铺出原形实体，这样转换程序的好处是能有效地运用三角形面片，降低文件的容积。

快速成型设备同样支持基于多边形建模技术所生成的模型，多边形模型只要经过专用插件转换为STL格式后，就可以被快速成型设备识别。这意味着3ds Max、Maya等多边形建模软件除用于产品效果表现外，也可以在产品生产阶段得到应用。

（2）STL文件格式的转换及注意事项

要将在Alias、Rhino等软件中制作的曲面转化成STL格式输出，需要以下几个注意事项：第一步，将曲面结合成一个整体；第二步，检查曲面是否连续，至少达到G0连续（关于曲面的连续将在后面的章节中介绍）；第三步，使曲面的法线方向一致向外。如果缺少任何一步，则有可能出现产品破损或缺损的曲面，这也是在Alias、Rhino等软件中设计制作产品模型时要特别注意的地方。

2.4 材料和工艺选择

在产品设计的过程中，造型材料的选择至关重要。因为材料不仅是表现产品外观和实现结构功能的基础，同时也关系到生产产品的技能要求、加工手段等多个方面。常用的造型材料有塑料、金属、木材、玻璃、陶瓷、皮革、布料等，其中塑料和金属用途最广。塑料的加工手段多种多样，包括注塑成型、挤压成型、吹塑成型、切削成型等；金属的成型手段有冲压成型、拉伸成型、切削成型、爆炸成型等。由于成型手段不同，不同材料的造型特点也不尽相同，只有了解各种材料的特性，才能更合理地利用材料进行产品形态的设计与创新，才能更好地完成产品的结构设计。

2.4.1 产品材料选择

材料的选择不仅要考虑产品不同的使用功能要求，还要考虑材料的质地、纹理、颜色等因素。在使用材料时，应尽可能地利用材料本身的特性，在减少使用表面处理技术的前提下，展现材料独特的魅力。图2-15为使用各种不同材料的产品设计。

材料选择的基本原则：

（1）功能性原则

产品设计的最终目的是实现功能，满足消费者的需求，因此材料的选择应首先遵循产品的功能需求。充分考虑产品的工作性质、载荷情况等，确定对材料物理性能、化学性能以及安全性的要求。比如，所选择材料的弯曲强度、冲击强度、拉伸强度、电绝缘性、耐火性、耐水性、耐油性能、耐溶剂性、电学性能等物理和化学性能是否符合产品功能要求和产品特定的技术标准，这些都是选材的基本要求。

（2）工艺性原则

产品的工艺很大程度上影响产品的质量。因此在设计产品、选择材料时要充分考虑到材料的加工制作工艺性，选择不好很可能导致产品质量差、生产效率低、成本高等问题，甚至有可能使产品无法顺利生产、使用或维修。一般情况下，同材性或材形的材料，加工便利着优先使用。

2-15　不同材料的产品设计

（3）配比原则

在材质的选择上，应根据形式美的法则组织材料的配比关系，既要充分应用多样化的材料，又要主从分明、突出中心，即做到多样统一的材料配比。

（4）适合原则

材料多种多样，各有特色。设计师应针对不同的产品、不同的使用者、不同的使用环境等，合理地应用材料。让产品与材料融为一体，展示材料的魅力。

（5）经济性原则

由于市场竞争日渐激烈，在选择材料时要综合考虑产品的工艺、成本和经济效益关系。切忌以单纯的成本价格来评估产品，要尽量用最经济的材料满足相同的功能要求。

（6）环保性原则

随着人们环保意识逐渐增强，在产品选材设计中，所选材料是否对环境有污染、对人体有无危害等因素，已经成为选材的重要考虑内容之一。尤其要考虑到在实用过程中对人体是否有影响和废弃后如何处理等问题。

2.4.2　工艺对造型的设计影响及要求

对于目前的产品而言，最常用的材料是塑料和金属，相对于金属而言，我们使用塑料作为产品材料的历史要短得多。塑料的种类繁多，不同的塑料随着时间、环境、温度改变而发生的性能上的变化也相差甚远。在此，我们选择塑料作为对象，来说明选择它作为主要材料的工艺性要求。优良设计对保证产品质量的重要性是不言而喻的，尤其在做塑料件结构时，必须从加工制造的层面考虑产品的工艺性能，从使用的层面评估产品的好坏。

塑料件最常用的成型工艺是注塑。利用注塑工艺生产产品时，如果产品结构设计得不合理，再加上塑料在模腔中的不均匀冷却和不均匀收缩，有可能会引起产品的各种缺陷，如熔接痕、变形、气孔、顶伤、拉毛、飞边等。为了得到高质量的注塑产品，我们必须在设计产品时充分考虑其结构工艺性，下面结合注塑产品的主要结构特点和与工业设计相关的一些内容，介绍一些保证设计质量、避免出现注塑缺陷的方法。

（1）壁厚

产品的壳体都是有一定厚度的，即壁厚。确定壁厚的因素主要有强度、刚性、材料特性、尺寸稳定性、绝缘、隔热等，我们设计注塑件时通常会根据具体的结构来分析。注塑的过程是一个复杂的过程，任何细节的处理不当都可能影响产品的质量。在这个过程中，加热后的材料通过很长的通道进入模具型腔，料打满后还需要一定的时间冷却和硬化，才能将产品取出。最理想的壁厚分布是切面在任何一个地方都是均一的厚度，但为满足功能上的需求以致壁厚有所改变总是无可避免的，在这种情况下，由厚胶料的地方过渡到薄胶料的地方应尽可能的顺滑。太突然的壁厚过渡转变会导致因冷却速度不同和产生乱流，造成尺寸不稳定和表面问题。因此，在设计产品时，应同时兼顾产品的制造工艺和材料特性，将壁厚做得薄而均匀，较厚和较薄的部分要过渡自然。如图2-16所示：左图壁厚变化突然，不可取；中图和右图变化比较缓和，过渡自然，应按此优化。壁厚太薄了无法保证强度，太厚了会出现缩瘪现象。通常壁厚的范围是0.8～3 mm，特别情况下可取0.5～5 mm。

（2）圆角

圆角的处理对产品形态有很大的影响，在产品结构设计中，圆角也有很多细节要考虑：圆角与成型性、圆角与强度等。壁厚均一的要诀在转角的地方也同样需要，以免材料冷却时间不一致而导致收缩现象，从而导致部件变形和挠曲。此外，尖锐的圆角位通常会导致部件有缺陷及应力集中，尖角的位置也常在电镀过程后引起物料聚积。集中应力的地方会在受负载或撞击的时候破裂。较大的圆角提供了这种缺点的解决方法，不但减少应力集中的因素，且令流动的塑料流得更畅顺和成品脱模时更容易。如图2-17所示，壁厚为T由左到右依次为：外R=0，内R=0；外R=0.5，内R=0；外R=0.5T，内R=0.5T；外R=1.5T，内R=0.5T。最终得到的零件壁厚依次为1.4T、1.7T、1.4T、1T，产品设计和注塑工艺的优劣一目了然。概括起来应注意以下几点：圆角处的壁厚应与整体壁厚保持一致；避免尖锐的内外棱边及圆角；内圆角至少是壁厚的0.6倍；

图2-16（左） 壁厚过渡

图2-17（右） 圆角处理

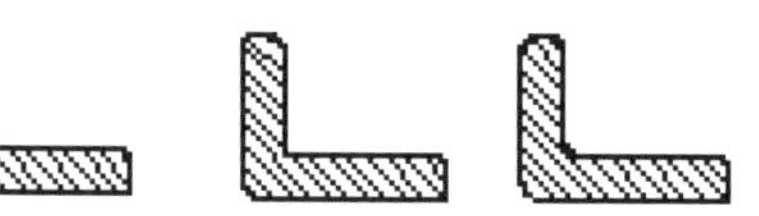

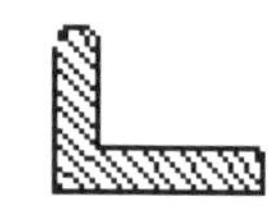

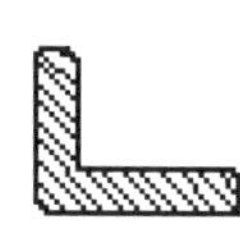

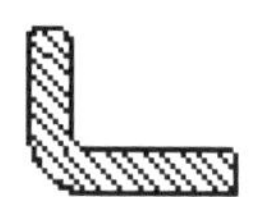

（3）脱模斜度

在产品结构设计时，脱模斜度是最基本的工艺参数之一。因为模具成型后铸件要从型腔中分离，而脱模斜度直接影响制品的质量。如产品表面划伤和螺钉柱断裂等常见缺陷就是因为脱模困难造成的。尽管产品的材料和成型方法多种多样，但脱模斜度的确定有其相似性，都受制品的深度、零件的形态、铸件的表面情况影响。在同样脱模角度下，零件深度越深，则斜度越明显。当斜度影响到产品外观时通常有两种处理方法：①将直边拔模后的斜边用有自然斜度的曲面来代替；②为了达到最佳的外观效果，可以尝试使用其他复杂的拆件方法或者出模方式。为了保证脱模不会对产品质量造成影响，当零件表面是光洁面时，脱模角度通常取0.5°～1.5°即可，若表面有咬花之类的设计，花纹颗粒越大则拔模角度也应相应地增加。

（4）加强肋

加强肋顾名思义就是起加强作用的部件。加强肋在塑胶部件中是不可或缺的功能部份。不仅可以增加产品的刚性和强度，还可充当内部流道，有助于模腔充填，对帮助塑料流入部件的支节部份很大的作用。加强肋的长度可与产品的长度一致，两端相接产品的外壁；也可以只占据产品的部份长度，用来增加产品局部的刚性。各种产品的加强肋不仅结构形式多样，其具体作用也非常巧妙，难以一一叙述，设计师不仅要利用有限元素对零件进行分析，还应在实践中不断积累经验，合理适当地布置加强肋。

通常加强肋厚度W=0.6T，R=0.5W。加强肋最简单的形状是一条长方形的柱体附在产品的表面上。加强肋的设计会影响到产品的加工工艺，应注意以下几点：保持适当的脱模斜度；加强肋根部相接产品表面位置的厚度一般不超过壳体厚度的25%，深度L不大于W的5倍；底部相接产品的位置必须加上圆角以消除应力过分集中的现象，圆角的设计亦给予流道渐变的形状使模腔充填更为流畅；当使用多条加强肋时，加强肋的间隔至少是壳体壁厚的3倍以上；较深的肋比较宽的肋强度更好；过厚的加强肋设计容易产生缩水纹、空穴、变形挠曲或夹水纹等问题，也会加长生产周期，增加生产成本。如图2-18所示，右图是优化后的加强肋设计。另外，在保证强度的情况下尽量少用加强肋，努力寻求保证强度、省材料这两项原则之间的平衡点。

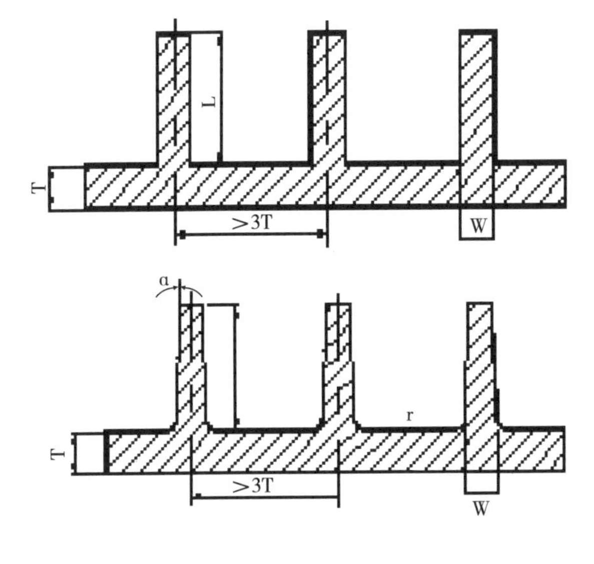

图2-18　加强肋设计

（5）支柱

支柱突出胶料壁厚，是装配产品、隔开物件及支撑承托其他零件之用，空心的支柱可以用来嵌入零件、收紧螺丝等。这些应用均要有足够强度支持压力而不至于破裂。支柱尽量不要单独使用，应尽量连接至外壁或与加强筋一同使用，目的是加强支柱的强度及使胶料流动更顺畅。此外，因过高的支柱会导致塑胶部件成型时困气，所以支柱高度一般不超过支柱直径的2.5倍。有时为了增加支柱强度（尤其是远离外壁的支柱），可使用加强肋，三角加强块等。

一般塑胶产品的料厚尺寸无法承受大部份紧固件产生的应力，固此，从装配的角度来看，局部增加胶料厚度是有必要的。但这会导致不良的影响，如形成缩水痕、空穴、或增加内应力。因此，支柱的导入孔及穿孔（避空孔）的位置应与产品外壁保持一段距离。支柱可远离外壁独立或使用加强筋连接外壁，后者不但增加支柱的强度以支撑更大的扭力及弯曲的外力，更有助胶料填充及减少因困气而出现的烧焦情况。同理，远离外壁的支柱应辅以三角加强块，三角加强块对改善薄壁支柱的胶料流动特别适用。

（6）螺钉柱

塑料铸件上螺钉柱的种类和布置方式有其功能性和工艺性方面的特殊要求。螺钉柱的基本类型分为两种：自攻螺柱、内嵌铜螺母的螺柱。其选用的依据主要是连接强度的考虑和是否经常拆卸。在不同的设计阶段都要考虑到螺钉柱的设计。因螺钉在很多情况下是要表露在外的，因此设计师应在概念草图设计阶段便大致设计好螺钉摆放的位置，以及螺钉、配用螺柱的类型与规格。另外，还要注意与螺钉配合的塑料件材料的选用，如塑料件材质若偏软或开孔较小则容易使塑料件与螺钉的侧面接触而产生螺纹，导致返工拆装螺钉时的困难。塑料件螺钉沉孔处的壁厚不宜过薄，一般为背壳壁厚值。在进行螺钉柱设计时，可以适当地使用加强肋加强螺柱的作用。如图2-19为几种螺钉的合理设计方式。

（7）卡扣连接

卡扣连接是一种方便快捷而且经济的产品装配方法，是塑料件最常用、最巧妙的连接方式。在强度要求不是特别高的情况下，与螺钉连接相比，卡扣连接更简易，更环保。使用卡扣连接时，扣位的设计虽可有多种几何形状，但其操作原理大致相同：当两件零件扣上时，其中一件零件的勾形伸出部份被相接零件的凸缘部份推开，直至凸缘部份完结为止；然后，借着塑胶的弹性，勾形伸出部份即时复位，后面的凹槽被相接零件

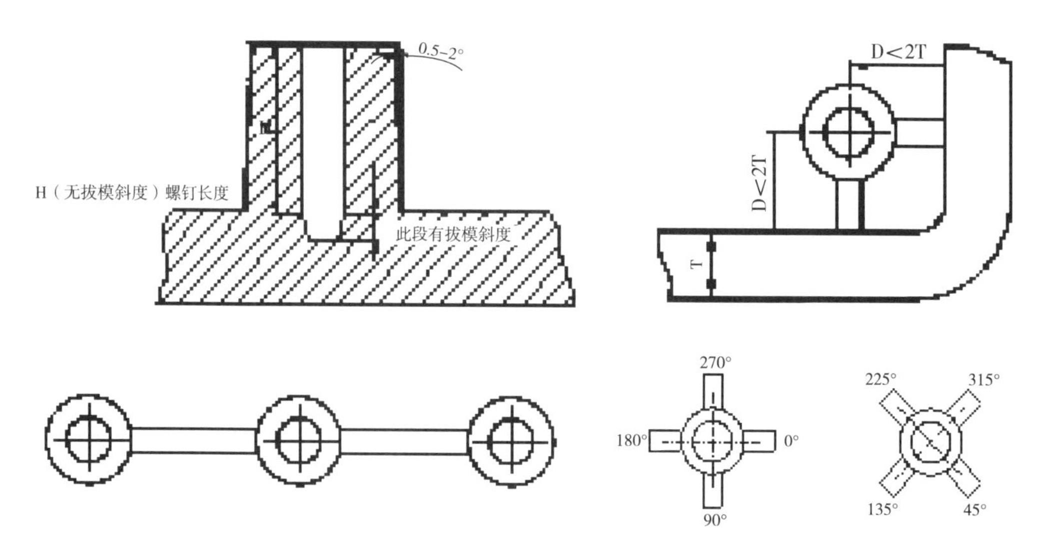

图2-19 螺钉柱的合理设计方式

的凸缘部份嵌入，形成互相扣着的状态。

卡口经多次重复使用后容易产生变形，甚至出现断裂的现象，断裂后的卡扣很难修补，尤其是在使用脆性或掺入纤维的塑胶材料时，这种情况时常发生。补救的办法是将卡扣装置设计成多个卡扣同时使用，使整体的装置不会因为个别卡扣的损坏而不能运作，从而增加其使用寿命；同时卡扣相关尺寸的公差要求十分严谨，倒扣位置过多容易形成卡扣损坏，过少则装配位置难于控制或组合部分出现松动的现象，因此应合理地设计卡扣的数量。同时，因卡扣的设计通常增加了模具的复杂程度，所以在设计卡扣时应尽量避免使用可能与工艺产生冲突的形式，通过全面思考选择最合理的卡扣形式，做到可靠、科学、易行。

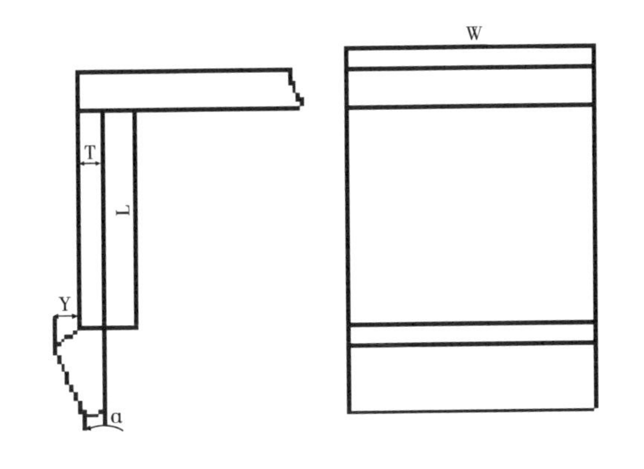

图2-20　卡扣设计

卡扣的基本设计参数依据具体的材料不同有以下设计要素，如图2-20所示：悬臂钩的梁长L，梁的根部厚度T，卡勾宽度W，咬合深度Y，插入面角度a。

卡扣的具体设计还应注意以下几点：

①首先应依据产品的功能确定卡扣的连接类型，是可拆卸连接还是非拆卸连接。可拆卸连接扣位的钩形伸出部分附有适当的导入角及导出角，以方便扣上及分离的动作，导入角及导出角的大小直接影响扣上及分离时所需的力度；非拆卸连接扣位则只有导入角而没有导出角的设计，扣合后相接部分即形成锁死的状态，不容易拆下。

②卡扣的动作范围一定要在其弹性形变所允许的范围之内，同时要保证卡扣卡到位后没有松动。可以适当地增加或减小W和Y的数值来改变卡扣的强度。

③在卡扣悬臂钩的根部需要使用倒角来加强强度，在不影响弹性的情况下，甚至可以使用加强筋的形式。

（8）合页连接

在有些产品的结构中，为了简化产品零件之间的配合，合页是常用的一种巧妙的结构形式。如使用聚丙烯材料时，就常使用这种结构方式。合页结构应避免尖锐的棱角和应力集中点，合页铰链旋转合上后，两端面不应直接贴合，应有弧度的弯曲，避免出现对折状态。合页连接部分的厚度范围通常是0.3～0.5mm。

（9）热熔连接和超声波焊接

热熔连接和超声波焊接都是不可拆卸的连接方式。热熔连接不像卡扣连接那样会使得产品模具变得复杂，其连接可靠，设计时也很简易。超声波焊接通常针对有一定密闭要求的产品。超声波具有以下优点：①节能；②无需装备散烟、散热的通风装置；③成本低，效率高；④容易实现自动化生产。

2.5
产品结构设计和数字化预装配

产品的结构设计是一个复杂而庞大的工程，大到航天飞机，小到一支笔都需要结构设计。在目前的产品开发中，许多设计师认为产品的外观设计和结构设计是产品开发过程中两个完全不同的阶段。产品的外观设计主要是指产品中表露在外的，展示产品外貌的部分，一般是由工业设计师来完成；产品的结构设计是实现产品机能的、内部的部分，比如螺钉位置，卡扣位置等完成产品组装功能，一般由专门的结构设计师来完成。但是结构设计要在工业设计师设计的三维数字模型的基础上完成，结构设计不能随意改变外观设计。无疑这样的要求给工业设计师提出了新的问题，工业设计师在外观设计的同时就要考虑到产品的结构设计，例如一个复杂的曲面是否会给结构设计带来困难，是否能够实现产品的功能等。因此，工业设计师必须掌握一定的结构设计知识。

2.5.1 相关软件介绍

在计算机辅助工业设计中，产品的结构设计主要在工程软件中进行。目前市场上流行的三维设计软件主要有法国Dassault公司的CATIA和Solidworks、美国UGS公司（现已被西门子收购）的UG 和Solidedge、美国PTC公司的Pro/E以及Autodesk公司的Inventor。

根据软件的使用情况和复杂程度可将其大致分为三种类型：第一种，中端软件，如SolidWorks、SolidEdge、Inventor，此类软件模块较少，上手容易，简单实用，主要用于机械设计、钣金件和一些小型产品及精度要求不是很严格的产品设计；第二种，中高端软件，如Pro/E。Pro/E是一个参数化、基于特征的实体造型软件，并且具有单一数据库功能，此类软件模块齐全，功能强大，但是掌握起来不是很复杂，并且可与数字化制造相连接，主要面向电子、塑胶模具、玩具、钣金等行业，是目前结构设计最常用的软件之一；第三种，高端软件，如UG和CATIA，此类软件模块齐全、功能强大、具有复杂的系统，可以进行曲面评估，模拟实验等，此类软件普遍用于塑胶模具、汽车、轮船、飞机航空、军工领域等复杂产品的设计中。其中CATIA 源于航空航天工业，其强大的功能已得到各行业的认可，在欧洲汽车行业已成为事实上的行业标准软件。CATIA 的用户包括波音、克莱斯勒、宝马、奔驰等一大批知名企业。同时，国内院校开发的北航海尔CAXA在低端市场也占有一定份额。如图2-21为Solidworks电子产品设计和CATIA应用在飞机航空行业。

如图2-21　Solidworks电子产品设计和CATIA应用在飞机航空行业

2.5.2　产品结构设计和数字化预装配的方法

目前，许多复杂的产品都有其特定的设计程序，在此我们只介绍通用的产品结构设计程序。对于普通产品，结构设计主要包括内部器件的固定、壳体的连接、某些部件的功能实现（如按键、显示界面、把手等）。而结构设计的确定又与现有配件的规格、产品的材料、工艺、技术要求等紧密相连。关于配件的规格，设计师可以根据设计需要自备手册查询。

通常在CAD环境下，结构设计和外观设计可以同步进行，在统一的数据平台下，工业设计师在设计产品外观时，同时考虑到结构的需求，当外观设计完成时，结构设计也基本完成，结构方面的数据来源于结构工程师的详细设计，此时将外观和结构两方面的数据进行整合。就可以考虑零部件装配和分模工艺等问题，对设计进行最后的调整。

CAD软件如Pro/E、UG、CATIA、Solidworks等都有专门的装配模块，可以按照设计师的意愿实现从产品到零部件、再由零部件组装为产品的过程。目前，在工程设计软件中进行产品结构设计及产品装配体的制作主要有两种方式，分别是Down-Top（自下而上）和Top-Down（自上而下）的设计流程。

（1）Down-Top（自下而上）的设计流程

Down-Top的设计流程是一种比较传统的设计方式。其核心理念与传统的零件设计类似，即先设计零件，再将零部件按照设计要求装配成完整的产品，整个过程是线性发展的。具体步骤大致如图2-22所示：首先是在工程软件中设计制作出各个零部件，然后再创建一个装配体文件，最后使用软件的插入零件命令依次将制作完成的零件导入到此装配体文件中。先确定某个零件作为装配基础，再将与其有装配关系的零件利用各种装配约束工具，建立约束关系。重复此步骤，直到将产品的所有零件装配完毕，完成装配体的制作。

图2-22　自下而上的产品结构设计流程

Down-Top是产品设计装配的基本方法，适用于各个零部件之间关联性不是很强而仅存在简单的装配关系的产品。这种方式的优点在于各个零件单独建模，不容易出错，即使出错也容易被发现和修改，可以直观、快速地完成简单产品的装配，这种方法对硬件和设计师的要求都不高。这种方法的缺点是不便于对设计进行修改和延伸，一旦发生装配问题，需要返回到各个零部件设计中重新修改设计，而跟这个零件相配合的其他零件可能也要更改。这将导致整个流程无法一体化，造型和结构设计完全脱节。因此这种方法更适合一些改良设计项目，而不适合全新产品的开发。

（2）Top-Down（自上而下）的设计流程

Top-Down（自上而下）设计流程又称贯连式设计流程，是不同于Down-Top的设计流程，属于高级设计方法。所谓的Top-Down的设计流程，就是从设计的总体系统出发，自上而下，逐步地将设计内容细化。也就是说，在设计开始阶段就首先考虑组成产品的所有零部件的位置以及相互配合关系，由产品整体造型出发，逐步进行个别零件设计，最后完成整个产品的预装配。Top-Down的设计流程如图2-23所示。

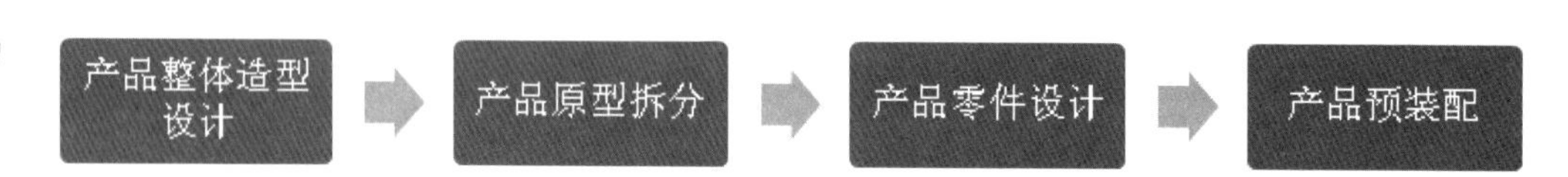

图2-23　自上而下的产品结构设计流程

在工程软件中实现自上而下（Top-Down）设计流程的方法是：先完成一个产品的总体造型，然后确定整个外观造型由几个部分组成以及相关零件位置、大小和各种零件的配合关系，再将这个产品分解成各个组成部分，并对每个组成部分进行细化的结构设计，在完成产品结构设计的同时，也完成了产品预装配。在产品装配完毕后，如果对产品整体造型进行修改，则所有零部件的形态也会随之自动更改，最终的装配体也会同步进行更新，从而保证整个设计流程的连贯性，使产品的装配过程与零件设计过程得以同时进行，进一步提高设计效率。

Top-Down设计并行化的工作流程完全符合产品设计的工作理念，也符合产品设计师的思维方式，能够充分发挥计算机系统的优势，已经被广泛地应用到产品设计的各个领域。

2.5.3　产品结构设计和数字化预装配的流程

本节主要以Top-Down设计流程为例来介绍产品结构设计和数字化预装配。

对工业设计师来说，利用CAD软件进行Top-Down自上而下的数字化产品设计和预装配的流程如图2-24所示。

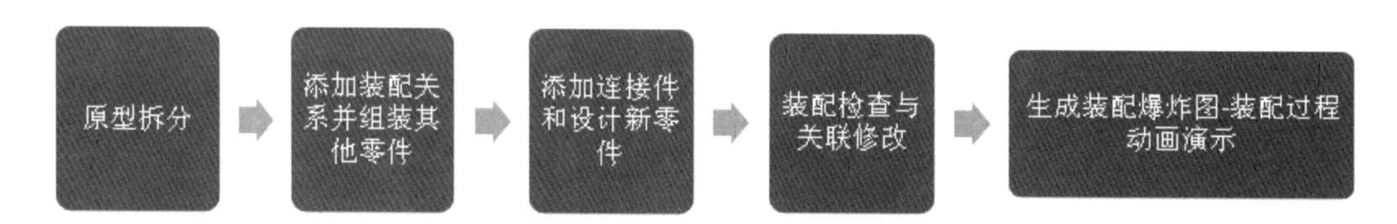

图2-24　自上而下的数字化产品设计和预装配的流程

（1）外观造型——原型拆分

能够最大限度地保持装配后的产品跟已有的外观设计模型一致，这是自上而下设计流程的最大优点，为了满足这个要求，可以有很多种方法，如几个有关联的零件可以参考同一组草图建模，这样一旦草图发生改变，所有的模型都会同步更新；或者可以利用同一个原型数据，拆分出各个零件，再在已经拆分的零件上进一步完成设计。后者可以给设计师节省更多的时间，但是这里所说的原型必须是没有任何细节的产品粗略外形。产品设计的过程也是由粗到细的过程，产品设计师在最初设计产品的时候考虑得更多的是产品的整体形态，而暂时忽略结构细节。因此，在三维CAD软件中先建立一个没有细节的产品外观模型，再根据装配结构和制造工艺的需要进行拆分，既保证了产品整体外观的美观性，又将各个零部件与原型数据保持关联，简单易行的同时，又为后期的修改、添加提供便利，非常符合设计师的思维习惯，大大提高了设计师的工作效率。

因为用产品原型拆分出的零部件大都是在外观可以直接看到的，因此要充分考虑分割部分的线面连接关系，因为各部分分割后还需要装配在一起，连接线或连接结构设计不当会影响美观。另外，产品预装配的过程中，零件数量比较多，为了后续设计的顺利进行，应将拆分后的不同部分另存为不同名称的零部件文档，同时注意将文档名称编辑为容易联想和记忆的文字，最好保存为该零部件的实际名称，并将这些零件和装配体文件保存在同一目录下，以免丢失链接关系。拆分之后的零件还需要进一步添加细节，如侧壁、卡口、螺钉柱、加强筋等，为后期实现零件的装配做准备。

（2）添加装配关系并组装其他零件

几乎所有的CAD软件都配有专门的数字化产品装配模块，在此模块中，可以在一个文件下读取多个零件的信息，通过添加装配关系形成装配图。它无需重新建模，只要将产品零件导入装配图中，再定义装配关系即可进行产品预装配。实际上，打开装配图时，模型信息也将同时被程序调取，整个装配图是与零件图直接关联的，因此只要修改它所对应的零件图，装配图也会随着更新。也正是由于这种关联性，才能保证设计数据的一致，便于修改和多人协作。也就是说，装配图本身是不保存零件的模型信息的，当打开一个装配体的文件时，它会在已经设定好的路径下寻找与它相连接的零件图，然后将找到的零件图数据信息加载到装配图中。如果所保存零件的文件名称或路径发生了变化，则大多数的程序会弹出找不到连接文件的对话框。此时必须手动查找该文件重新加载或者取消该文件的加载。重新加载零件图的装配图，必须重新保存才能记录新的文件名称或者文件路径，以便下次打开时可以正确加载到此装配图所对应的所有零件的模型信息。为了避免这种麻烦，最好在创建装配体之前，将各个零件名称确定下来，并分类保存到固定的文件夹中，这样可以节省很多时间，便于文件的统一管理。

在自上而下的设计流程中，装配图建立更加的方便、快捷。因为大部分的零件本身就是通过同一个原型数据拆分得来的，因此基本的位置关系都是确定的，不需要重新放置。但是拆分得来的模型装配起来是没有任何间隙的，不符合装配的要求，要对零件模型作相应的修改，给零部件定义装配关系，通过正确的配合装配出完整的产品。在这个过程中，最关键的一步就是添加装配关系。

通常情况下，零部件之间的装配关系都是按照零部件的重要性依次定义的。两个相配合的零部件应该添加什么样的装配关系，要根据两个零件之间的装配特点而定。在选择程序提供的装配关系定义时，最好参考真实结构，与实际的装配关系相符合，这也有利于对产品各部件之间结构关系的观察与评价。在CAD软件中，配合关系的定义多种多样，可以根据点、线、面的位置关系和几何关系来定位产品零件，一般的标准装配关系有重合、对齐、插入、相切、角度等几种，可以根据实际装配需要选择，并进行一定的参数设置。需要强调的是，每个零件跟其相关联的零件都要设置装配关系，不可只通过肉眼观察确定。

（3）设计新零件

并不是所有的零件都可以通过一个原型文件来拆分，有的零件如鼠标的滚轮就需要单独设计。在装配体中可以根据已装配好的零件设计新的零件，就是常说的基于装配的设计。用这种方式设计的新零件可以避免重新导入的麻烦，可以直接参照与它相配合的已有零部件，并通过关联或添加约束关系与已有的零件建立装配关系。也便于零件细节的修改。尤其对于模型内部的简单的零件，这种方法更合适。

（4）装配检查与关联修改

完成装配的产品，必须要进行装配检查，因为有些没有注意到的装配问题用肉眼是看不出来的。主要涉及两个方面：一是零件之间是否存在相互干涉的问题；二是部分零件尤其是由同一个原型拆分出的零部件之间是否留有必要的装配间隙。现实中的零件装配是不能发生干涉或碰撞的，但是在CAD软件中不进行干涉检查是很难判断出来的。多数的CAD软件都会提供装配检查的功能。零件的修改可以通过以下几种方式完成：①在原型拆分的文件中，可以修改用于拆分的草图的关系，如将两个原来重合的草图设定一定的间隙。②在装配体中，为零件相关部位添加关联和约束。③直接在装配图中修改零件相关尺寸。④修改零件的配合关系，如将重合关系加入公差尺寸等。

利用工程软件中的“干涉检查”命令，可以计算出装配体存在干涉的位置及具体的干涉信息。这些信息为设计师对装配干涉的修改提供很大的帮助。通常情况下，设计师可以根据干涉检查提供的信息，快速找到发生干涉的零部件的位置和原因，再根据提示，逐项对相关零件进行修改，以确保产品装配的准确性。实际上，软件的干涉检查功能是对三维模型制作的一次全面检验，能够及时发现由于设计原因出现的装配问题并做出修改，避免因为设计的疏忽造成的资源浪费。

在装配体中直接修改发生干涉的零件，比到单个的零部件文件中修改尺寸要直观、方便得多。如果只在零件的文件中修改，可能导入到装配体文件中时仍然不合适，可能要反复修改、导入很多次才能完成修改任务。而在装配体中直接修改零件，既避免了反复导入导出的麻烦，也避免了因为一个零件的修改造成更多的装配问题。因为装配体是调用的零件图的数据，因此在装配体中修改零件，对应的零件图也会自动更新。同样，修改单个零件也会影响到装配体文件。因此必须意识到这些数据是保持一致的，尽量避免对单个零件的修改造成整个装配体发生问题的错误出现。

（5）装配体爆炸图

虽然装配体爆炸图在产品预装配阶段不是必须的，但是为了给后续的模具设计和装配加工提供必要的参照，清楚表达各零部件的装配关系，在产品预装配完成的最终阶段，有必要建立装配体爆炸图。装配体爆炸图能够清晰、完整、准确地表达产品的内外部设计，有时也将爆炸图放在产品的设计说明中，向使用者清晰、直观地介绍该产品的维修和装配方面的信息。因此，爆炸图也成了设计表达的一项内容。在计算机辅助设计普及之前，设计师常用手绘的方式，绘制带有透视效果的爆炸图，耗费大量的时间和精力。计算机辅助设计使这项工作变得轻而易举。多数三维CAD软件都有专设的爆炸图工具，只要轻松点击一个按钮就可以生成爆炸图。

建立爆炸图的目的，是要清楚地表达各零部件的装配结构、装配关系等内容，不仅让设计者能够看懂，也要让使用者容易理解，因此最好将零部件按照装配时的相对位置拆解，并尽量按照装配时轴线方向和顺序进行分离，如图2-25所示。

在CAD软件中，爆炸图可以用两种方式完成，一种比较简单的是让软件对装配图进行自动爆炸，但结果往往不尽如人意，因此这种方式只能作为结构设计师设计时的参考。一般情况下，设计师要根据产品的装配要求，自行设置拆解零部件的方式。装配体文件中的所有零件都可以按照设计者的意图进行分离。具体操作是，选择相应零部件，给出与装配方向一致的爆炸轴线方向和易于观察的适当的爆炸距离。具体的情况应根据产品的不同灵活控制。另外，还应注意整个爆炸图的布局，因为除了爆炸图外，可能还要标注适当的文字说明，这些都可以根据设计师的经验和产品的需要灵活设置。合理的爆炸图应该布局得当、结构清晰明了、比例关系正确、文字排布美观整齐。

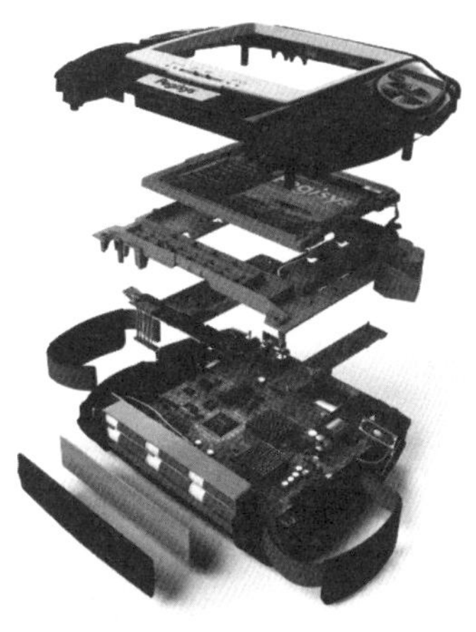

图2-25　装配体爆炸图

（6）产品装配动画

产品装配动画比爆炸图更生动、直观，能够更好地表达装配的过程。近年来已经被广泛地应用在设计投标、产品宣传CD、网页广告等方面。制作产品装配动画，有多种灵活的手段，既可以利用专业的三维动画软件如3DSMAX、MAYA等制作，也可以直接利用CAD软件提供的相关功能完成。专业的三维软件制作的装配动画，精度高，画面美观。但是如不是宣传等特殊需要，只是为了观察产品的装配关系，内部讨论设计成果，一般的三维CAD软件就足够了，因此CAD软件中也内置了相机和渲染工具，可以对产品简单渲染。操作比较简单，不需要复杂的工作，只要使用爆炸工具，为需要爆炸的零件设置好方向、距离、间隔时间和相机视角等，就可以进行动画渲染了。动画设置可随着当前的装配图一起被保存，需要时可以将它输出为*.avi格式，在其他媒体播放软件中打开播放。

装配动画时间的长短应当根据表达需要来设定，拆解的零件越多，需要的时间也越长，表达方式也越灵活多样，可以一件一件地拆开，也可以先拆大的部件，再将大部件分解成单个的零件。总之，应当根据表达的需要来安排，注意控制动画演示的节奏感，不能太快也不能太慢，否则会使人不舒服。演示零件拆分的动画长度也跟零部件拆分距离的远近、复杂程度等因素相关，因此没有特定的约束，只要根据演示动画的需要和美观程度合理设置即可。

2.6 工程图

工程图是产品设计最后的书面表达形式，也是用来指导产品生产加工的重要依据。为了准确表达出产品设计的详细内容，包括产品的形态、结构、尺寸、加工工艺等，产品工程图应按照规定的制图方法绘制。工程图样不但是设计表达的重要组成部分，同时也是设计师的专业交流工具。虽然计算机辅助设计的发展，使产品设计由手工绘制的二维图样进入到了三维造型时代，但工程图的这种表达方式依然在产品设计中发挥着重要作用。它不仅用来表达产品，同时也是设计师的专业交流工具。其表达方式的直观、准确性等特点，成为一种国际公认的标准表达形式。

2.6.1 产品工程图的绘制方法

目前，传统的人工手绘工程图的方式已经逐渐被计算机软件绘图所取代。计算机软件表达快速、准确，易于修改。设计师借助计算机可以在较短的时间内得到精确的产品工程图，大大降低了绘制工程图的难度，缩短了绘制工程图的时间。通常，在计算机软件中绘制产品工程图有两种主要方式：一种是使用二维制图软件，例如平面设计软件CorelDraw、Photoshop或者专业制图软件AutoCAD、CAXA等进行产品工程图的绘制。也可以在三维CAD软件中完成三维模型之后，再将三视图导入到平面软件中完成外观尺寸标注。目前应用最广泛的当属AutoCAD，因其绘图准确、简单易学、兼容性良好等特点已经成为了工程图绘制过程中的标准软件之一，在机械设计、产品设计、环艺设计、建筑设计等领域广泛应用。另外一种方式又被称为智能绘图，是指利用工程设计软件如Solidworks、Pro/E等的智能绘图模块，直接根据产品建模和装配后的模型数据自动生成精确的产品工程图。用智能绘图方法得到的产品工程图与产品的模型数据是相互关联的，能更好地保证对设计结果的一致性，对零件模型数据的修改会直接反映到工程图样当中，使其同步更新，但是这种智能绘图的尺寸标注往往不能满足产品工程图的需要，因此还要进一步做尺寸标注（图2-26）。

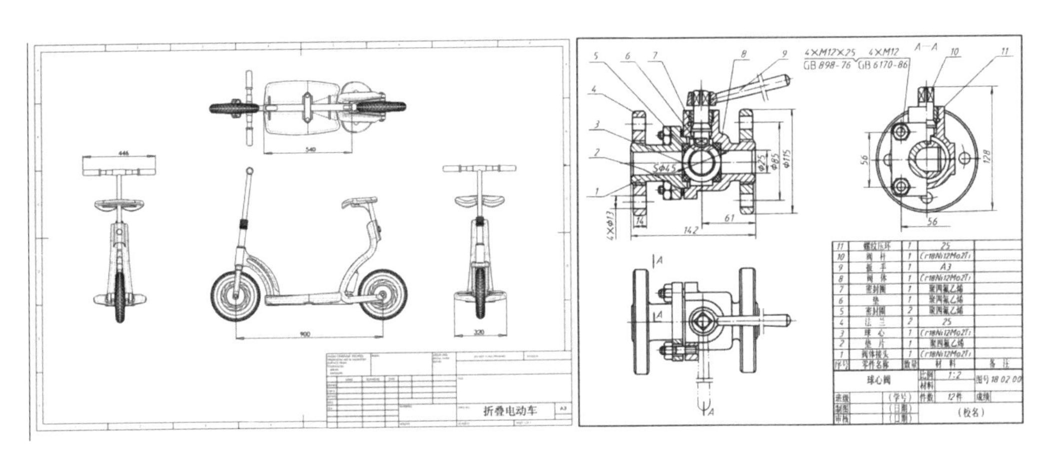

图2-26　绘制中的折叠电动车尺寸图和球心阀装配图

2.6.2　设计制图的流程和表达

(1) 设计制图的绘制流程

无论采用哪种方式绘制投影视图，都需要经过一定的流程，如图2-27和2-28所示。其中，设置图纸格式、确定视图表达方案、尺寸、注解和打印输出等为常规设计。

(2) 设计制图的表达方式

产品工程制图往往是需要面向工程设计的，应当包括产品装配图和零件图两部分，其中装配图表达产品整体的整体设计，包括外观和功能结构等；零件图表达产品零件的细节设计。产品工程图侧重于表达传达产品外观形态和设计意图，影响外观和使用功能的结构或零件必须画出，而有些设计产品的内部结构和零件可以不必表达，这点是与机械类制图不同的。产品工程图，尺寸标注是必不可少的，其尺寸主要包括三种：一是表达产品外观形状的外形尺寸，二是反映产品工作原理和装配关系的尺寸，三是重要零部件的外观和功能尺寸。无论是使用二维绘图软件还是使用三维CAD智能绘图，尺寸标注都需要手动完成。与机械制图不同，在产品装配图上还必须用文字或符号注明产品外观材质、颜色、质量、装配及使用等方面的要求。

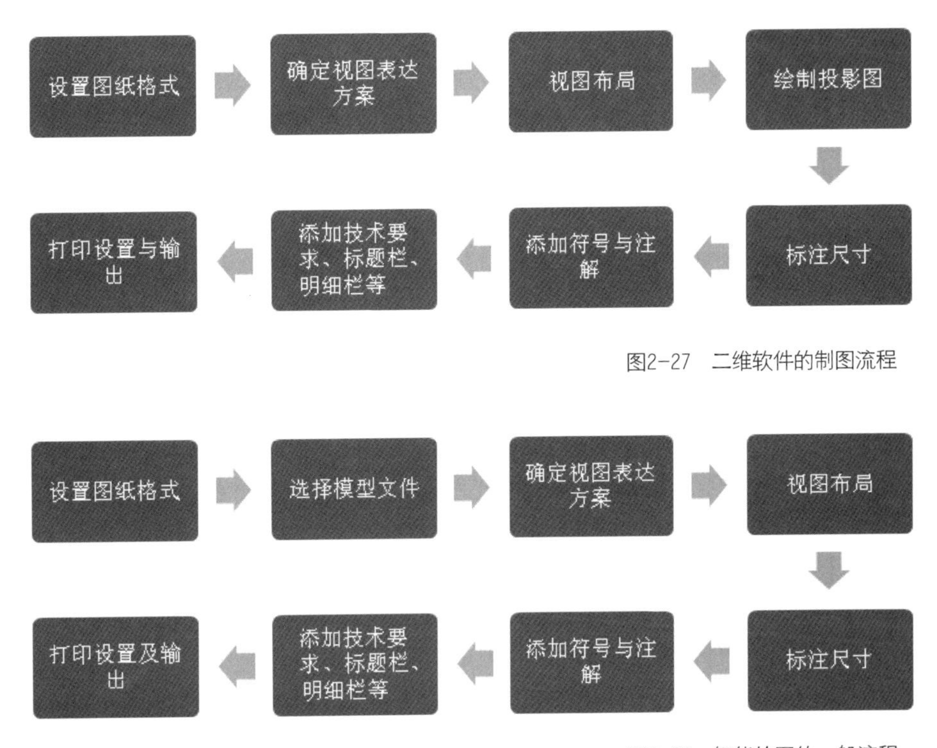

图2-27　二维软件的制图流程

图2-28　智能绘图的一般流程

2.7 原型样品

2.7.1 手板模型

手板，也称首板，是在开模之前，根据产品外观图纸或结构图纸制作的若干个功能样板，用来检查产品外观和结构合理性，也是发展得最早的一种产品样板。手板一般是由专业模型厂商制作。按照制作手段不同，一般分为手工手板和数控手板。手工手板主要由手工制作完成，数控手板主要由数控机床制作完成，如CNC加工中心、激光成型等设备，再配合后续的电镀、丝印、拉丝等表面处理，在几个工作日内就能完成一套产品的模型。

早期的手板，因为受到各种条件的限制，主要表现为其大部分工作都是手工完成的，使得做出的手板工期长且很难严格达到外观和结构图纸的尺寸要求，因而其检查外观或结构合理性的功能也大打折扣。科技的进步及CAD和CAM技术的快速发展，为制作手板提供了更好的技术支持，手板制作更加精确。随着社会竞争的日益激烈，产品的开发速度也成为衡量竞争力的主要标志，而手板制作恰恰能有效地加快产品开发的速度。

（1）检验产品外观设计

三维数字模型制作得再好，也只是三维模型，只能“看到”，无法 “摸到”。而手板，不仅可以看到，更可以触摸到，更加直观地将设计师的创意表达出来，避免了“画出来好看而做出来不好看”的问题，尤其是人触摸产品的外观后感受如何，是否符合人机工程等因素都是计算机无法模拟的。因此手板是新产品开发、产品外形推敲不可或缺的工具。

（2）检验产品结构设计

手板是可装配的，因此它能直观地将产品的结构反映到实物上。尽管在CAD软件中能够模拟产品预装配的过程，但是安装的难易程度如何、结构是否合理、是否方便人工操作等涉及人的主观感受，是无法在软件中模拟出来的。而制作可装配的手板就成为检验产品结构设计的重要途径。

（3）减少产品开模的风险性

模具制作费用一般很高，比较大的模具如童车开发费用在数十万至几百万。如果在开模具的时候发现结构不合理等问题，可能损失很大。而手板可以检验产品的结构，从而可以避免这种损失，减少开模的风险。

（4）提前产品面世时间

手板制作具有超前性，在模具没有开发之前利用手板制作的样品作为产品的宣传，甚至前期的生产准备工作，既可以检验产品在市场中的反映，也可以尽早占领市场。

2.7.2 手板制作与检验

制作手板常用的材料有塑料，如ABS、PMMA（亚克力）等材料，主要制作普通产品如电话、儿童玩具等；镁铝合金、不锈钢等金属材料制作的金属手板，主要用于高档产品的手板如高档笔记本电脑、高级单放机等。手板加工工艺会根据产品材质的不同而有所不同，如塑料一般采用机加工方式，选用的塑料与批量生产的最终产品材料不同，因此除了不能进行强度上的测试，外观设计与结构设计都可以用手板进行检验。金属材料一般采用CNC机床施以铣加工成型。

手板制作完成后，工业设计师应对照手板检验外观设计，包括尺度、造型的检验，手感是否合适，表面处理与颜色的校准等以检验是否达到设计意图。结构设计师要对照手板检验结构设计，将元器件与手板外壳进行组装，并检查有无干涉，有无过紧或过松以及与各个运动件相互的配合情况等。一旦发现问题，可以有针对性地修改三维结构文件。

由于加工方法不同，手板与注塑件有着一定区别，如手板上没有分模线、浇注口、缩水引起的工艺缺陷等，这部分的问题在手板阶段是无法检验的，如图2-29所示。

图2-29　产品手板制作

2.7.3 快速成型技术

快速成型技术（rapid prototyping，RP）是20世纪80年代末发展起来的一种新型的数字制造工艺技术，可以直接从产品CAD文件快速地制作产品物理原型（样件）。RP的用途主要是快速模具（rapid tooling，RT）、设计可视化、设计验证与检讨、功能测试等。使用快速成型技术制作产品样件的CAD文件可以是逆向工程生成的文件，也可以是三维设计软件制作的三维模型。这种快速制作产品的物理原型，比图纸或计算机屏幕提供了一个信息更丰富、更直观的实体，被越来越广泛地使用。借助快速成型机，可以为设计师制作产品模型用于检验产品的外观和结构设计。在一些特殊情况下，也可以使用快速成型设备进行产品零部件的生产制造。目前，常见的快速成型设备包括数控机床、加工中心以及三维打印机等，其中又以三维打印机的使用最为广泛。RP为设计和制造工程师提供了制造原型的另一种方法，对于某些应用来说，用RP可制造出功能原型，甚至是最终的产品；在其他的应用中，RP是使设计直观表示和提高设计速度的优秀工具。但是RP并不能代替所有的制造过程，只是传统制造工艺很好的补充。

快速原型制造，其基本过程是首先将零件的三维实体沿某一坐标轴进行分层处理，得到每层截面的一系列二维截面数据，按特定的成形方法每次只加工一个截面，然后自动叠加一层成形材料，这一过程反复进行直到所有的截面加工完毕生成三维实体原型。

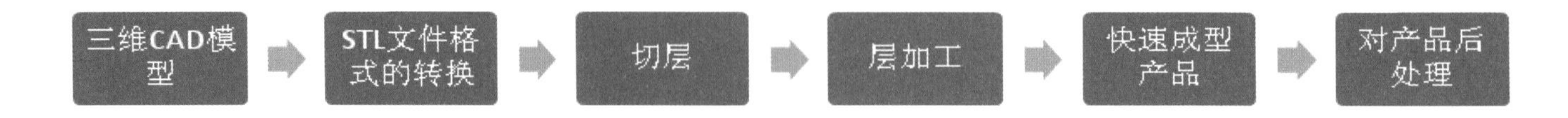

图2-30　快速成型流程

（1）快速成型的特点

①高度柔性，只要有三维数字模型，任何复杂形状的物体都可以进行制造。②CAD模型直接驱动，设计制造高度一体化，只需一台快速成型设备无需模具、刀具、夹具。③增强市场、技术、制造部门、客户之间的交流；加快产品开发进程，节约产品开发的时间和成本。④装配体零件也可一次成型，设计者可从物理上评价产品的结构、外观、功能，可提前进行性能测试和评估。同时，快速成型加工技术也有其不足之处：①精度不高，会产生台阶效应和材料收缩变形等缺陷；②材料种类有限，以有机材料为主；③金属直接成形还需更多研究。

（2）快速成型的工艺类型

近年来，随着激光技术、材料科学和计算机技术的发展，快速成型技术已日趋成熟。迄今为止，国内外已开发成功了10多种成熟的快速成型工艺，其中比较常用的有立体光刻SLA（stereolithography apparatus）工艺、分层实体制造LOM（laminated object manufacturing）工艺、选择性烧结SLS（selective laser sintering）工艺、熔融沉积制造FDM（fused deposition modeling）工艺、三维印刷3DP（three dimension printing）工艺等。下面简要介绍几种。

①立体光刻（stereolithography apparatus，SLA）。

立体光刻（SLA）也称光造型，它是基于液态光敏树脂的光聚合原理工作的。这种液态材料在一定波长和强度的紫外光（如λ=325nm）的照射下能迅速发生光聚合反应，分子量急剧增大，材料从液态转变成固态。当激光完成对一层液体的扫描后，已扫描层在容器中下移一小段距离（即层厚），刮板在已成型的层面上又涂满一层树脂并刮平，然后再进行激光扫面。由于材料具有自黏性能，因此可以保证各层彼此黏结在一起。将许多层黏结后，就会得到一个完整的三维对象。

②熔融沉积成型（fused deposition modeling，FDM）。

熔融沉积成型是第二种应用广泛的快速成型技术（第一种技术是立体光刻）。在FDM中，热塑性材料（蜡、ABS、尼龙等）以丝状供料，材料在喷丝头内被加热熔化，喷丝头沿零件截面轮廓和填充轨迹运动，同时将熔化的材料挤出，材料迅速凝固，并与周围的材料凝结成形。喷丝头通过一个机构实现熔化塑料流的开启或关闭，被安装在一个机构上，可以沿水平或垂直方向运动。如图2-31，左边为使用

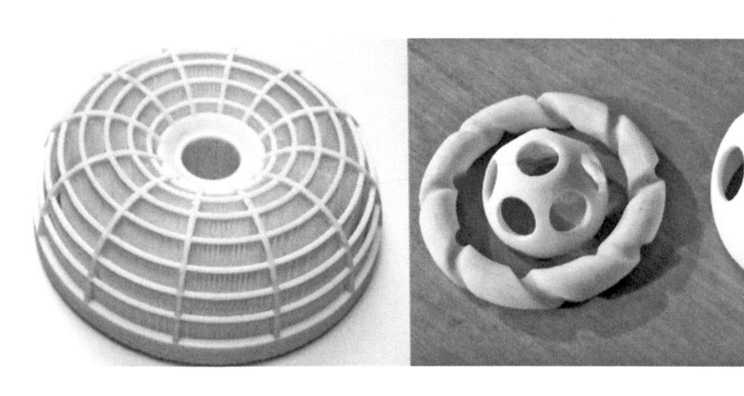

图2-31　FDM和SLS快速成型的产品模型

FDM快速成型的产品模型，右边为SLS快速成型的产品模型。

③选择性激光烧结（selective laser sintering，SLS）。

选择性激光烧结工艺用激光将热传递到聚焦点处来融化塑料粉末。将一薄层材料粉末铺在已成形零件的表面，用高强度的激光器在刚铺的新层上扫描（加热）出零件轮廓，材料粉末在高强度的激光照射下被烧结在一起，得到零件的截面，并与下面已成形的部分连接，通过逐层烧结，制造出完整的三维零件。

2.7.4 快速模具技术

快速模具是指利用原始模型，制造快速模具。由于复杂的原始模型一般要通过快速成型技术获得，即RP+RT，也就是基于快速成型的快速模具技术，因此从某种意义上说，快速模具是快速成型的延续。利用快速模具，可以复制出中、小批量的样件或蜡模。快速模具是适应产品需求和市场需求出现的，市场竞争的日趋激烈，迫切要求设计制造周期短、能够快速上市的产品，同时也适应了个性化产品的发展。快速模具，大大削减了试制品或蜡模模具开发的费用及时间，并且复制出的蜡模或零件质量高，尺寸可靠，可以直接用作精密铸造及功能测试或组装。它弥补了快速原型机材料较为单一的缺点（制作蜡模费用高、效率低），解决了原始模型通过鉴定后的中、小批量试制的问题，所以广泛地被航空航天、精密铸造、汽车、家电等行业应用。

快速模具制造主要有两种方式：一种是直接制模法（direct tooling，DT），是指将模具CAD的结果由RP（快速成型）系统直接制造成型。用RP技术直接制造的模具经表面处理后可直接用于生产中，但是这种方法制作的模具材料仅限塑料，直接制造金属模具的技术和方法仍处于研究阶段。另外一种是间接制模法，利用RP原型制作简易的母模，制作出其他材质的模具，如硅橡胶模、树脂型复合模具、金属喷涂制模。当制造的零件件数较少（批量在20～50件）时，一般采用硅橡胶模，其制作周期只有一周左右；树脂型复合制模的模具寿命为100～1000件，工艺简单，适用于塑料注射模，薄板拉伸模及吸塑模和聚氨酯发泡成型模，生产周期为1～2周；金属喷涂制模适用于3000件以内的注塑件生产，生产周期为3～4周，相对于钢模来说，有生产周期短（钢模的生产周期为16～18周），价格便宜的优势，但是对于大批量生产和精度较高的产品仍然要制作钢模，如图2-32所示为硅胶模具。

图2-32　硅胶模具

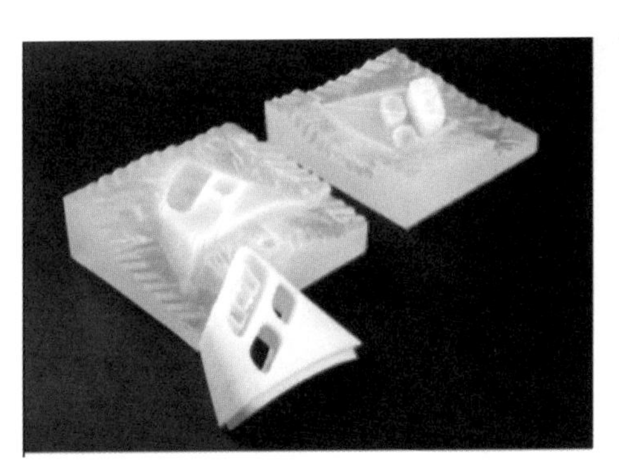

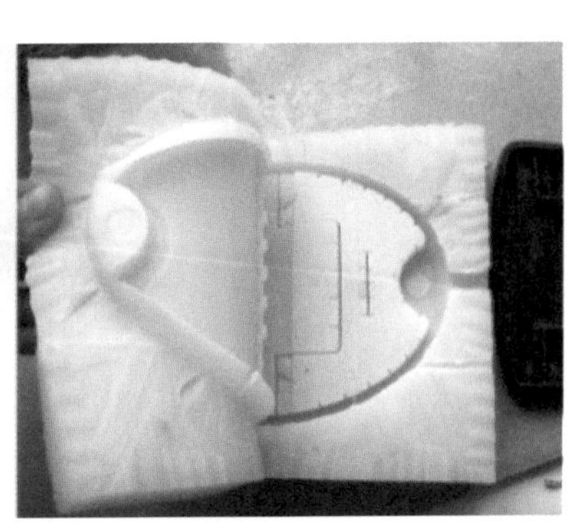

2.8 生产阶段

一般产品由塑料件，金属件和部分外购件组成。塑料件是通过开模，利用模具制造生产，金属件的生产种类较多，就不一一介绍了，本节主要以塑料件的生产为主介绍产品的生产阶段。

对于批量生产的塑料件而言，第一步就是塑料模具的设计制造（即开模），由专业模具厂商完成。在产品开模的过程中，外观设计师和结构设计师虽不是主要工作人员，但是对设计的修改还是会继续。在这个阶段，设计师的主要职责是沟通与监理，确保设计在生产过程中不会走样，并针对生产要求对设计当中不合理或不利于生产的缺陷进行必要修改，监督确保模具设计机构不改动设计方案。

在模具设计阶段，模具技术人员的水平直接影响产品质量，如果技术人员技术欠佳，对常见的缩水缺陷处理不当，对分模线的设计不恰当等方面，可能会使产品的设计本意产生偏差。另外，为了适应生产工艺等因素，模具厂商可能会对产品的外观和细节进行必要的修改和删减，恰当的修改可能更易于生产、节省成本，但是不恰当且欠考虑的修改和删减可能会对产品的外观与结构造成破坏。模具加工的质量直接关系到产品的质量，模具设计完成后，模具加工的精细程度也是需要特别关注的。

另外，产品生产阶段是保证产品品质的重要环节，设计师应对产品外观和细节严格把关，要关注塑料成品的颜色与表面处理是否符合设计意图，是否偏色，表面的亚光或高光的效果是否符合产品外观设计的需求，如发现问题应及时修改，以免造成更大的损失。

产品成品的品质与结构设计、模具设计和加工、所选的注塑原料、设备与技术等密切相关。但是由于模具开发成本较高，仪器较贵，除非企业拥有自己的注塑生产线，一般情况下模具制造和注塑由单独的厂家进行。下面是简略的塑料模具厂家的开模过程：

①选择合适的模具厂家并确定合作关系。

②将最终三维模型和技术要求提交给模具厂家并签字确认。

③模具厂家的设计师进行模具设计。

④经客户确认必要的修改后，依据合同要求和产品需要选择模具材料并制造模具。

⑤选择合适的塑料材料，并进行材料调配和试制。

⑥检查试制件，如发现缺陷则分析原因，继而修正模具并再次试制。

⑦ 成品经确认无问题后，开始批量生产。

根据各个制作厂商的效率和对企业对模具要求的精细程度，模具设计与制造的时间也有所不同。一般情况下，简单产品一般为15～30日，较复杂产品一般为30～60日。

在模具设计中，有一种工艺叫做模具咬花(mold texture)，也叫模具蚀纹，是指用化学药水如浓硫酸等与钢材表面进行腐蚀反应处理以形成纹路，常见的有亚光面、皮革纹、橘皮纹、木纹、雨花纹等。模具蚀纹可以掩饰成形品上的缺陷，克服产品因表面印字、喷漆引起的易磨现象；还可以作为表面装饰、起防滑作用。有时候在产品的内侧咬花，还可以帮助模具抓住塑胶成品，让生产时的脱模更加顺利（图2-33）。

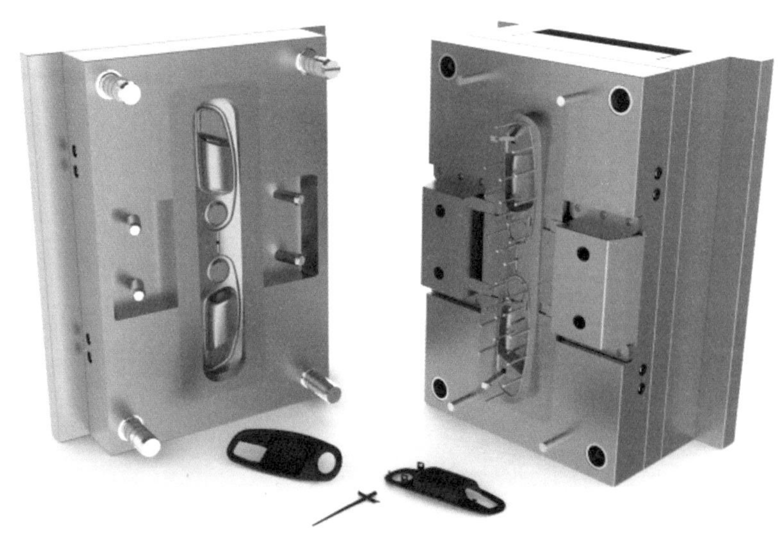

图2-33　模具设计

2.9 外购件的选择

产品开发过程中，新产品并不一定所有的零件都要自行设计和生产，有些元件企业自行开模生产或研制开发成本较高，而市场上又存在着专业生产此类元件的供应商，另外有些标准件市场已经有很成熟的供应商，企业没有必要再自行生产，此时企业可以通过另外一种方式即采购来代替自行生产，可以降低成本，提高产品质量。尤其对于研发能力尚不强的中小企业，采购的成功与否甚至关系到产品能否产出。选择合适的供应商也是产品成功的重要因素。

采购是一门复杂的学问，需要采购的原件有很多种，如手机的普通按键、遥控器按键，数码或家电产品的商标或标牌等。其分类方法也有很多种。可以分成直接采购（用于产品或提供给消费者的售后服务）和间接采购（通过程序或管理系统内部消费），可以根据采购频率划分采购需求，也可以根据采购物品的物理或化学特性，甚至可以根据运输类型或者货币价值进行分类采购，考虑到本书的范围，在此不作详述。

尽管不同的企业根据各自的需要制定采购流程和管理制度，但也有一些基本的流程，其流程如图2-34所示。

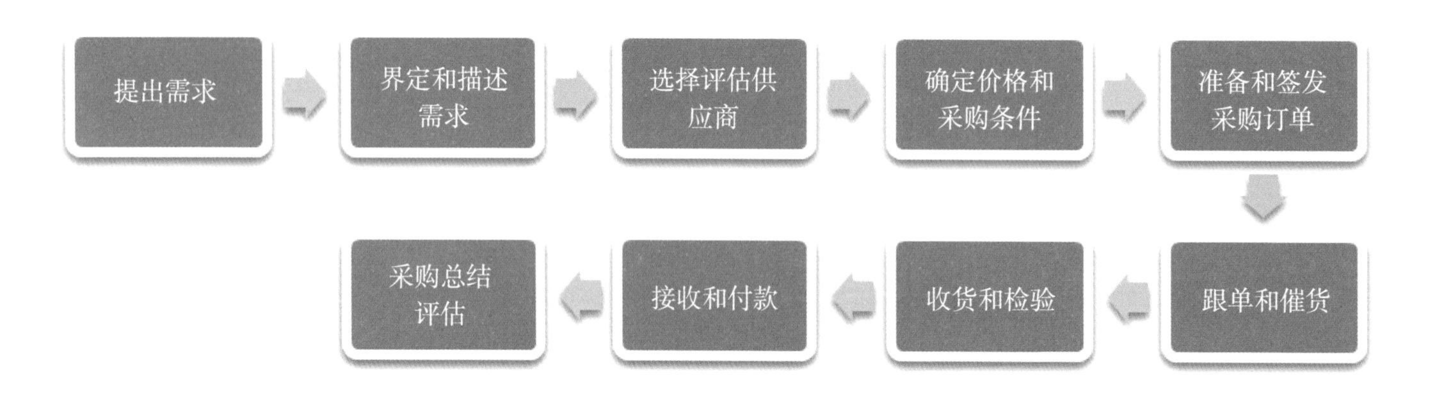

图2-34 企业一般采购流程

03 设计集成管理及评价

3.1 网络协同设计

3.1.1 计算机支持的协同工作（CSCW）

计算机技术的发展使人类社会步入信息化时代，随着信息化进程的深入，产生了新的领域，即计算机支持的协同工作。计算机支持的协同工作（computer supported cooperative work，CSCW）以支持多个人在计算机环境下的协同工作为目标，是当前研究的热点之一。协同是人类社会活动的基本特征，早在20世纪60年代就有人提出CSCW的类似概念，也尝试着做过一些原型系统，但是受到当时的技术水平的限制，人们对此认识不深，所做的原型系统功能单一，应用范围有限，大多集中表现为文件共享、电子邮件和功能较弱的多媒体应用。随着计算机技术、网络技术、多媒体技术等与CSCW相关技术的快速发展，到20世纪80年代，CSCW也快速发展起来。CSCW是指在计算机技术支持的环境下（CS），特别是在计算机网络和多媒体环境下，一个群体协同工作完成一个共同的任务（CW），它的目标是要设计出能支持各种各样工具协同工作的工具、环境和应用系统。简言之，就是一个任务，多个用户同时工作，CSCW为所有用户提供协同支持。

CSCW系统融合了计算机的交互性、网络的分布性以及多媒体的综合型，可以支持各种不同专业的成员共同完成任务。CSCW系统模型具有多样性，它可以满足多人同时协同工作，也可以按预定的顺序安排工作，或者将二者融合的方式开展协同工作，因此，CSCW系统必须具有以下特征：

①通用性和开放性。系统应该支持从各个方面同时协作，如电子邮件、共同编辑、视频会议等功能可以同时应用。同时，系统应该根据实际需要提供与其他系统相连接的接口，特别是各种数据库系统，使它们可以同时运行，相互利用。

②多用户的交互性。必须支持多用户同时或先后地访问和进行信息交互，信息交互可同步或异步，可正规或非正规。

③信息共享。群体成员之间必须进行信息共享才能协作完成任务，系统应该根据用户的要求确定共享信息和非共享信息，并提供显示级、对象级等各种不同的显示手段。

④分布。群体成员之间可能存在不同地区不同时间的协同工作，因此必须要有多媒体通信功能。分布的计算机软硬件系统，需要在异构环境下进行互连与互操作，并在此基础上支持用户的协作。

⑤支持多用户协作与协调控制。多用户存在异步或同步协作。异步协作需要协调

对共享对象的访问和提供通报功能，同步协作还需要提供共享信息的实时显示与共同操作，并且对用户的行为进行协同控制，这种协同控制往往还需要根据任务的实际需要由用户自定义。

⑥实时交互环境。系统应该根据需要提供实时音频、视频等类似面对面交互的环境，增强协作性。

3.1.2 计算机支持的网络协同设计

随着全球化趋势的发展，产品开发的国际合作得到加强，同时，企业规模不断扩大，企业与企业之间的交流、企业内部的异地交流等都在不断增加，这些情况使远程设计协作工作变得越来越重要，如合作设计、合作开发产品、合作教育以及远程会议等。网络技术的发展为远程协同设计提供了有利条件，网络协同设计的基础即网络技术和CAD技术的结合。计算机支持的网络协同设计（computer supported cooperative design），即为了完成某一设计目标，由两个或两个以上的设计主体，通过一定的信息交换和相互协同机制，分别执行不同的设计任务来共同完成某一设计目标。

面向并行工程的协同设计是一个复杂的交互过程，CSCW是实现设计者之间协同设计的关键技术。在产品设计过程中，来自各个领域的设计者选用各自不同的工具进行工作，并同时实现信息共享并能够进行适时的动态参与，这也要求支持协同工作的CSCW技术具有高度的弹性，以满足同步、分布式同步、异步、分布式异步的需求。

协同设计还被一些研究学者视为一个“知识共享和集成”的过程，各设计参与者必须共享数据、信息和知识。除此之外，还有专家强调协同设计是一个管理的过程。要使设计过程的共享达到最优化并同时保证设计过程中数据的一致性，必须对协同设计进行管理，其中包括了设计事务的管理、设计冲突和设计知识库的协调等。协同设计事务管理具体包括设计用户登记管理、设计用户权限管理、设计版本更新、管理等内容。其中关键的是设计版本管理，它使相关的设计用户获知到其他用户所作的设计变更。

当然，多用户协作设计中不可避免的存在着的冲突。随着设计对象和目标的日趋复杂，以及设计参与者的人数和规模的不断变化，设计冲突、协调和决策也成为协同设计的一个重要问题。一般情况下，冲突状态可分为三种：延缓的、激活的、已解决的。协同设计管理中的冲突管理系统需要支持冲突的识别、冲突信息的发布、处理冲突意见的交流、冲突解决记录等。解决冲突的过程中，需要分配一个角色作为仲裁者，该角色负责收集、发布冲突和设置解决冲突事件的期限。仲裁者需要将参与者对解决冲突的意见收集，并组织参与者进行网络讨论，在规定的期限内做出最终的解决方案，并通知每位参与者。

在协同设计中，产品的设计要求与制造、工艺、装配、维护等并行进行，也必然存在各类知识如何协调的问题，因此，各类知识库的应用需要一个特定的协调工具，可以定义为“黑板”的工作空间。“黑板”就是专家系统中解决复杂问题的交互和协调工具。除了基于“黑板”的工作空间协调来自不同知识库的事实和规则外，良好的人机交互界面更是协同设计中必不可少的功能组成。它可以促成设计者以更快速、更便利的手段达成设计的实时沟通和协调。

3.2
设计集成管理

产品设计是一个复杂的过程，由若干个设计活动单元组成，设计活动单元是设计过程中的基本任务组合，它也是建立计算机设计支持环境的基础。因此需要一个完整的新产品设计的集成管理环境来对新产品设计过程的数据、应用和资源等进行集成管理，即产品设计过程管理系统。该系统负责对产品在设计定位、概念设计、结构设计、产品零件建模以及总体装配等设计决策活动中所涉及的产品、组织、资源和工作流程进行管理和总体协调与控制。可以通过分布式决策系统为设计定位、概念设计、二维／三维零件建模及三维总体装配等产品设计活动提供分布式协同工作环境，而设计流程管理系统和数据管理系统对该环境提供外围的支持。其中，产品设计流程管理系统起到管理和控制整个产品设计过程的作用，包括组织管理、项目分配与管理、资源管理、工作流管理等；产品数据管理系统则主要针对整个产品设计过程中所涉及的数据进行存储、查询、修改等进行统一管理。

3.2.1 设计流程管理（项目管理）

当今市场竞争日趋激烈，提高新产品设计、开发能力，缩短新产品上市的时间，在保证质量的前提下降低成本是企业生存、发展的关键。项目设计流程管理也就是通常所说的项目管理，可以帮助企业优化产品设计过程，缩短新产品开发周期，使整个企业的产品设计开发以系统化的工作模式运行。

设计流程管理的主要目标是实现在产品设计整个流程中，信息、文档、任务规范有序地在各设计成员之间传递、处理或执行的自动化。需克服企业内部部门间的限制，一切从产品设计的目标出发，在企业内部各部门之间根据产品设计流程建立一定的工作关系，并指导设计成员如何协同工作和交流信息。通过产品设计流程管理，使企业内部消除部门间的障碍，充分调动企业各部门的成员，通过产品设计流程有效地将各部门成员联系起来，协同工作，完成产品的开发。在过去需要专人进行任务的统筹、分发、汇报、成本核算和进度执行监督等工作，无法纳入到企业自动化管理系统中，而如今计算机可代替人进行繁杂的计算问题，简化人的工作。如图3-1所示的Microsoft Project，管理者可以利用“项目集”的功能对一定时期内的所有项目进行统筹规划，可完全根据人的意愿确定计划的精细程度，既可简略到人／周，也可以精确到人/时，甚至每台计算机终端及绘图机的调配。此外，如果项目的要求发生了变更，Microsoft Project可以方便地进行修改，所有相关的细节安排都会随之自动更新。

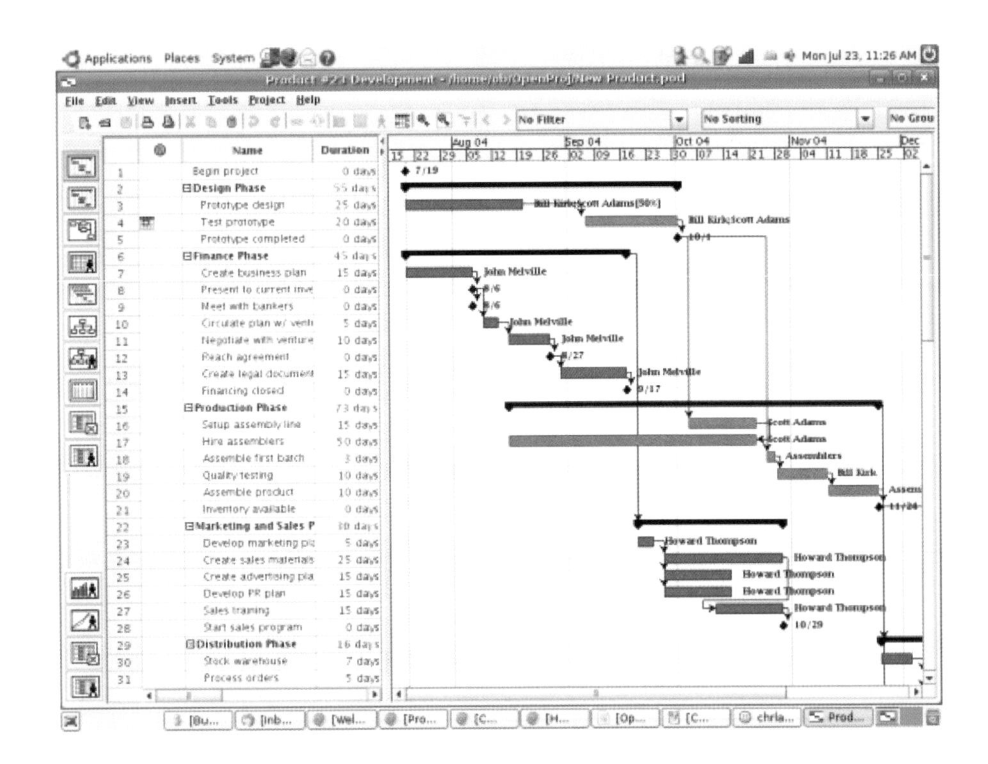

图3-1 Microsoft Project软件界面

复杂新产品的设计流程管理系统应主要包括以下两部分：

①划分与配置产品设计项目：通常情况下，一个复杂的新产品开发项目可以分解为若干子项目，有些子项目还可以继续划分。每一个子项目都有与之相对应的组织、资源以及工作流程。这个系统必须支持手工添加、修改、删除项目的操作。产品的结构不同，可能需要进行的项目也不相同，因此项目的属性也应该能够根据需要来自定义，如计划时间、实际时间、任务等，同时能够对项目进行资源、人员的配置等。

②管理与控制产品设计项目质量：管理与控制产品设计项目质量的内容主要包括质量功能分布与质量评价。质量功能分布是指为了能够有效地指导项目的运作，将项目需求及功能分布到各个子项目中分别完成；质量评价是对各个子项目完成的质量进行评估，通过比较项目完成的结果与预定目标，判断项目完成的质量是否达到预定标准。

3.2.2 图档管理

图档与一般的办公数据不同，特点是图形、图档多，且数据量庞大，同时还有大量模拟仿真和设计发布等点阵图像和多媒体数据等。因此，图档管理有一定的复杂性，需要建立一套较为完善的管理体系和标准来完成数据的分类、转换、检索、统计、编辑、发布、传播等任务。用于图档管理的程序应当具有良好的检索、查看、自动排序/归类、自动关联/更新，格式转换等功能。其中最为重要的是检索和查询功能，尤其在庞大的信息库中，需要有智能化的检索系统，才能快速找到和获知所需内容。

CAD矢量图本身有大量的相关数据，如图形图像数据、三维模型数据、动态仿真数据等，是理想的数字化设计图档。为了满足设计的需要，常要使用多种不同的CAD软件，而不同的CAD软件图档格式也不尽相同，因此需要专门的应用程序能对大多数的CAD

矢量图档管理进行统一管理，有时还需要对不同CAD格式的数据进行保存和转化，如各种CAD图形浏览器都兼有检索、数据转换等功能，不过智能化程度还比较低，要想达到较为理想的图档管理效果，还需要应用一些常见的编码手段。

3.2.3 PDM（Product Data Management）产品数据管理系统

PDM以软件为基础，是一门管理所有与产品相关的信息（包括电子文档、数字化文件、数据库记录等）和所有与产品相关的过程（包括工作流程和更改流程）的技术。它提供产品全生命周期的信息管理，并可在企业范围内为产品设计和制造建立一个并行化的协作环境。通过建立虚拟的产品模型，PDM系统可以有效、实时、完整地控制从产品规划到产品报废处理的整个产品生命周期中各种复杂的数字化信息。

在企业需求和技术发展的推动下，PDM已经迅速发展成为一个产业，并出现了许多成熟的PDM产品。一个能够满足企业各方面应用的PDM产品应具有的九大功能，包括文档管理、工作流和过程管理、产品结构与配置管理、查看和批注、扫描和图像服务、设计检索和零件库、项目管理、电子协作、工具与“集成件”功能。目前比较流行的PDM产品有西门子公司的TeamCenter和UGS公司的IMAN (Information Manager)、PTC公司的Windchill和Venture、Dassault公司的ENOVIA和Smarteam等。这些软件充分利用Internet国际互联网络的巨大功能，快速有效地将工作团队、过程和数据信息联系起来，已经越来越受到产品设计的各个领域的重视。如图3-2为ENOVIA的管理系统。

图3-2 ENOVIA 管理系统

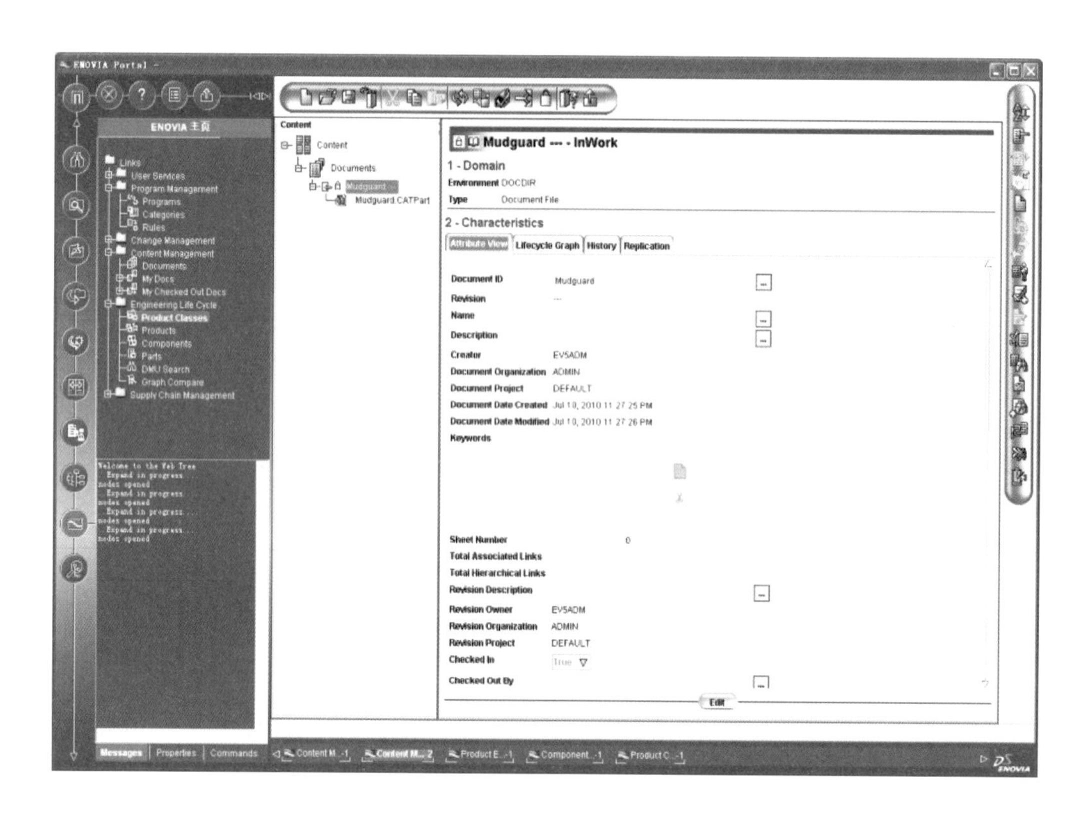

3.3
计算机辅助设计评价

对产品设计方案的评价可以从产品的理性价值和感性价值两个方面来考虑。理性价值评价主要从理性角度评价产品，包括对产品的机能评价、人机工程方面的评价以及生产因素的评价等；感性价值评价主要从感性的角度即人对产品的感觉评价产品，主要包括产品美学、社会学、人的偏好和使用心理等。由于人的感性系统是非常复杂的，因此在感性评价方面，计算机不能提供直接的帮助，不过由于它在计算方面的优势，可以利用计算机对产品结构、工艺等方面进行辅助分析、评测，即对产品进行理性价值评价。

3.3.1 外观的曲面评估

新产品开发，尤其是产品的造型设计中强调形态风格，许多企业为了使产品保持一致的风格特征，往往建立自己的形态风格标准，即PI（product identity）。曲面，是展示产品外形、构成产品风格的重要因素，也是设计师体现设计风格和表现产品质量的焦点，曲面的质量直接关系到产品的质量。因此，在设计和建模完成后，必须进行曲面评估，曲面评估是检测和提高造型设计质量的重要步骤。许多工业设计软件都有专门的曲面评估工具，对产品的曲面造型质量进行评价。利用这些工具，可以快速评价CAD曲线的光顺程度、曲面的光滑度、曲线与曲线连接的流畅程度、曲面与曲面连接的光顺程度等。设计师根据评价的结果，可以对曲面曲线模型做出精确、细微的调整。虽然各个软件提供的工具和使用方法有所不同，但其原理是一致的。

（1）曲面连续过渡与质量

①曲线或曲面连续性。连续性描述分段边界处的曲线与曲面的行为。在CAD软件中通常使用的两种连续性是数学连续性（用Cn表示，其中n是某个整数）与几何连续性（用Gn表示），Gn表示两个几何对象间的实际连续程度。最好的情况是曲率连续关系，在有些情况下，只能做到相切连续也是可以的。

②相邻曲线或曲面连续。曲线或曲面之间有四种连续级别：a.G0连续，也称位置连续或点连续，两个对象只是端点重合，而连接处的切线方向和曲率方向均不一致。这种

连续的表面看起来有一个很尖锐的接缝，只在表达最初的设计意图和快速面时可以被接受，平时都极力避免，或尽量摆脱这种效果。b.G1连续，也称相切连续，是指两个对象不仅端点重合，而且在共点处相切。即曲线方程为一阶导数连续。这种连续性的表面不会有尖锐的连接接缝，但是由于两种表面在连接处曲率不一致，所以在视觉效果上会有明显的差异，呈现一种表面中断的感觉。如在CAD软件中，用倒角命令生成的过渡面都属于这种连续级别。因为这些工具通常使用圆周与两个表面切点间的一部分作为倒角面的轮廓线，圆的曲率是固定的，所以结果会产生一个G1连续的表面。G1连续制作简单，有较强的机械感，多出现在内部构件的造型上，能满足大部分基础工业的需要，在产品设计中比较实用，比如手机的两个面的相交处就用这种连续级别。c.G2连续，也称曲率连续。两个对象不仅满足前两个连续的条件，即端点重合和相切，而且在共点处曲率也相同。即曲线方程一阶导数曲线平滑，二阶导数连续。曲率连续意味着在任何曲面上的任一“点”中沿着边界有同样的曲率半径。这种连续性的曲面没有尖锐接缝，也没有曲率的突变，因此视觉效果光滑流畅，没有突然中断的感觉（可以用斑马线测试），这通常也是制作A级面的最低标准。G2连续，视觉效果非常好，但是这种连续级别的表面并不容易制作，这也是NURBS曲面建模中的一个难点。这种连续性的表面主要用于制作模型的主面和主要的过渡面。d.G3连续，即曲率变化率连续。两个对象在共点处曲率连续，即三阶导数连续，这将使曲率的变化更加平滑。这种连续级别的表面有比G2更流畅的视觉效果，但是由于需要用到高阶曲线或需要更多的曲线片断，所以通常只用于汽车设计。G3连续因视觉效果和G2连续相差无几，却会消耗更多的计算资源，所以通常不使用。这种连续级别的表面曲率变化非常平滑，它的优点只有在制作像汽车车体这种大面积、表现完美的反光效果的曲面时才会体现出来。

（2）曲面分析工具和步骤

有许多工具可以用来检查曲面和曲面连接处的质量，理论上每个曲面在创建期间或之后都应该评价。但是单一的一种分析工具不能显示所有的缺陷，因此要将曲面分析工具结合起来使用，以完成对曲面的彻底检查。以下是一些建议使用的方法：

①追踪高光线固定或移动光源。

②实体表面或曲面颜色曲率图，包括截面线、最大最小曲率、斜率、高斯曲率、平均曲率、U或V方向、拔模方向等。

③结合曲率梳的截面分析。

④反射线或纹理图示。

⑤最小曲率半径测量和曲面偏置。

⑥控制点网格。

曲面分析因使用CAD软件的不同而略有差异，但是也有一些基本的步骤可以参考：

①建立曲面时，可以使用渲染曲面的方法，查找简单的问题，如不正常的鼓起、波纹、扭曲或不连续等。也可以通过移动光源或旋转零件检查初始缺陷。

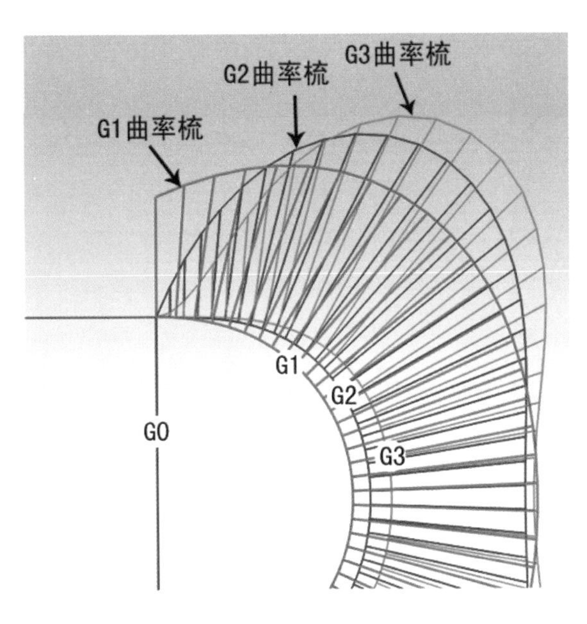

图3-3（左） 利用曲率梳判断曲线连续性

图3-4（右） 利用反射线判断曲面连续性

②动态曲率梳截面显示，查看曲率梳显示是否存在差异，是否有多个尖点或不应有的波折。

③判断是否曲面构架是连续和均衡的，一般通过曲面上的控制顶点网格查看。

④使用U和V方向曲面分析工具判断UV截面相切工具发现的问题。

⑤确认已经发现的问题，一般使用曲面分析工具如最小和最大曲率半径、高斯曲率及平均曲率来辅助。

⑥分析可能导致曲面偏置问题的曲率半径，一般使用最小曲率半径检查来识别。

⑦针对模具的锁止条件来分析曲面，一般使用斜率或拔模方向检查。

（3）A级曲面的概念

在老的汽车业，有一种基础分类法：A面，车身外表面，即通常所说的白车身；B面，不重要的表面，如内饰表面；C面，不可见表面，如内部结构。由于A面的质量直接关系到汽车的表面质量，所以一直都是设计师和工艺师关注的焦点。但是这个标准现在有一些改变，随着人们对美观和舒适性的要求日益提高，现在要求汽车内饰也要达到A极曲面的特征。因此，产生了另外一种曲面分类方法，即A面指可见表面，甚至是可触摸表面，B面指不可见表面。

正是由于A面品质决定了汽车车身的外观风格，也体现了企业的设计水准和风格，因此许多汽车企业制定了自己的A面标准，这个标准也是企业机密的核心技术。总体来说，欧洲和日本的汽车开发企业的要求比较高。而一些比较专业的设计公司和配件模块供应商的A面标准会更高。

在整个汽车开发的流程中，有一工程段称为class a engineering，重点是确定曲面的品质是否符合A级曲面的要求。这里所谓的A级曲面，必须满足相邻曲面间的间隙在 0.005mm 以下（有些汽车厂甚至要求到0.001mm），切率改变（tangency change）在0.16度以下，曲率改变（curvature change）在0.005度以下。满足这些标准才能确保钣

图3-5 用CATIA的曲面分析工具分析制作的曲面

件的环境反射不会有问题。A-class包括多方面评测标准，比如说反射是不是好看、顺眼等等。当然，G2连续可以说是一个基本要求，因为达到G2连续以上的曲面才有光顺的反射效果。但是，并不是连续性级别越高越好，如满足G3连续了，但是面之间出现褶皱，此时就不是A-class。

在应用方面，A级曲面首先用于汽车行业，随着消费者对产品外观美感的要求日益提高，如今已经逐渐扩展到其他消费类产品中，如牙刷、手机、洗衣机、卫生设备等。A级曲面的最大特性是可以满足美学的需要，简单讲就是光顺，表面没有突然的凸起、凹陷等“缺陷”。在CAD软件中，两张曲面间过渡时，普通的滚球倒圆所产生的过渡曲面无法达到A级曲面的标准，只有曲率逐渐变化的过渡曲面才能符合光顺的特性；A级表面的另一个特性是，它们趋向于采用大的曲率半径和一致外突的曲率变化，除了细节特征，产品表面尽量向一个方向弯曲。要做成一个“椭球”形状而不做成一个“马鞍”形状。

事实上，人的感受是A级表面最重要的评测指标。所以，设计师在设计过程中经验的积累是非常重要的。此外Alias、CATIA、UG等软件还提供了可视化图像评估工具，例如着色显示、光源移动显示、UV等参线显示帮助设计者评测曲面。一些专业化CAD软件中的实时渲染功能，也对设计师评测曲面质量有很大的帮助，如UG、Alias的对环境及光源在模型表面反射效果的实时渲染功能。图3-5为利用CATIA的曲面分析工具分析制作的曲面是否为A级曲面。

3.3.2 虚拟样机评估技术

随着计算机技术的飞速发展，使得设计方式更加多样化。如果说基于CAD的二维设计过程只是将原来的手绘变成电脑绘图，并没有改变实质的设计过程，那么CAD三维设计便使设计过程产生了质的飞跃。通过CAD软件，不仅能得到产品的三维模型，还可以进行产品结构设计、产品预装配、强度设计以及优化设计。CAD软件在产品的整个设计过程中起到越来越重要的作用。二维软件只能处理简单的图形信息，而产品模型的建立，变形设计（参数化、尺寸驱动）的能力，产品综合信息的管理模式，产品设计过程的控制方式等必须建立在三维实体造型基础之上。虚拟样机技术是一种建立在三维实体造型基础之上的基于产品计算机仿真模型的数字化设计方法，这些数字模型即虚拟样机（VP）支持并行工程方法学。

虚拟样机（virtual prototype）是相对于物理样机（physical prototype）而言的，它是最终产品制造之前建立起来的计算机虚拟数字模型，其目的是对产品外观造型、功能、宜人性、可制造性等进行测试，以便加快决策速度，改善产品开发的并行性。产品虚拟样机实际上是一种数字化设计平台，它将二维图纸表达的设计构思演变成基于三维实体模型的虚拟产品（虚拟样机）。虚拟样机技术涉及多体系运动学与动力学建模理论及其技术实现，是基于先进的建模技术、多领域仿真技术、信息管理技术、交互式用户界面技术和虚拟现实技术的综合应用技术。虚拟样机技术是在CAX（如CAD、CAM、CAE等）/ DFX（如DFA、DFM等）技术基础上的发展，它将信息技术、先进制造技术和先进仿真技术进一步融合，并将这些技术应用于复杂系统的全生命周期和全系统，以便对系统进行综合管理。虚拟样机是从系统层面来分析复杂系统，并支持"由上至下"的复杂系统开发模式。

目前，尽管虚拟样机还不能完全替代物理样机的位置，但是它可以有效地减少油泥模型和物理样机的制作和修改次数，从而大大降低产品开发成本，缩短开发周期，改进产品设计质量，提高面向客户与市场需求的能力。

（1）产品虚拟样机的组成

产品虚拟样机是以三维CAD为基础的，但是它绝不仅仅是在计算机软件内部的所有零部件的装配组合，一个完成的产品虚拟样机应包含以下内容：

①所有零部件包括外壳和内部结构部件的三维CAD模型及各级装配体。三维模型应参数化、部件模块化，便于修改和进行变形设计。

②适合运动结构分析、有限元分析、优化设计分析的三维装配体。

③二维工程图。此二维工程图必须是与三维CAD模型完全关联的。

④形成基于三维CAD的PDM结构体系。

⑤建立基于三维CAD的产品开发体系。在虚拟样机的制作过程中摸索新产品的开发模式，虚拟样机的制作过程也就是基于三维CAD的产品开发的过程。

⑥三维整机的检测与试验。

（2）虚拟样机的构建过程

产品虚拟样机的建立过程是一个循序渐进、逐步完善的过程。这个过程也是基于三维CAD的产品开发流程。

第一步：首先是要建立全参数化的典型产品的三维实体模型。几乎所有的三维CAD软件都具有参数化的建模功能，如 CATIA、Pro/E、UG等，以软件为平台建立三维实体模型，并对模型进行干涉和碰撞检查、装配规划和设计等。为了数据的完整性，还应制作与三维模型完全关联的二维工程图，并建立描述产品的物理数据，如零件明细表、基本属性等，为PDM管理提供基础数据。

第二步：在产品实体模型的基础上，建立基于三维模型的产品分析、加工及管理过程。在以往的产品开发过程中，可能只能通过实物模型了解产品在运动构建工作时的运动协调关系、运动范围、可能的运动干涉、产品动力学性能、强度和刚度等，现在都可以通过对虚拟样机进行运动和动力学分析来完成；同时，可以在虚拟环境中模拟加工过程，以检验产品结构设计的合理性、可加工性，同时还对加工方法、机床和工艺参数的选用起到指导性的作用，预测加工过程中可能出现的加工缺陷，为CAM提供数据模型。并且为通过PDM系统实现产品开发过程管理提供必要的支持。

虚拟样机的建立是个复杂的过程，需要大量专业知识和技术作为支持，许多企业或专业的工业设计机构都无法独立完成，往往需要借助数字化样机开发商的帮助。通过数字化虚拟样机的建立、实施，能够帮助企业建立起一套基于三维CAD的产品开发体系，实现设计模式的转变，提高产品创新能力，加快产品推向市场的周期。

（3）虚拟样机技术的未来发展

虚拟样机具有强大的交互性，不仅可以显示产品的外观、内部结构、装配的设计信息，还可以展示维修过程、使用方法、工作过程、工作性能等。同时，还为相关人员提供方便、快捷的通道来浏览产品的图形与非图形数据，充分发挥三维模型的作用。随着计算机技术的进一步发展，虚拟样机的研究还将与VR设备（如立体眼镜、头盔、数据手套、跟踪器等）及投影设备结合在一起，可生成产品的虚拟世界。在这个虚拟世界里，可以通过视觉、听觉、触觉，使人产生身临其境的感觉，通过数据手套，可指向模型上需要改进的地方，实时的碰撞跟踪功能按照手部的运动改变模型的形状，不仅可以帮助产品开发人员更好地完成产品，还可以直接用来让消费者提前体验产品，以模拟市场环境。图3-6为ADAMS虚拟样机技术软件界面。

如图3-6　ADAMS虚拟样机技术软件界面

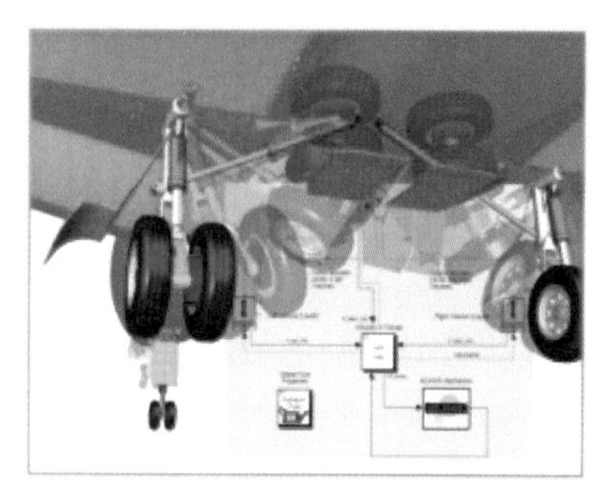

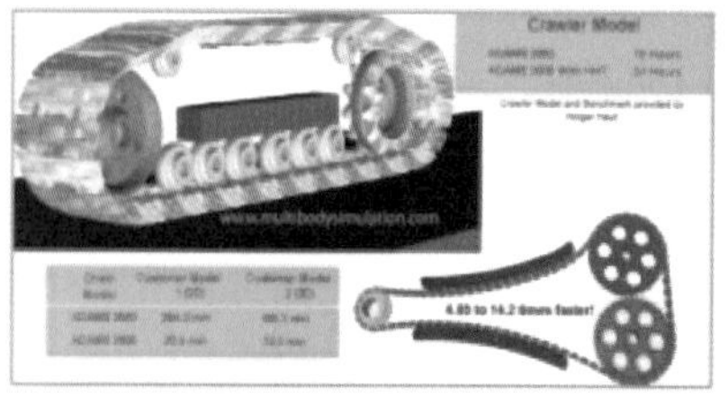

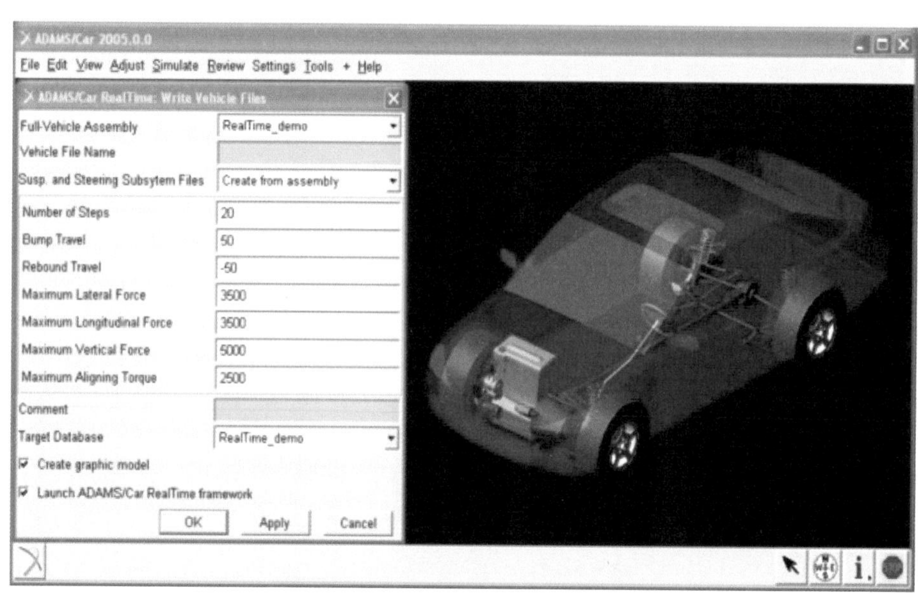

3.3.3 人机工程学评价

人机工程学是“人体科学”与“工程技术”的结合，实际上，这一学科就是人体科学、环境科学不断向工程科学渗透和交叉的产物。产品是被人所使用的，人机工程在产品设计中扮演着越来越重要的角色。在产品设计中，如果不考虑人的因素，就可能使产品在投入使用后得不到充分的发挥，甚至可能导致事故的发生。早期的人机系统功效评价是在设计过程完成后进行的，根据试验结果对设计方案进行功效综合评价。如果评价结果不符合人机工程学的基本原则和人机系统的特点，就必须重新修正设计方案，导致造成返工和浪费。随着计算机技术对人机工程学研究领域的不断渗透，数字化人机工程学的研究成为新的研究热点，也为产品设计的发展提供了新的平台。在产品设计过程中，通过嵌入人机工程评价标准，基于运动学、生理学等模拟人的使用方式，可实现工作任务仿真中的实时人体性能分析，及时发现问题，进行设计的改进和优化，有效地提高产品开发的速度，降低产品开发成本。对产品的人机工程学评价体系包括可视度评价（view zones）、可及度评价（reach zones）、脊柱受力分析（spine force analysis）、力和扭矩评价系统（human factor and torque analysis）、举力评价（lifting analysis）、疲劳分析（fatigue analysis）、舒适度评价系统（comfort assessment）、能量消耗与恢复评价系统（predetermined time standards）、姿势预测（posture prediction）、静态施力评价（static strength prediction）等。

（1）人体评价模型

对产品的人机工程评价模型主要有两种，二维人体模型和三维人体模型。二维人体模型，是目前人机系统设计时最常用的一种无力仿真模型，一般用于作业空间和作业场所的分析和设计。在概念设计的布局设计阶段，可将二维人体模板放在实际作业空间或置于设计图纸的相关位置上，用以评价设计的可行性和合理性。基于二维人体模板的产品设计评价主要在概念设计阶段进行，如初始方案的拟订、最优方案的选择、结构设计、工艺方案的规划等。在此阶段，设计师可以利用二维人体模板提供的数据合理设计操作者的作业空间、操作姿势、操作机构等。用二维人体模型进行仿真评价时，计算量较低，所以这种仿真也是相当粗糙的。

三维人体模型，随着计算机仿真技术和虚拟现实技术的发展，基于三维人体模型的产品评价越来越被关注。目前，三维人体测量技术日渐成熟，市场上也出现了不少人体扫描设备，该技术已经在产品设计、CAD / CAM、研究、动画、电影、重建、化妆品调查、医疗器械设计、人体测量、人机工程、雕塑等方面得到应用。再配合多种数据采集软件生成的NURBS曲面图像，可用于人机工程的仿真模拟。

（2）人机工程分析软件

发展到今天，已经有大量的人机工程商业软件被应用到产品及系统开发中。在人机工程仿真软件中，通过虚拟环境，可以对人体的各种工作方式进行仿真，如头部运动、视域、抓举、搬运、负荷、行走、弯腰、坐姿等，利用动画技术把人机相互作用的动态过程显示在计算机屏幕上或输出到图形设备上。从最早发源于英国诺丁汉大学的SAMMIE、波音公司的Boeman，到目前得以广泛应用于CAD/CAE领域的SAFEWORK，美国NASA的JACK这些应用软件为设计中解决人机关系问题发挥了很大的作用。各种CAD/CAE软件，如PRO/E、CATIA、UG等都有专门的人机工程分析模块。其中CATIA是较早拥有人机工程模块的三维CAD软件。CATIA里的人机模块叫“Human模块”，分为人机创建器、人体尺寸编辑器、人体姿态分析、人体动作分析、人体任务仿真。但是就功能上来说，CATIA的 “Human模块”更多地应用在汽车、飞机等产品领域，如图3-7和3-8所示。

人机工程软件在产品设计中主要有以下几个功能：装配可达性、安全性分析、手伸与抓握、工作流程仿真、操作力量估测等。如Transom公司开发Transom JACK人机工程软件，它不仅包含人体数据咨询系统，还包括人机工程评价系统和人机工程仿真系统。该软件可以评价安全姿势举升与能量消耗、人体关节移动范围、静态受力、疲劳与体能恢复等人机工程性能指标。除此之外，JACK包括了世界范围内大部分人体测量数据，并且留有开放式接口，便于添加、修改。目前，该软件已经广泛地应用在航空、船舶、产品设计等领域。

除了Transom JACK之外，还有一些人机工程软件如浙江大学人机工程仿真与评价系统，主要包括人机工程咨询系统、人机工程仿真系统、人机评价系统；由英国

图3-7（左） CATIA的Human模块

图3-8（右） Pro/E的manikin模块

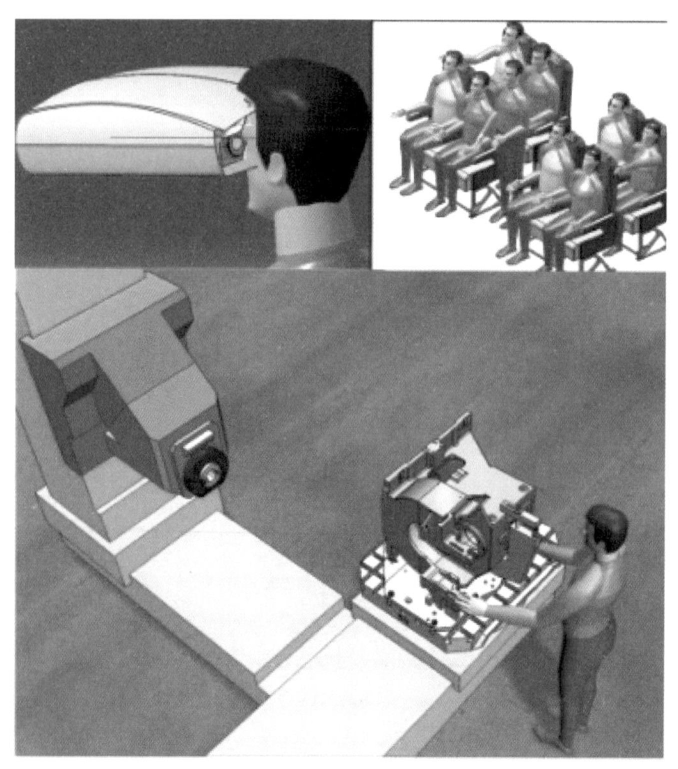

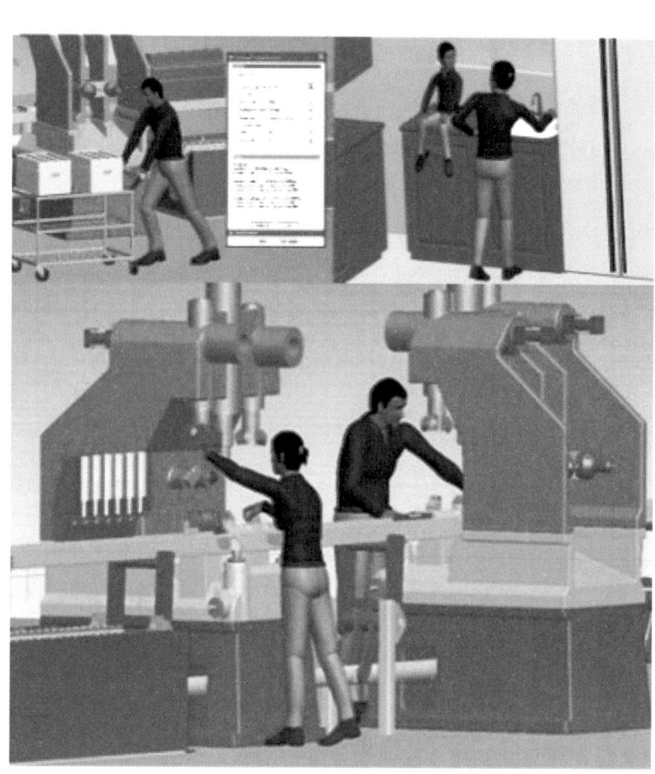

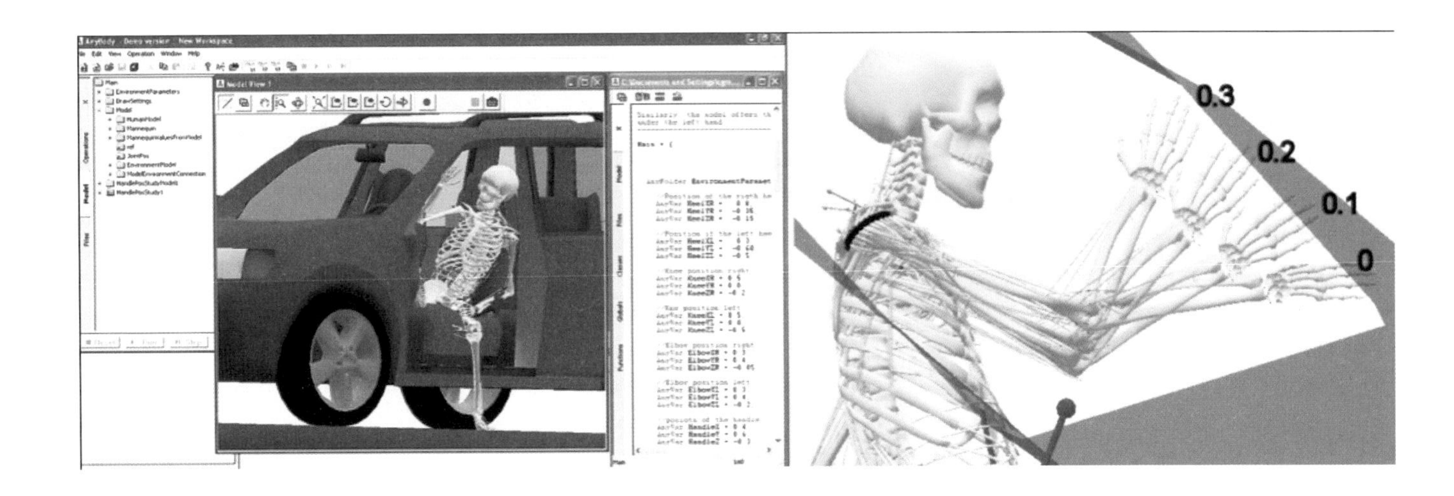

3-9 AnyBody Modeling System

OpenErgonomic公司开发，基于平面线框图的人体数据系统PeopleSize；专门针对人体姿势，尤其是脸部姿态进行设计的软件Poser等；还有一些动画软件，如MAYA，有专门针对人体模型和服装设计的建模模块；又如计算机辅助人机工程学和生物力学分析（AnyBody Modeling System）软件，甚至可以完整地分析肌肉与骨骼的运动系统，可以计算模型中各块骨骼、肌肉和关节的受力、变形、肌腱的弹性能、反抗肌肉作用和其他对于工作中的人体有用的特性等（图3-9）。

3.3.4 感性评价

人的思维和感情是极其复杂多变的，对事物的看法也千差万别，不同的人对同一个产品可能会有完全不同的感觉，因此产品的受欢迎程度很难用量化的方式进行评价。感性工学（kansei engineering）作为新概念是1986年被日本马自达汽车集团前社长山本健一先生首次提出，也是目前的研究热点之一。人们试图找到一个能够感知和探索人类精神活动的方法，将人的感情量化。因为人体是个复杂的系统，因此感性工学涉及多学科，是设计学、工学及其他学科之间的一门综合性交叉学科，包括心理学、残疾研究、基础医学、临床医学以及运动生理学等。广岛大学的长田丁三生教授认为感性工学主要是“一种以顾客定位为导向的产品开发技术，一种将顾客的感受和意向转化为设计要素的翻译技术”。

目前，针对感性工学的研究主要集中在三个方面：第一，将“语意差异法”作为捕捉客户感性的重要技术手段，从多种途径如市场、企业、杂志收集感性或描绘顾客感受的语词，然后对这些词语进行分析，并试图找出感性词汇与设计的相关性，希望将结果应用在产品设计上。第二，利用先进的计算机技术来建立感性工程的系统性框架，通过人工智能、神经网络和模糊逻辑的几何方法等的运用，建立相关的数据库和计算机推理系统。第三，每隔一段时间，调整感性工程的数据库，将新的感性数据扩充进入数据库，由此来研究顾客对产品喜好的变化趋势。

日本是感性工学的发源地，也是其日益成熟和完善的地方。1987年，马自达公司横滨汽车研究所成立了“感性工学研究室”。紧随其后，各大汽车厂商都纷纷运用感性工学进行自家品牌产品的研发。在欧洲，英国诺丁汉大学的人类工效学研究室是欧洲较早研究感性工学的机构，德国的波尔舍汽车公司和意大利的菲亚特汽车公司都热衷于感性工学的应用研究；在美国，著名的福特汽车公司也运用感性工学技术研制出新型的家用轿车；在韩国，政府一直在关注感性工学的发展，并决定21世纪在产业界全面导入“感性工学技术”，现代汽车和三星电子已有了相当深入的感性工学的研究。

这些研究将有助于对人类的感知思维活动的进一步了解，从而利用有关的知识获得对产品感性方面的评价依据，并利用计算机系统将这些评价应用到产品设计中去，设计出更加符合人的感情的产品。

04
Rhino软件概述

4.1 认识Rhino

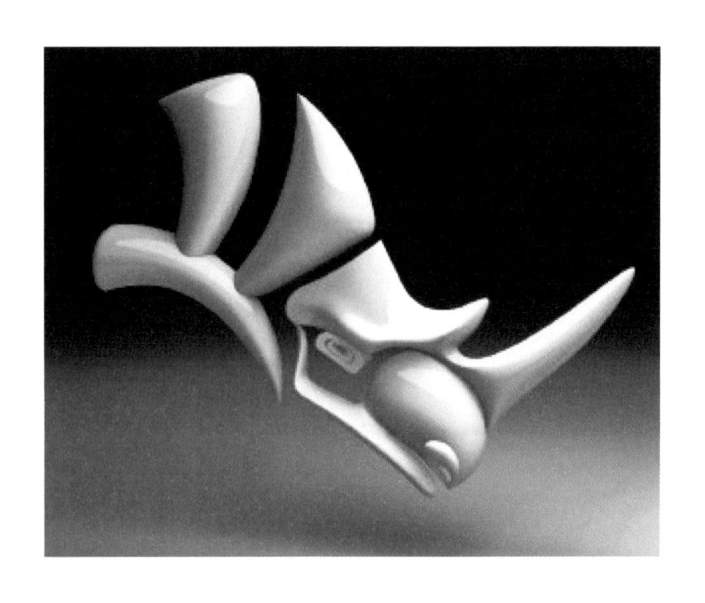

图4-1　Rhino

Rhino，即国内三维设计领域广为人知的犀牛，是美国Robert McNeel & Assoc公司于1998年推出，针对个人计算机平台的专业三维造型软件。这款“平民化”的高端软件，不仅占用空间小，对硬件要求低，且操作简洁、功能强大，现今已被广泛应用于产品造型、建筑外观、机械制造、CG设计等领域。

Rhino包含了所有的NURBS建模功能，无论是家用电器外形设计、汽车船舶外观还是生物体甚至是植物的外形，通过Rhino强大的自由造型构建功能都能够有机会实现。它能轻易整合3D Max与Softimage的模型部分功能，以NURBS为理论基础可以建立、编辑、分析及转译NURBS曲线、曲面和实体，以直线、圆弧、圆、正方形等基本数学二维图形来做仿真，所以可以有容量较小的档案。它能输出obj、dxf、iges、stl、3ds等不同格式，适用于几乎所有的设计软件，因此也深受3D Max、AutoCAD、MAYA等三维软件使用者的青睐。

Rhino提供给使用者一个直观、精确和快速的自由造型环境，充分展现了它“麻雀虽小五脏俱全”的优势，相对较低的运行配置要求让它广受初学者及三维技术爱好者的青睐，而其人性化的操作流程也为进一步学习Alias和Solid Thinking等软件打下了良好基础。其特点可以归纳如下:

（1）人性化的操作界面

Rhino简单、直观的界面让初学者也能迅速适应软件的操作，它对各项操作命令都会进行提示，能有效地避免命令选择错误，因此，使用者可以更专注于设计与建模本身，如图4-2。

（2）强大的曲面构建功能

使用Rhino建模可生成各种复杂曲面，绘制方式简便直观，且可以随时根据使用者的意向进行形态上的调整，同时也能满足一般的工作精确度要求。

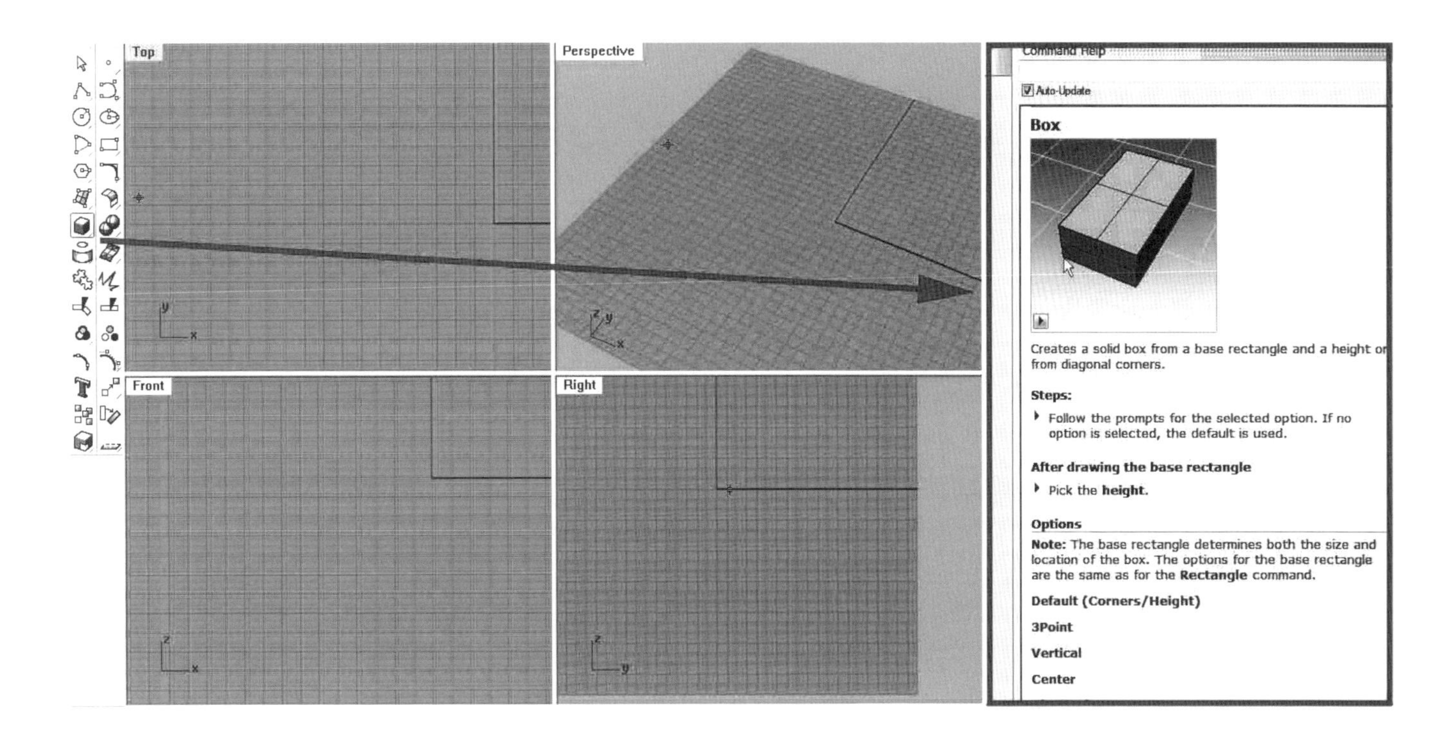

图4-2 Rhino操作界面

利用Rhino默认的场景灯光工具能简单地模拟渲染效果，使用者也可以通过更换视角来随时观察曲面，十分方便。

（3）兼容性强

能导入与输出多种格式的文件，几乎兼容所有的设计、制图、渲染软件。

（4）插件丰富、灵活高效

Rhino的渲染插件，如VRay for Rhino、Flamingo Render等，提供了更全面有效的功能支持，让Rhino从造型到渲染都更加无懈可击。

图4-3 Rhino作品

4.2 Rhino的基本使用方法

图4-4 新建文件尺寸选择

双击图标打开Rhino，在正式进入操作界面之前，软件会默认新建一个空白文件，首先根据所要建立的模型来选择一个合适的尺寸单位（图4-4）。

4.2.1 Rhino的界面

Rhino 界面（图4-5）主要包括以下部分：

菜单栏，位于顶端。

命令行，位于菜单栏之下，可通过点击最左侧将其拖动到任意位置。用户可以在区域中直接输入命令进行操作，也可以在操作中根据其中的提示进行选择或输入来完成命令的操作。

标准工具栏和左侧的浮动工具面板，包含了Rhino的常用工具。

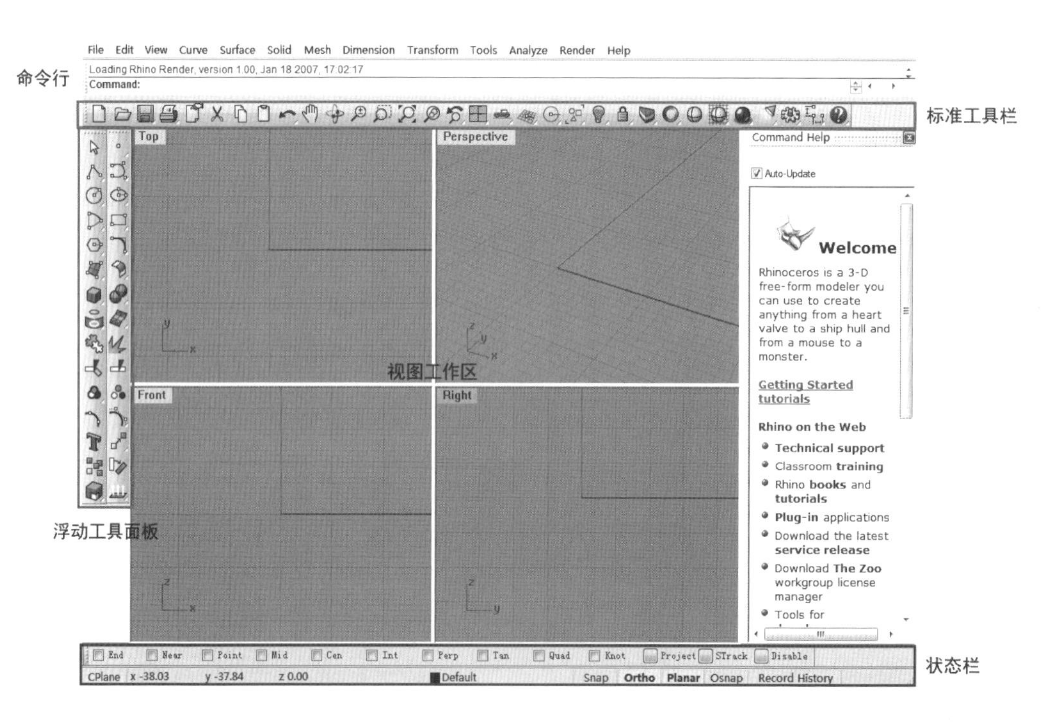

图4-5 Rhino的基本界面

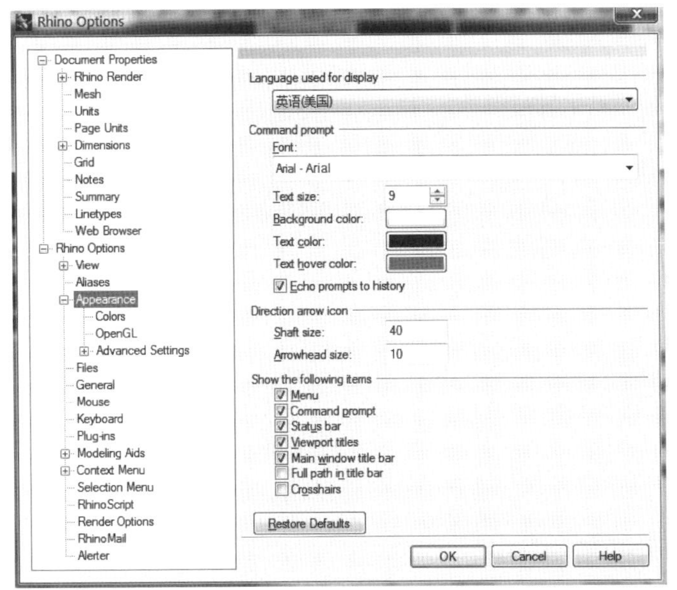

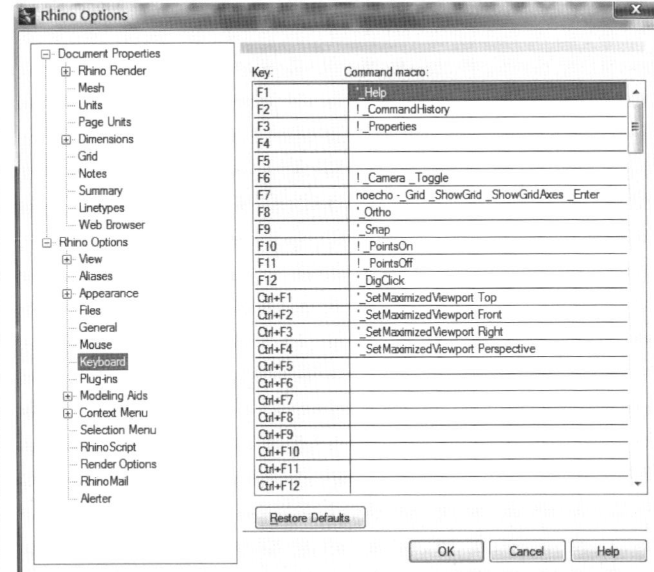

图4-6（左） 设置个性操作界面

图4-7（右） 设置快捷键

视图工作区，Rhino的视图工作区默认包含四个区域，分别为顶视图、前视图、右视图和透视图，可通过点击左上角标签激活视角，也可以直接拖拉边框来改变窗口大小。

状态栏，位于底端，从左至右依次为当前坐标、活动图层、辅助选项。

用户也可以根据自己的喜好来定制Rhino的个性操作界面。点击标准工具栏中的选项按钮（Options），点击外观（Appearance），就可对视窗各部分颜色和显示按照自己的需求进行个性化设置，如图4-6所示。

点击Keyboard则可以对一些命令的快捷键进行设置，如图4-7所示。

4.2.2 辅助功能

除了基本的命令，Rhino还具有各种辅助功能。为了让整个建模过程更加顺利，必须了解这些辅助功能的设置方式。

（1）工具面板

当鼠标移动到工具面板上的图标时，Rhino会自动显示这个图标命令的功能说明，而有时左右键点击图标代表着不同的命令。有些图标的右下角有一个白色箭头，这说明这个图标包含着附加图标，通过左键长按图标开启附加工具面板，也可根据自己的需要将其拖动成为单独浮动面板（图4-8）。

图4-8 浮动面板

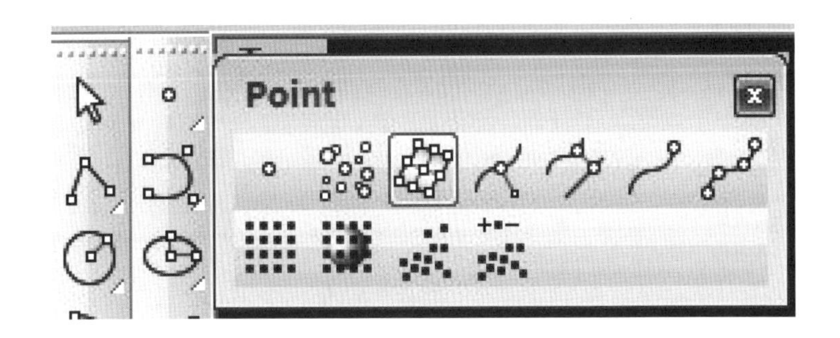

在Rhino默认的浮动工具面板中，并不是所有的工具都包含在内，此时我们可以通过点击

"菜单栏—Tools—Toolbar Layout"来打开工具条（图4-9），从中勾选自己需要的工具面板进行显示。

我们也可以根据自己的习惯定制工具面板，先打开工具条，依次点击"Toolbar"—"New"，在弹出的选项框中设置工具面板的名称和大小（图4-10），点击"确定"，就创建了一个新的空白工具面板。用户可以按住Ctrl键将所需要的工具图标拖入新创建的工具面板，按住Shift键将多余的图标拖出面板删除（图4-11）。

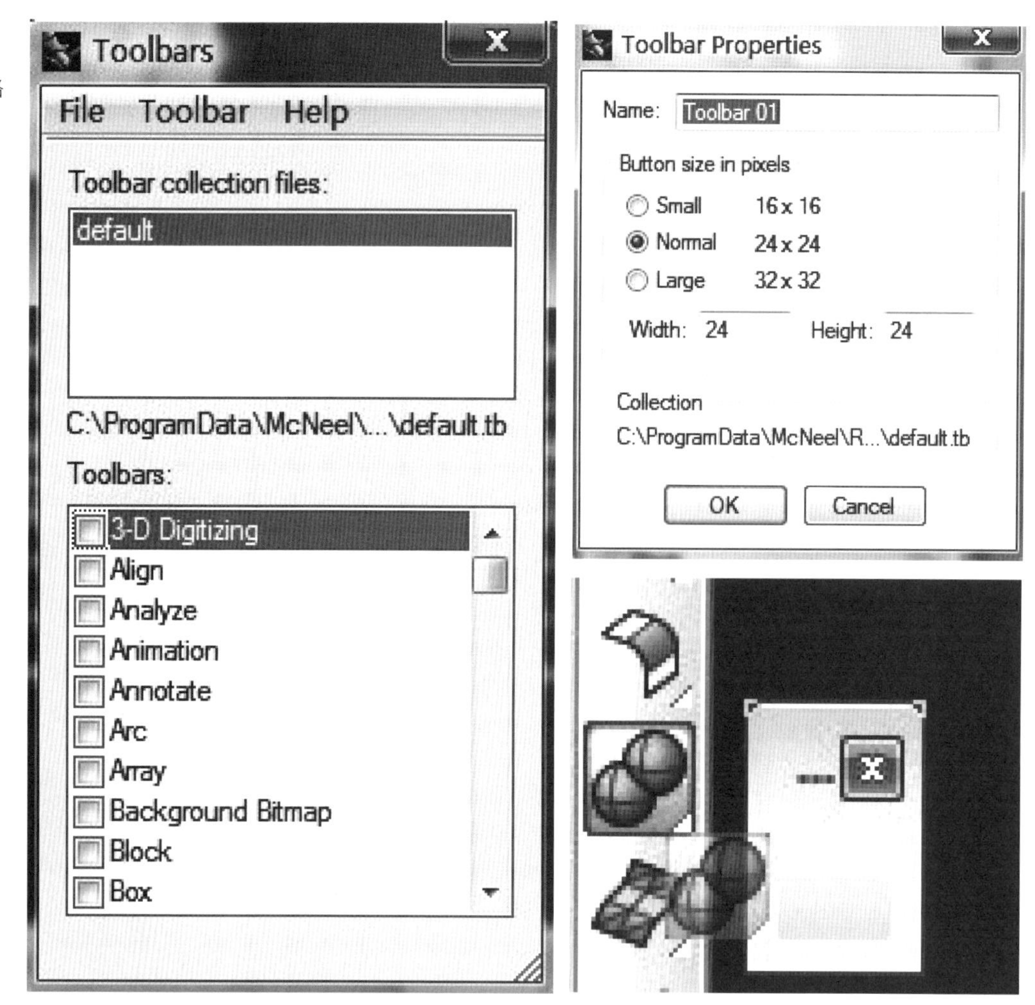

图4-9（左） 自定义工具面板

图4-10（右上） 自定义面板规格

图4-11（右下） 拖动图标

（2）选择

在Rhino中，选择物体有多种方式，最常用的是单击要选择的物体，被选中的物体框线将变成黄色。在需要同时选择多个物体时，可以通过按住Shift键一次点选来达成，也可以采用框选。需要注意的是，在画选择框时，从左至右的方向只会选中被选择框完全包围的物体，而从右至左则能够选中所有被方框涉及的物体。

当物体重叠时，Rhino自身的精挑选择工具能有效解决错选的问题。而当所要选择的物体数量过多时，我们可以通过选择工具面板（Select）来选择所有同种特定性质的物体（图4-12，图4-13）。

（3）查看物体属性

在Rhino中，物体属性是一个非常重要的概念，它记录了与物体相关的许多信息。选中一个物体，点击Properties图标，就可以查看该物体的属性。通过属性操作我们可以为物体命名、设置其所在图层，也可以在下拉列表中选择Material来改变物体的渲染材质、颜色和纹理（图4-14）。

图4-12（左）

图4-13（右）

（4）图层设置

在状态栏中，单击默认图层名，可以显示当前文件的全部图层（图4-15）。

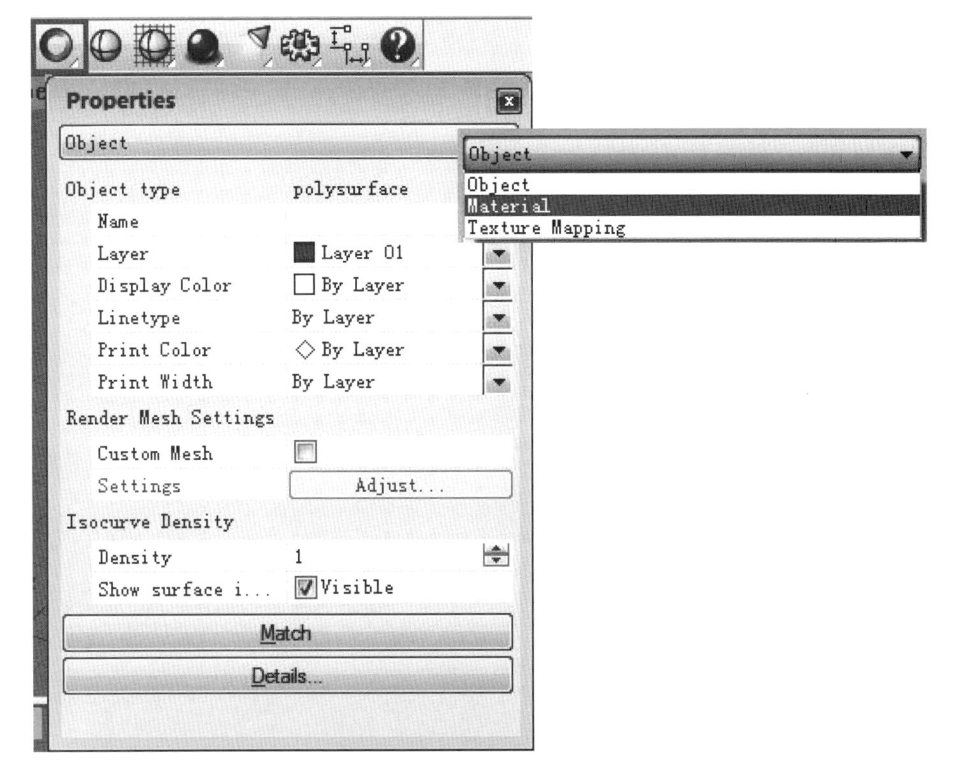

图4-14 材质

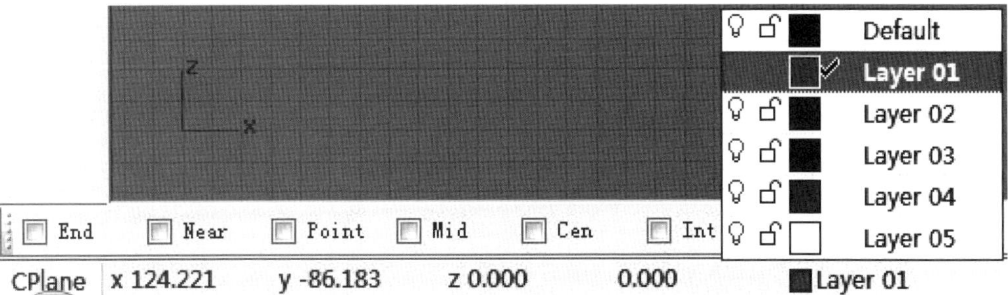

图4-15 图层

图4-16（左） 设置图层

图4-17（右） 设置图层

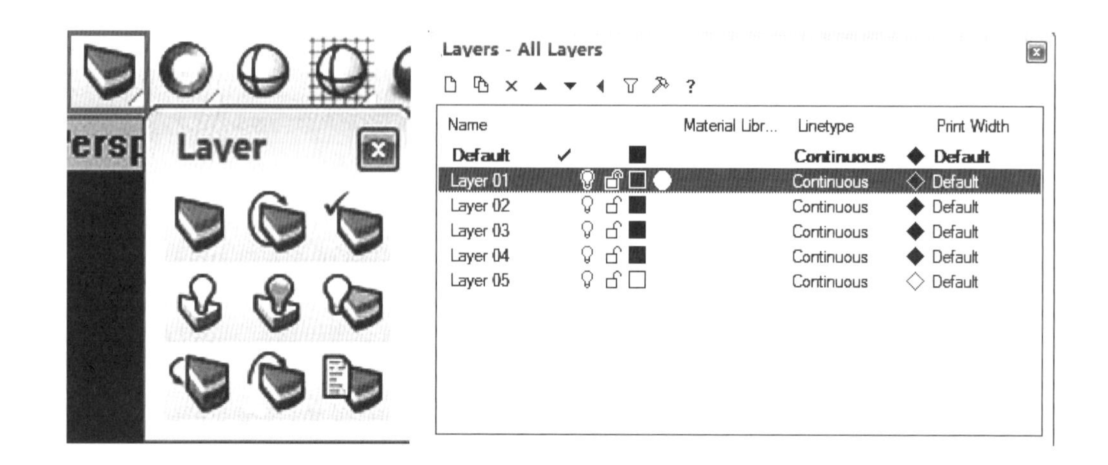

通常我们点选工具栏上的图层工具来对图层进行设置（图4-16，图4-17）。

利用图层工具我们可以自由地新建、删除、隐藏或锁定图层，也可以点击后方的色块来修改图层颜色，并可以通过右击图层点选"Set Current"命令来设置当前默认图层。

（5）状态栏与物体捕捉

上面我们已经对Rhino的状态栏做了一个简单的介绍，下面我们来具体说说状态栏包含的各项功能。

状态栏的右下角有几个可以选择的项目，分别为网格锁定（Snap）、垂直锁定（Ortho）、平面模式（Planer）和焦点捕捉（Osnap）。

其中平面模式可以确保绘制曲线的控制点在同一平面内，在一些情况下是相当有用的。

焦点捕捉处于激活状态时，可以捕捉的点如图所示，而在需要更多精确捕捉的情况下，我们可以打开上方工具栏中的物体捕捉控制面板（Object Snaps）。

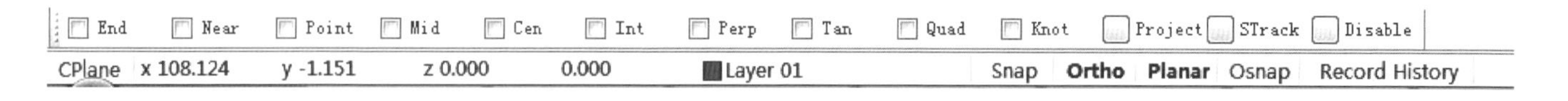

图4-18（上） 状态栏

图4-19（下） 物体捕捉控制面板

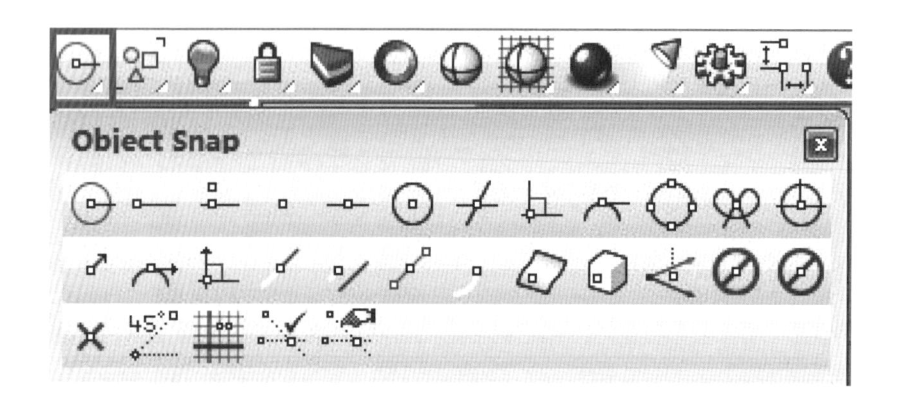

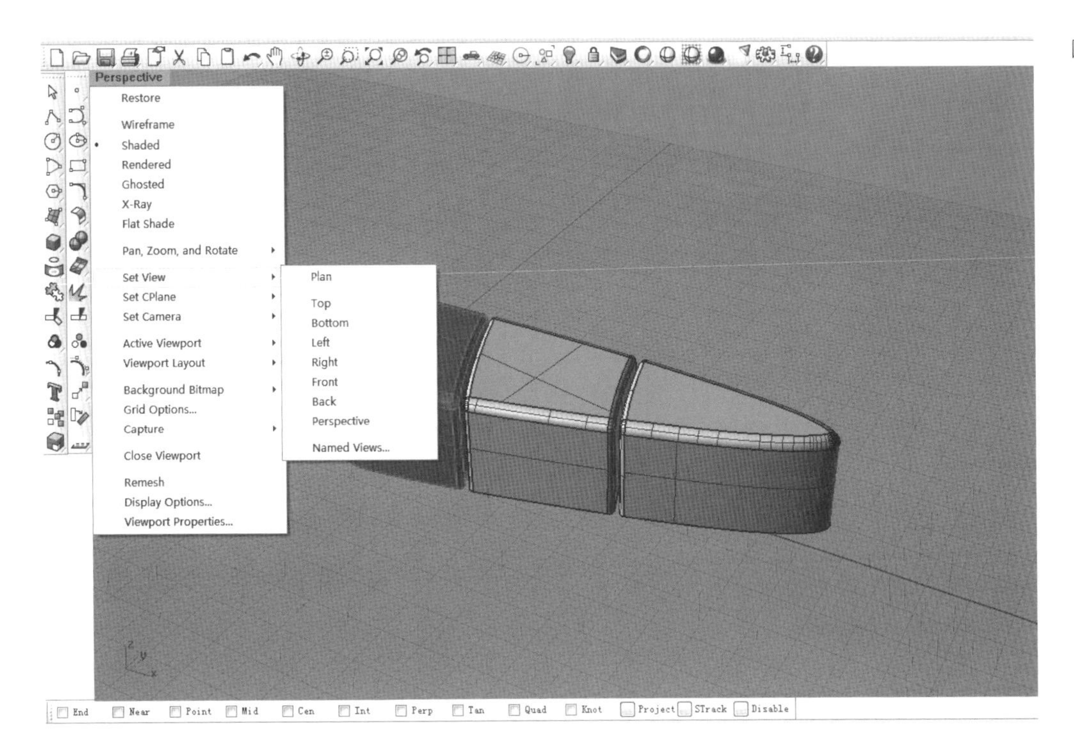

图4-20 视窗模式选择

（6）视窗

默认状态下，Rhino的视窗模式与3ds Max十分相似，它有四个视角，分别为Top（俯视图）、Front（前视图）、Right（右视图）、Perspective（透视图）。双击视图左上角的标签就能全屏放大该视图，想要改变视角的简单方式是右击视图标签，通过“Set View”的下拉列表中勾选所要显示的视角来达成（图4-20）。

在上方的标准工具栏中有一个视图布局工具图标，长按打开它的扩展工具组（Viewport Layout），里面就包含着各种设置视窗的工具图标（图4-21）。

利用这些工具，我们可以简单地将视窗设置为四个或三个，也可以根据需要把一个视窗横向或纵向分裂成两个，这里我们可以看到其中的背景图工具（Background Bitmap）（图4-22）。

注意：在使用背景图置入命令之前，必须先激活需要放置背景图的视角。

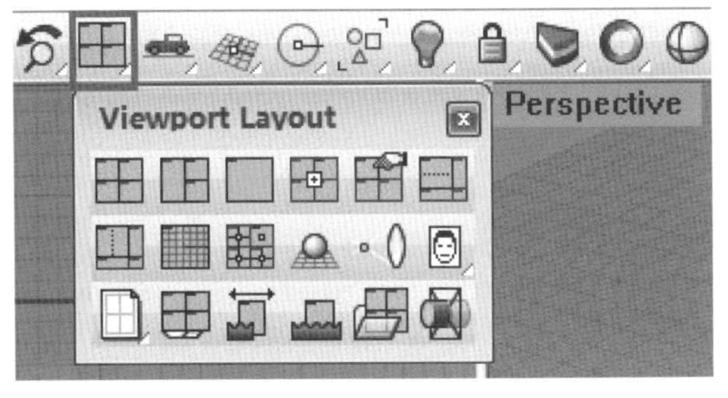

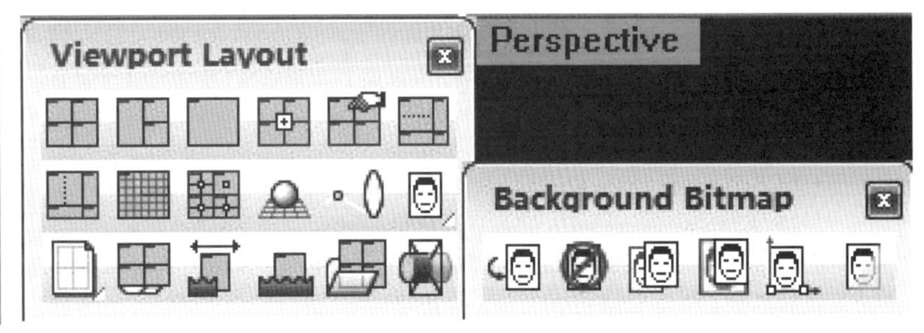

图4-21（左） 视图布局面板

图4-22（右） 背景图工具

（7）常用快捷键

鼠标右键：平移视角；

Ctrl+A：选择全部；

Ctrl+S：保存；

Ctrl+Z：撤销；

Ctrl+T：剪切；

F8：正交；

F9：网格捕捉；

F10：打开控制点；

F11：关闭控制点；

当然，在前面已经提到了Rhino中快捷键的设置方法，使用者也可以按照自己的习惯来随意设置，以提高工作效率。

图4-23 工具面板

4.2.3 基本操作

掌握了以上一些基本的Rhino辅助功能使用方法之后，下面我们就可以正式进入实践操作阶段，学习Rhino的基础建模方法。

首先，我们再来熟悉一下位于界面左侧的浮动工具面板（图4-23）。

在Rhino操作中，最常用的创建物体的方式可以总结为“以点绘线、以线扫面、以面构体”，下面我们将对它们分别作一个简单介绍。

（1）点

单独的点在模型中一般并不会直接用到，而是作为创建或绘制过程中的辅助物来使用（图4-24）。

（2）线

Rhino左侧的浮动工具面板中提供了两种最基本的线绘制命令，第一种为多段线（Polyline），绘制效果为直线与直线的连接，第二种为控制点曲线（Control Point Curve），由控制点来控制曲率。控制点曲线绘制完成之后如果还需要进行调整，可以把线选中后使用快捷键F10调出它的控制点进行调整，调整完毕后按下F11关闭控制点，另外一种方式则是工具面板上的编辑点与控制点工具（图4-25，图4-26）。

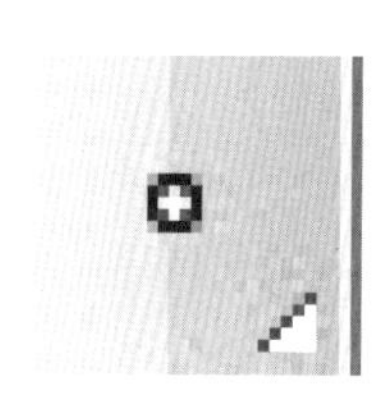

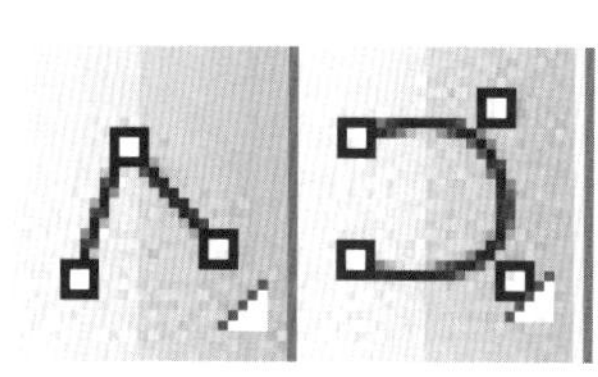

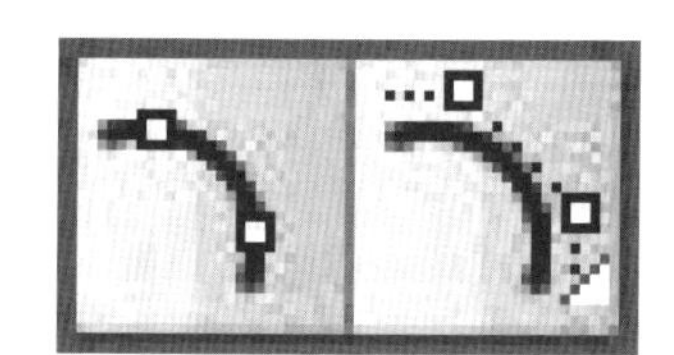

图4-24（左） 点

图4-25（中） 线

图4-26（右） 控制点

（3）面

面的构建，特别是曲面的构建是Rhino建模中最有难度也是最重要的一环，下面我们同样从工具面板着手，先打开表面（Surface）工具面板（图4-27）。

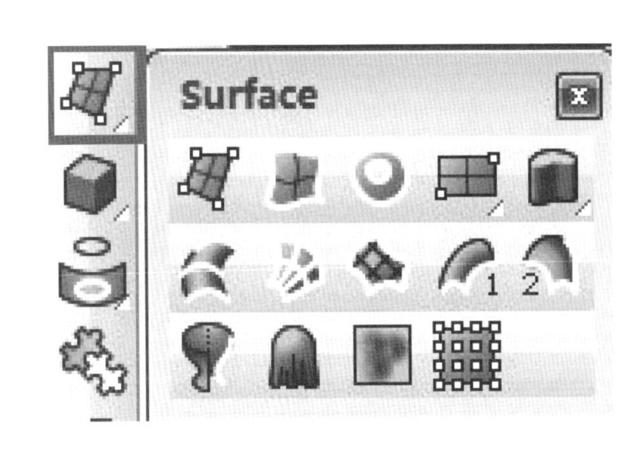

图4-27 表面工具面板

面板中的前三个工具分别为点建面、曲线建面和边界线建面。边界线建面可帮助我们利用同一平面内的一条或两条封闭曲线生成面（图4-28）。

挤压表面工具（Extrude Straight）能利用边界线生成垂直的曲面，并且我们可以通过在命令行中键入字母“b”来转换成双向生成，键入字母“c”为曲面加盖成为实体（图4-29，

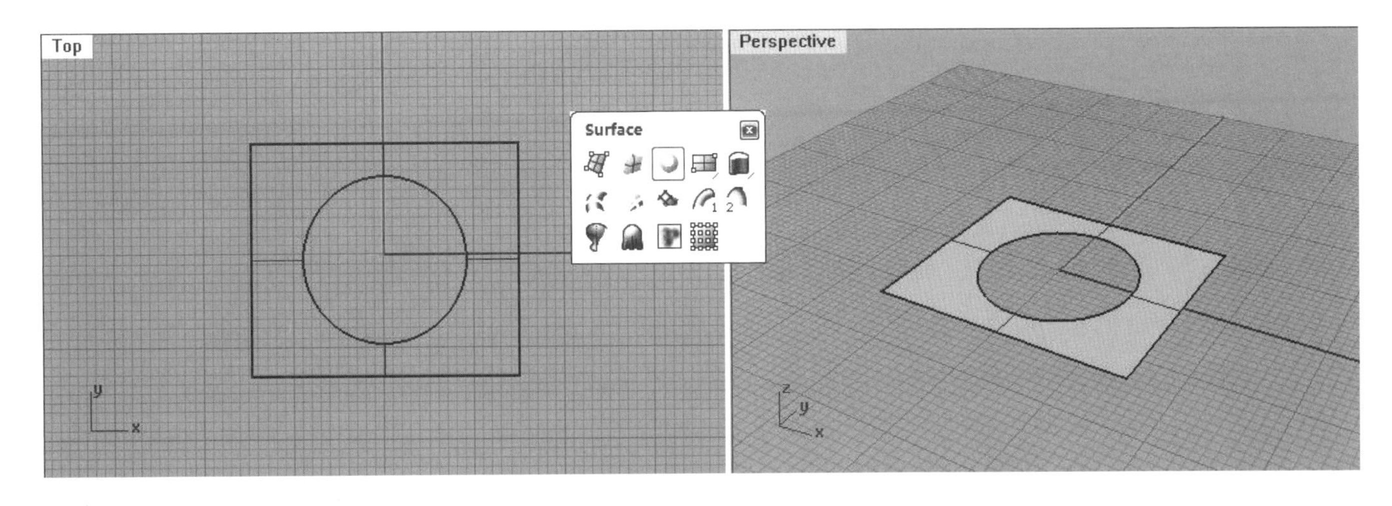

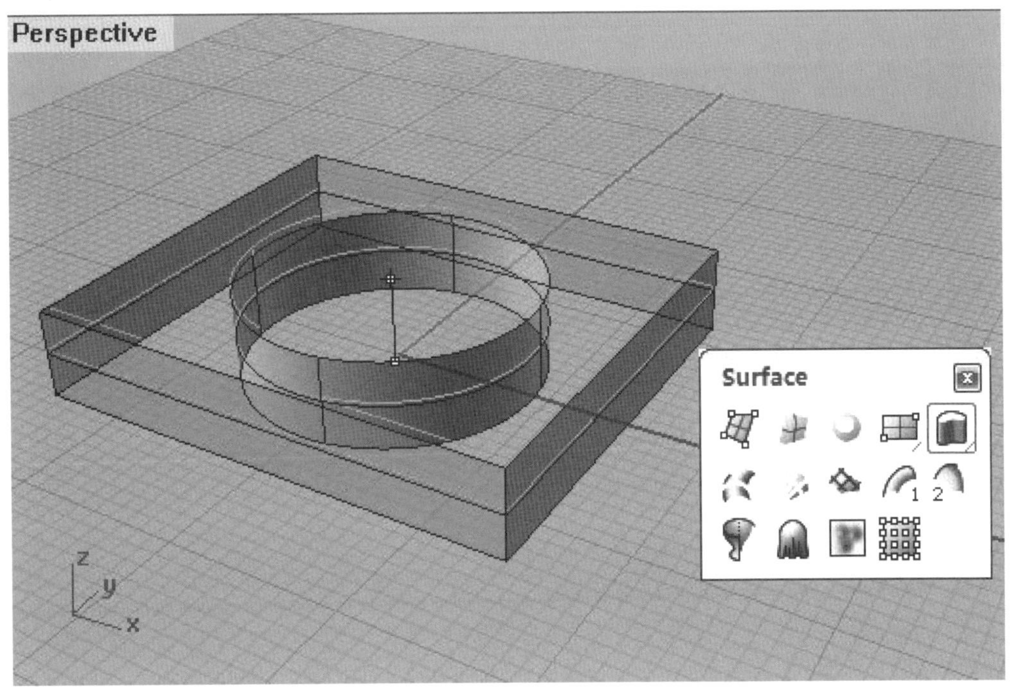

图4-28（上） 边界建面工具

图4-29（下） 利用边界线生成曲面

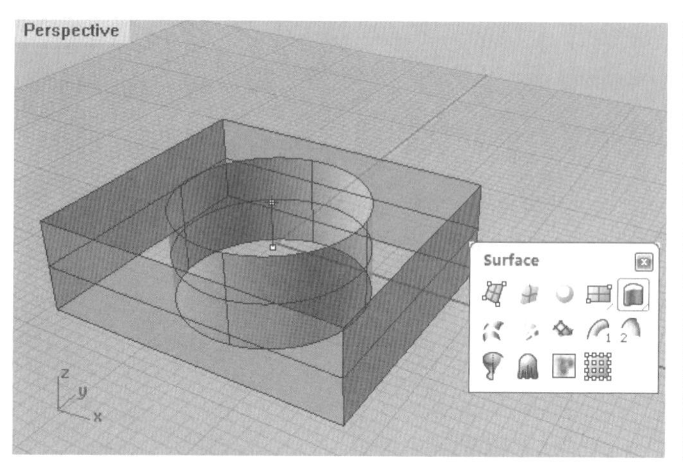

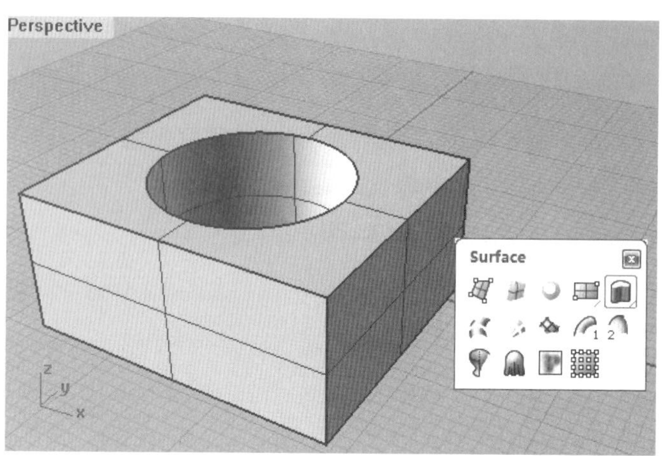

图4-30（左） 双向生成

图4-31（右） 创建为实体

图4-30，图4-31）。

Loft工具可以在不在同一平面的两条曲线之间构建曲面，但必须注意的是边界线扫描的方向必须一致（图4-32，图4-33）。

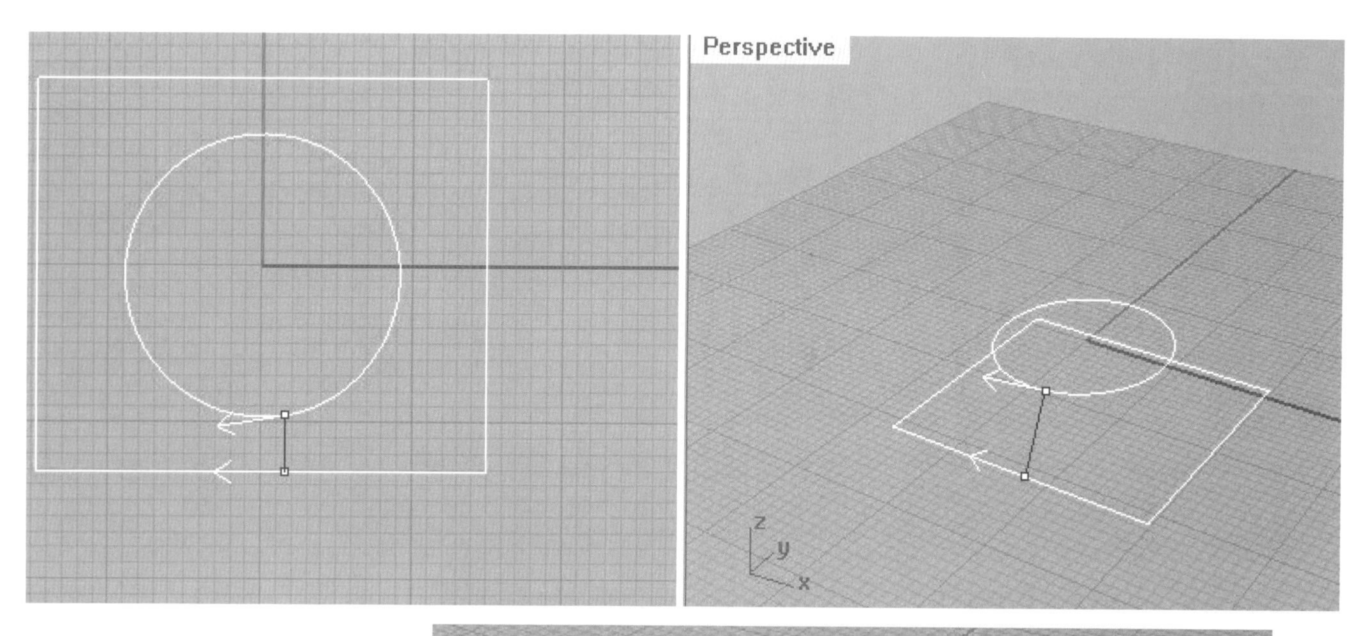

图4-32（上） 扫描线方向

图4-33（下） 生成曲面

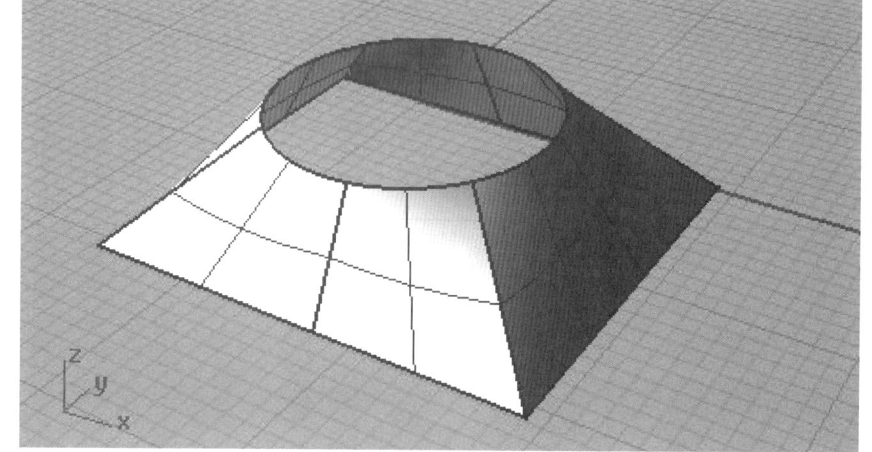

当所要绘制的曲面比较复杂时，我们可以使用网格建面或者Patch命令。绘制如图网线，椭圆从中间打断，使用网格建面命令生成曲面（图3-34，图3-35）。

图4-34（上） 绘制曲线

图4-35（下） 使用网络命令

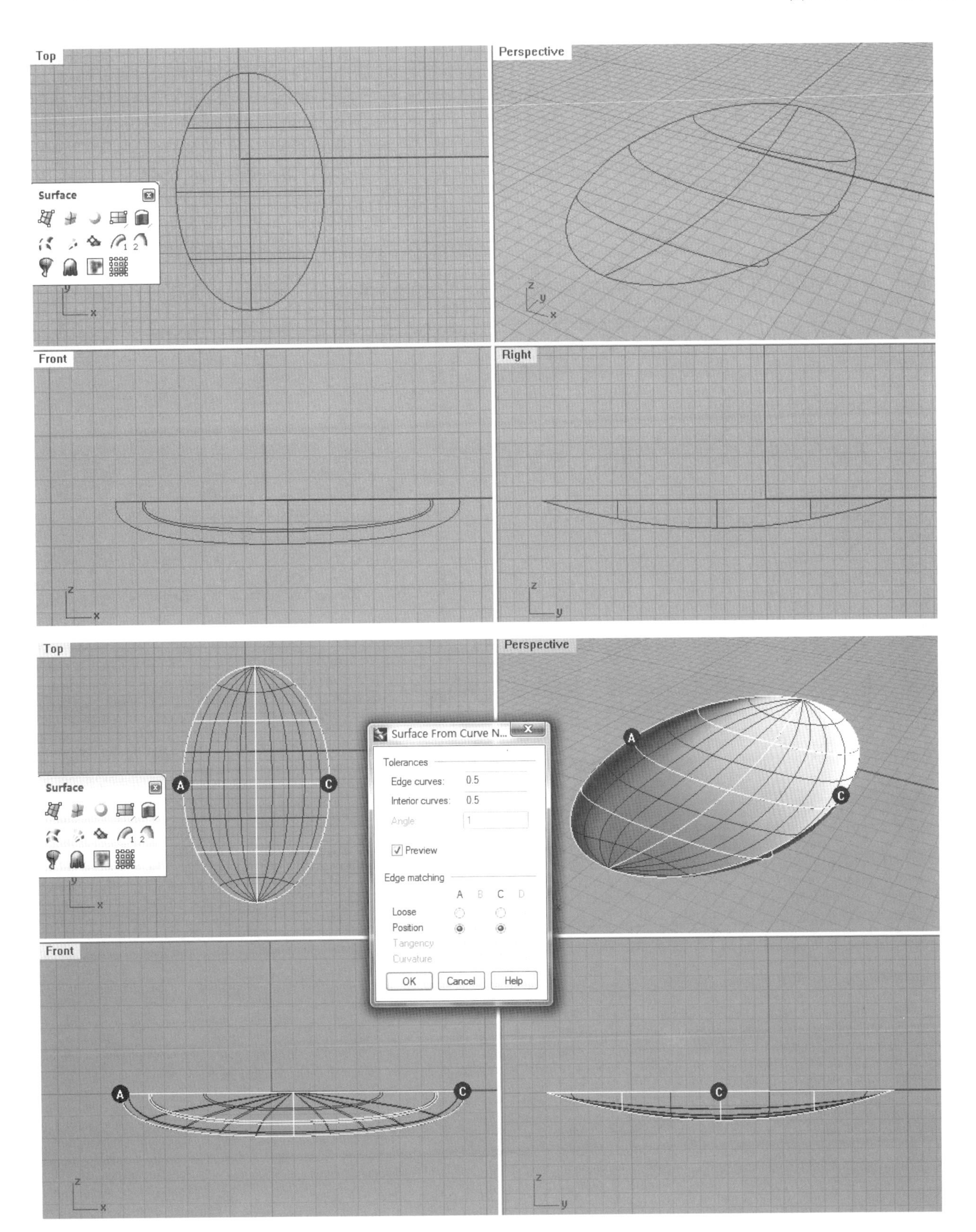

图4-36（上） 绘制曲线

图4-37（下） 使用Patch命令

绘制如图4-36所示的椭圆和曲线，使用Patch命令，生成曲面（图4-36，图4-37）。

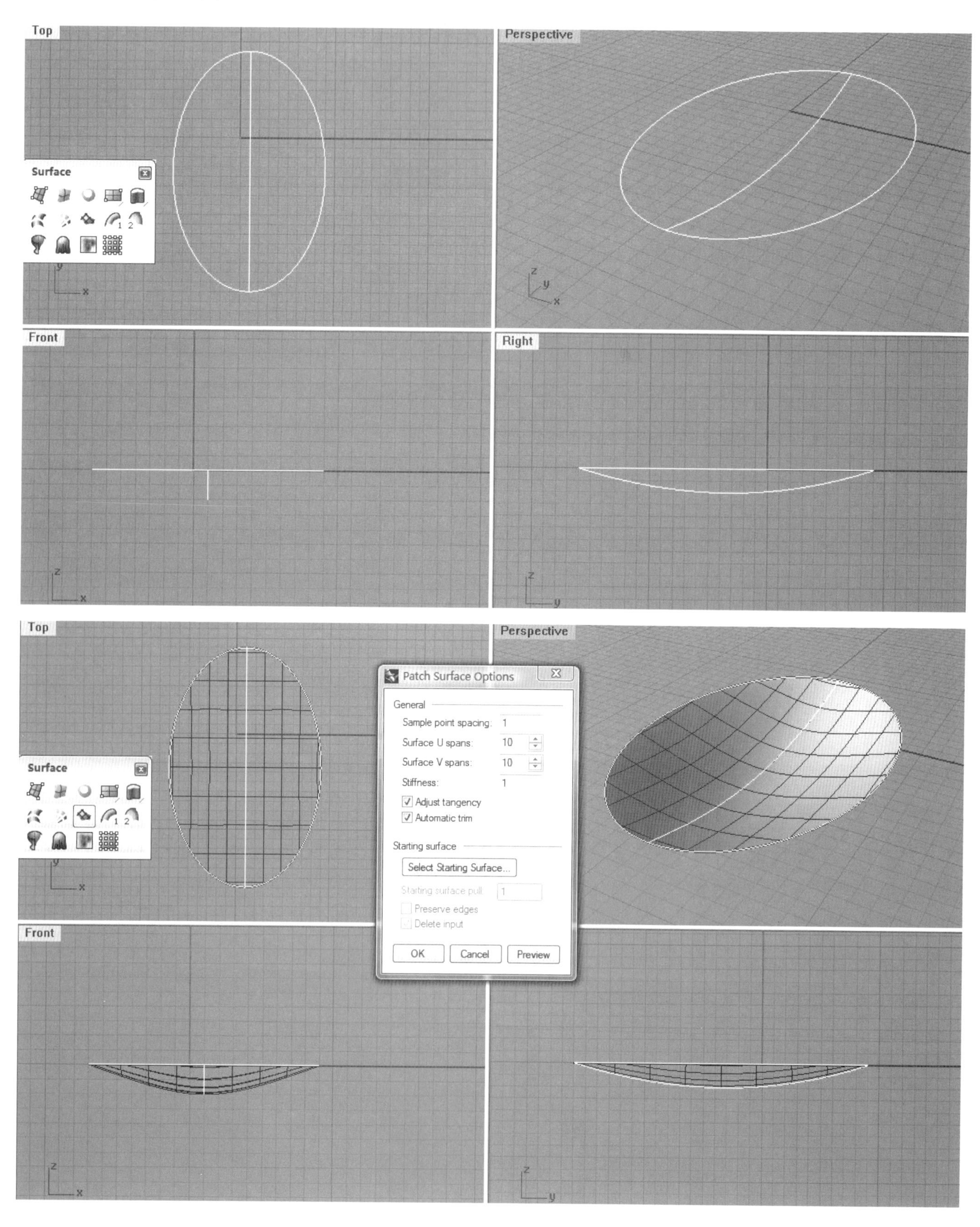

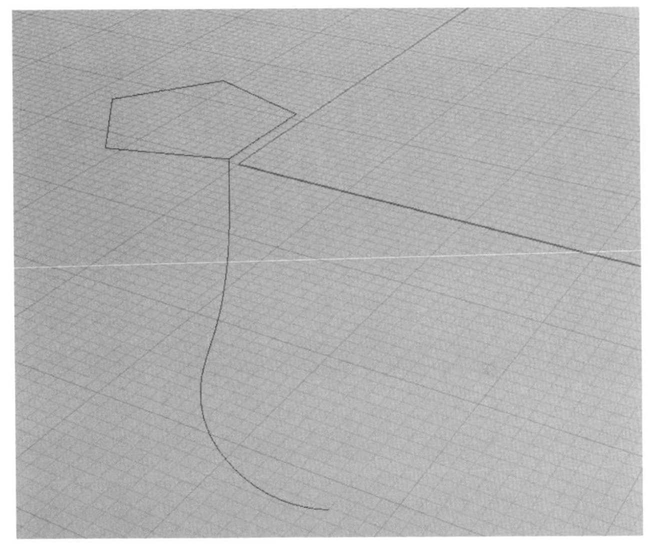

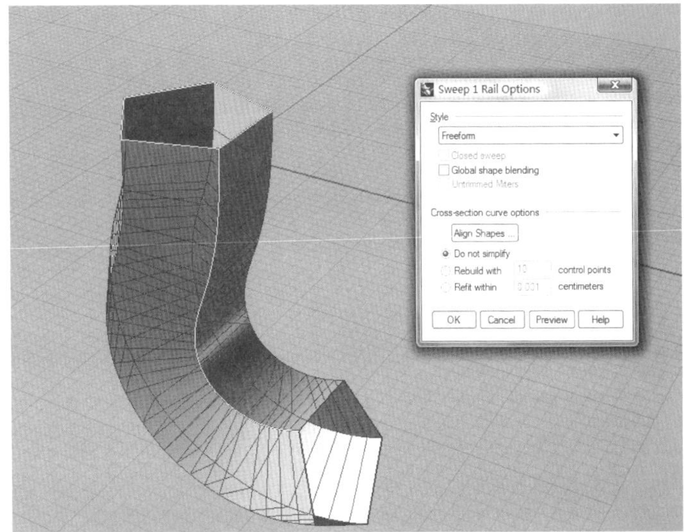

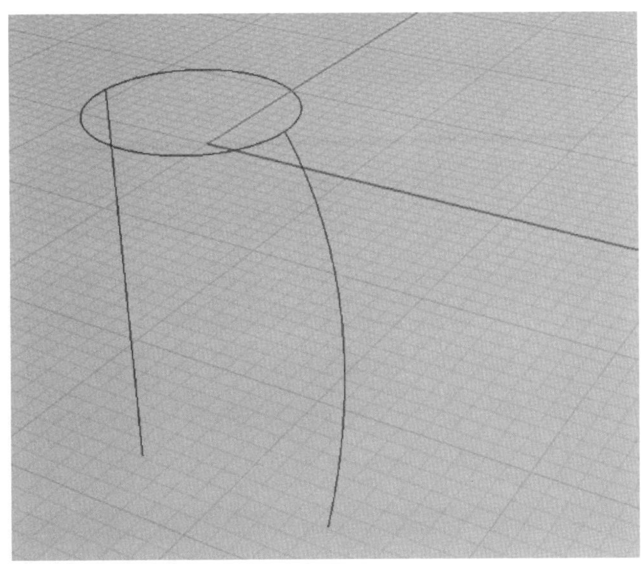

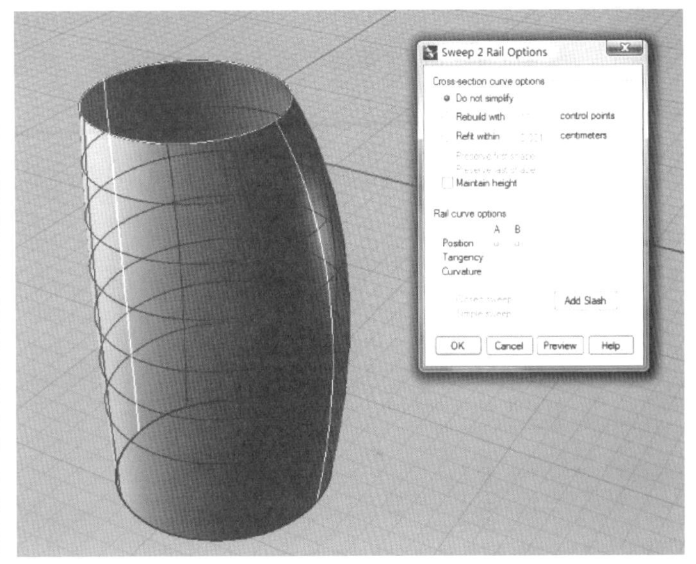

图4-38（上左） 绘制曲线

图4-39（上右） 单轨扫描

图4-40（下左） 绘制曲线

图4-41（下右） 双轨扫描

单轨扫描（Sweep 1 Rail）即沿着一条特定轨道扫出曲面，也是较为常用的曲面绘制方法。

绘制形状和曲线如图4-38所示。

点击单轨扫描命令，选择曲线作为扫描轨道，五边形作为基本形状，右击“确定”（图4-39）。

双轨扫描（Sweep 2 Rails）与单轨扫原理相似，不同的是让曲面扫描沿着两条不同的轨道进行，以便生成一种不对称的曲面（图4-40，图4-41）。

面的编辑、面与面的连接，则可以通过面编辑工具面板中的命令来达成（图4-42）。

图4-42 面编辑工具面板

图4-43　实体编辑工具面板

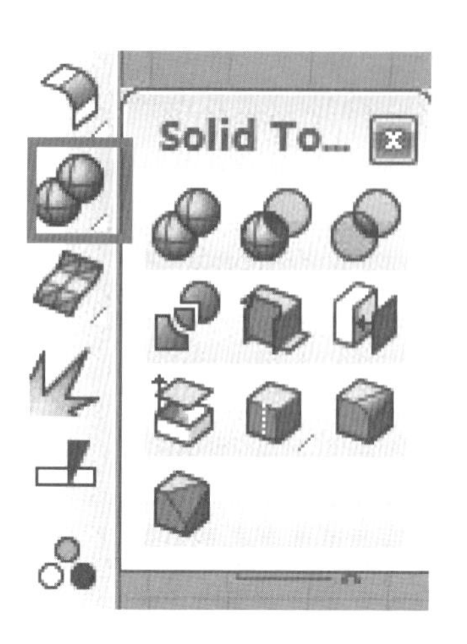

（4）体

如上所述，Rhino中的实体通常是由线或面的拉伸、结合来构建的，这里需要熟悉的是实体的编辑工具面板（图4-43）。

布尔运算（Boolean）帮助我们实现两个实体的结合或切割操作。通过三个命令（布尔结合、布尔修剪、布尔相交）我们可以让相交的实体与实体结合成新的实体，也可以用一个实体去切割另一个实体，还可以得到两个实体的相交部分（图4-44～图4-46）。

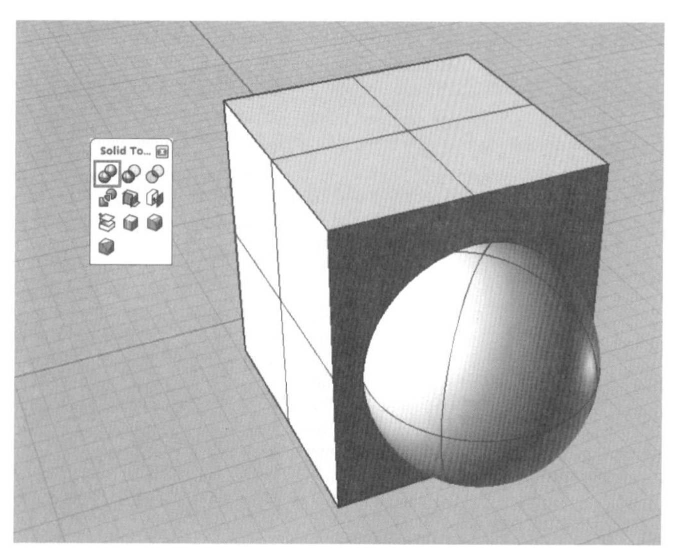

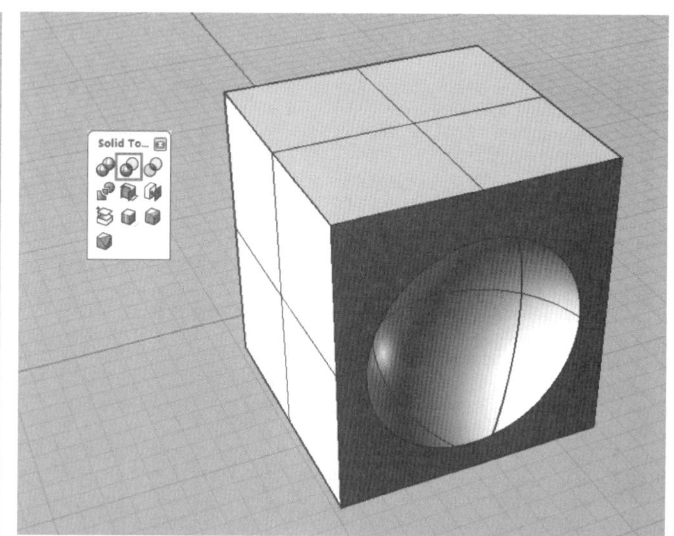

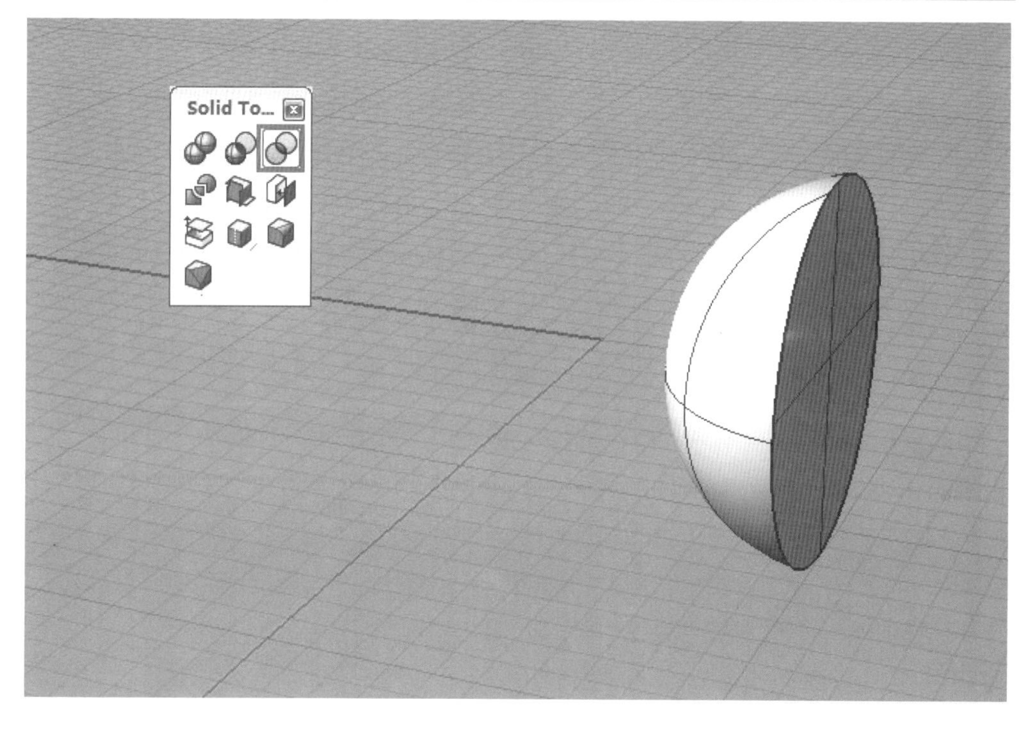

图4-44（上左）　布尔结合

图4-45（上右）　布尔修剪

图4-46（下）　布尔相交

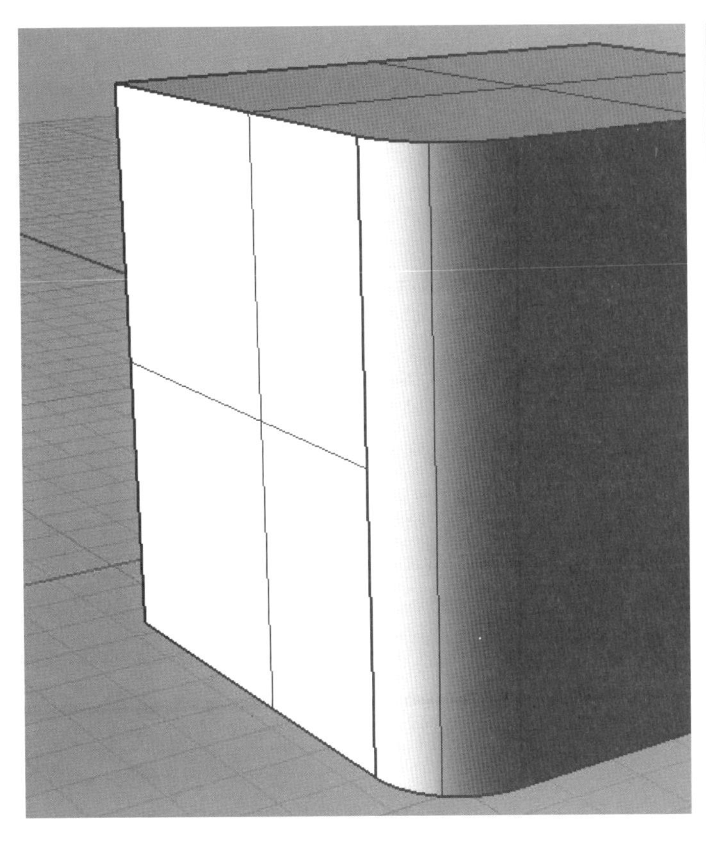

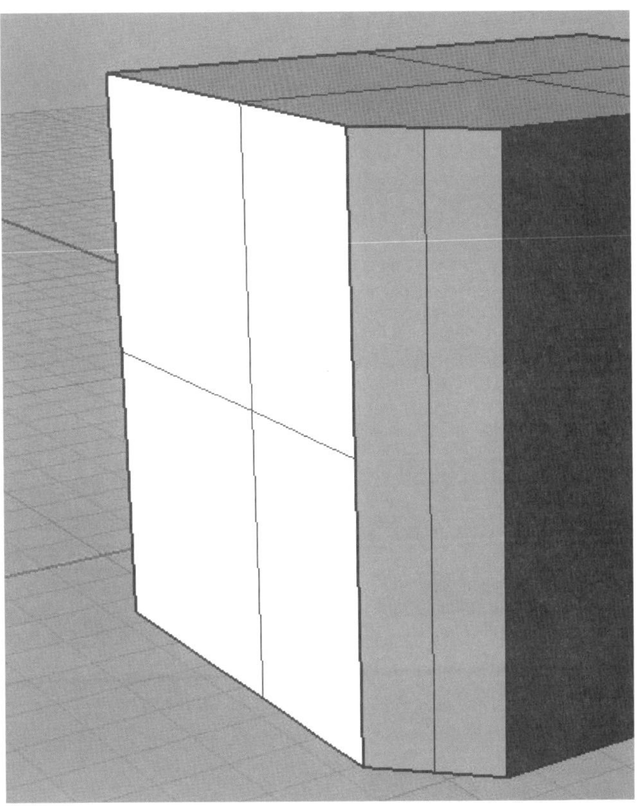

实体的倒角命令有圆角和斜角两种，可根据需要选择（图4-47，图4-48）。

图4-47（左） 圆倒角

图4-48（右） 斜倒角

（5）物体的变换

在熟悉了基本的点线面绘制和实体创建命令后，下面我们来了解Rhino中对已有物体进行变换（Transform）的基本命令（图4-49）。

其中较常用的工具有移动（Move）、复制（Copy）、旋转（Rotate）。

缩放工具（Scale）（图4-50）。

缩放工具面板中第一个图标是三维缩放工具，可以用它来实现物体的三维放大

图4-49（左） 变换面板

图4-50（右） 缩放工具面板

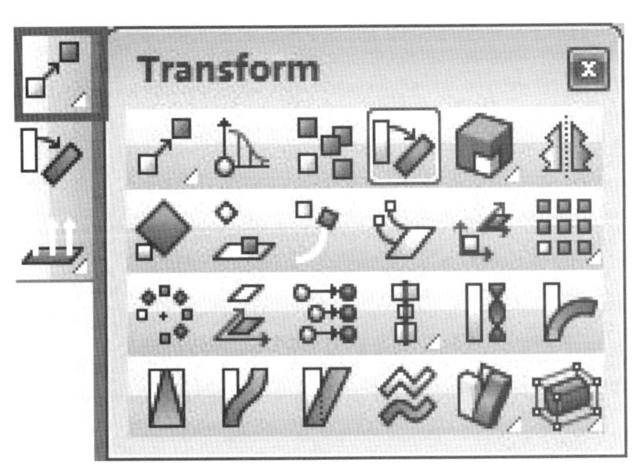

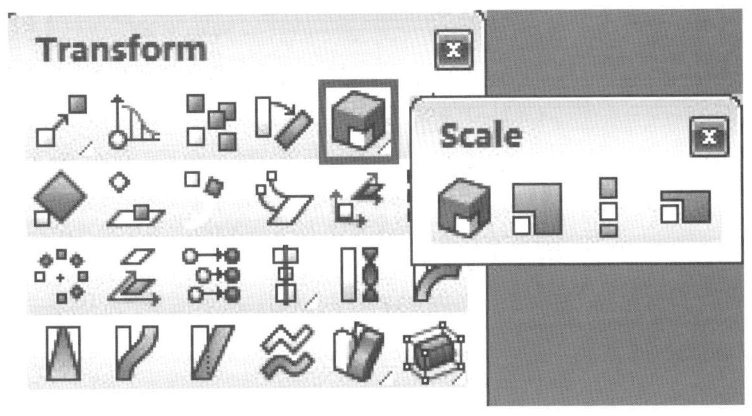

或缩小（图4-51）。

第二个图标 是二维缩放工具，使用这个工具只对物体进行一个平面上的放大与缩小（图4-52）。

图4-51　三维缩放

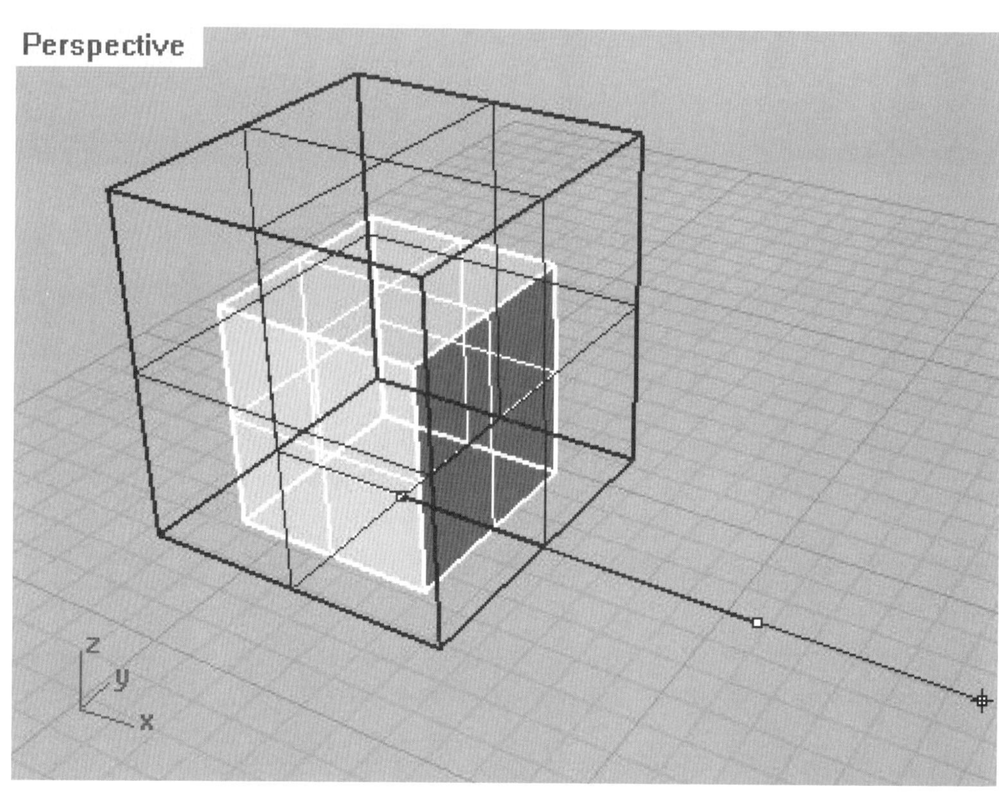

图4-52　二维缩放

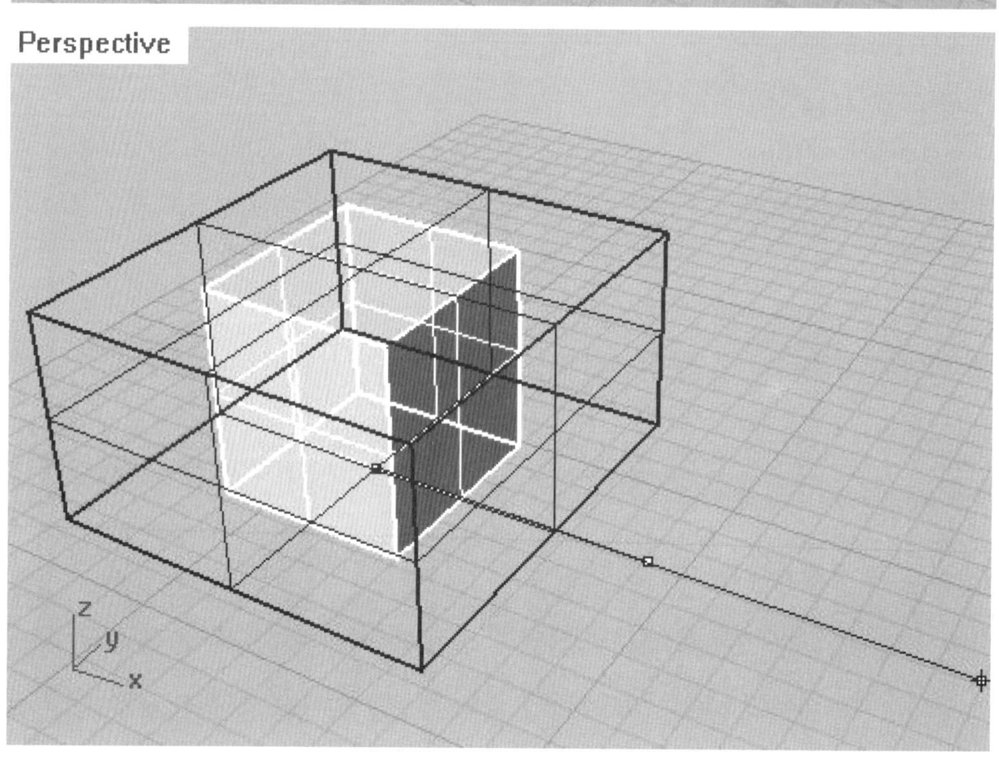

第三个图标是单向缩放工具 ，即只在一个轴向上对物体进行放大和缩小（图4-53）。

镜像工具(Mirror)（图4-54）。

环形阵列（Polar Array）。用户可以选择物体，确定旋转中心，在命令行中输入阵列个数，然后可以在命令行中直接输入物体分布的角度，也可以用鼠标确定角度（图4-55）。

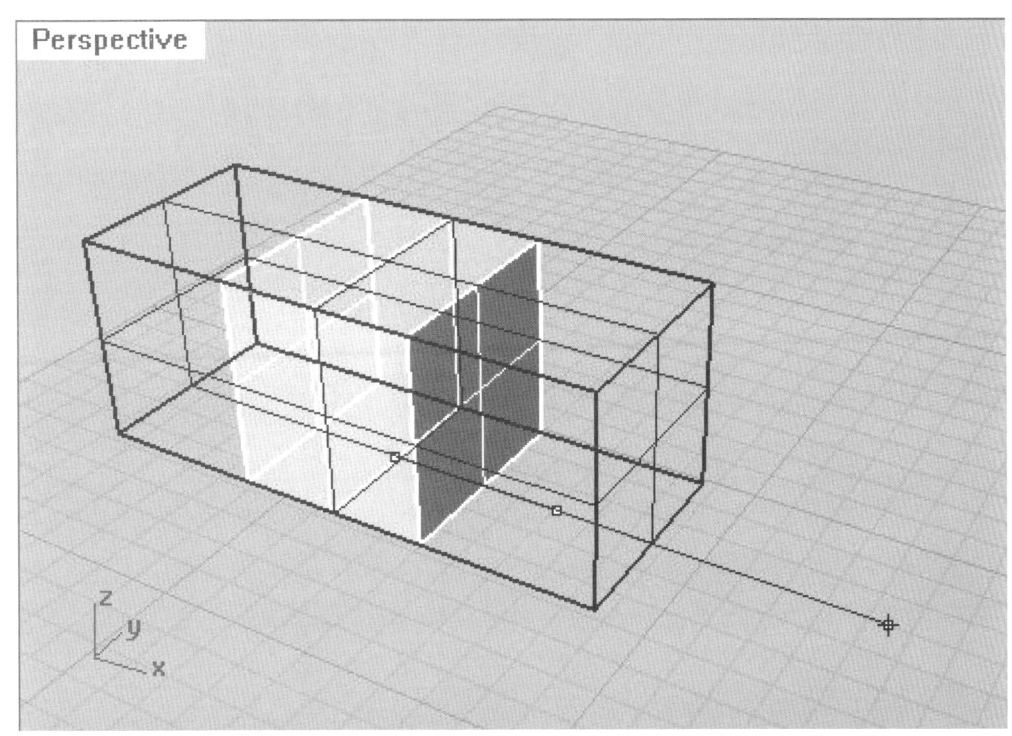

图4-53 单向缩放

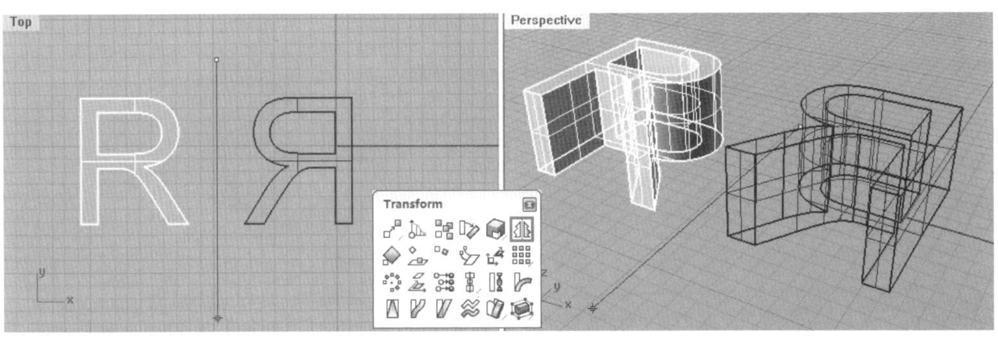

图4-54 镜像

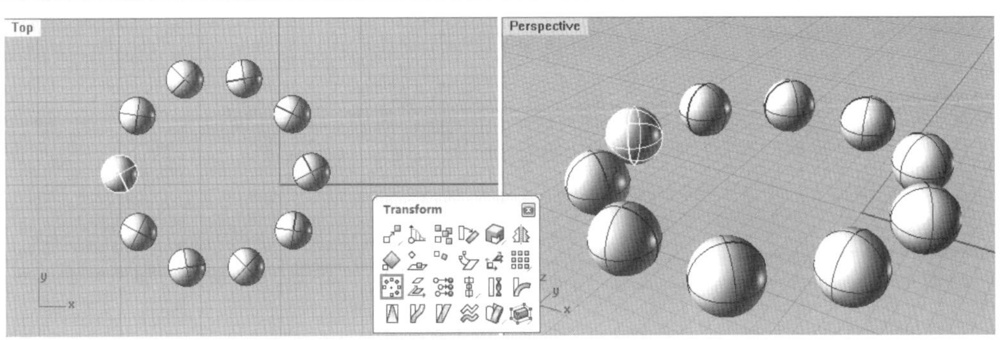

图4-55 环形阵列

矩形阵列（Rectangular Array）。用户可以选择物体，在命令行中依次输入X轴、Y轴、Z轴上所要阵列物体的数量，画出物体之间的距离，右击“确定”（图4-56）。

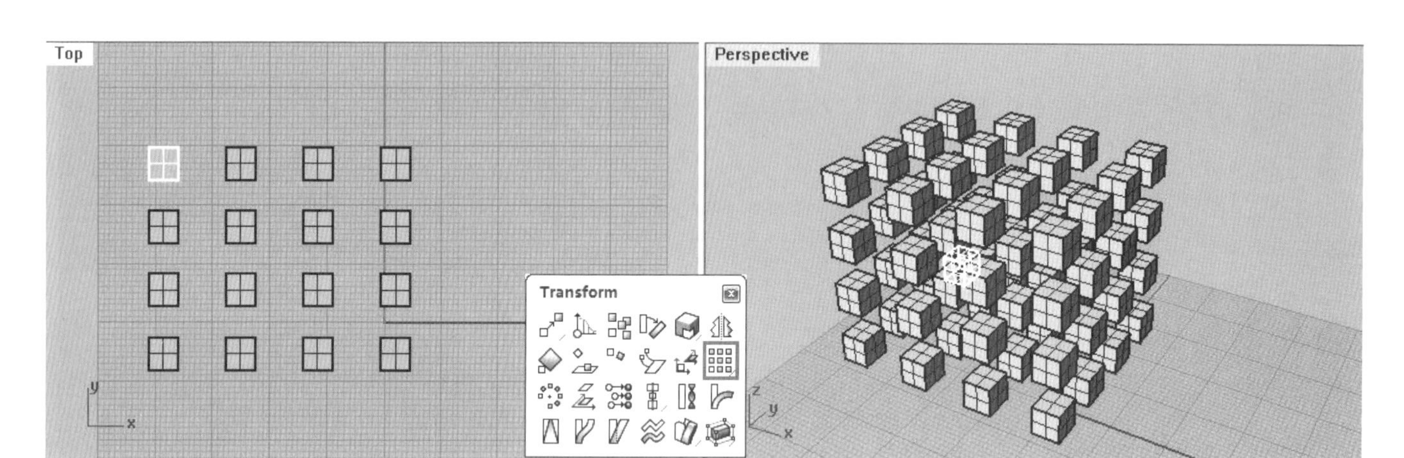

图4-56 矩形阵列

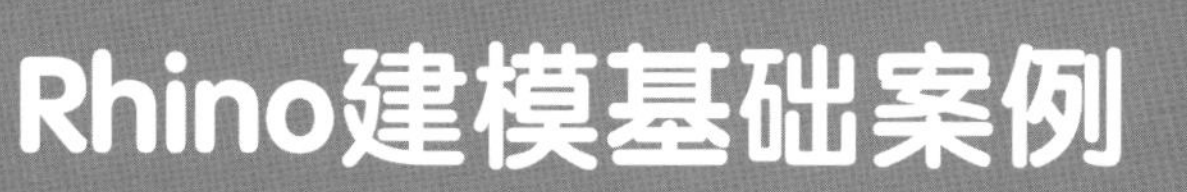

05 Rhino建模基础案例

5.1 Rhino的曲面建模案例

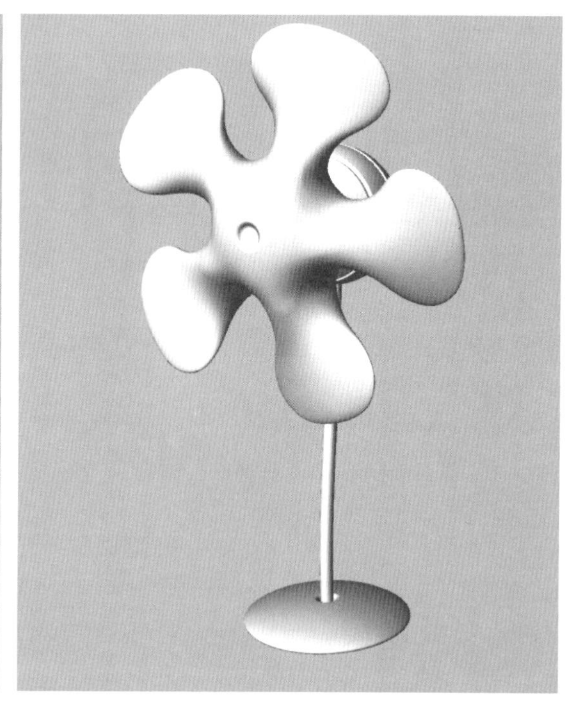

图 5-1（左） Rhino建模作品

图 5-2（右） 风扇案例

能够快速方便地构建曲面，是Rhino的一大优势。上一章中我们已经系统介绍了建面的基本命令，下面我们将通过一个趣味风扇的案例来对Rhino的曲面工具进行更加深入地学习，并对曲面的构建、曲面与曲面的混合有一个直观的认识。

有时候看似无规则的形态，建模过程却未必复杂，在正式着手于操作之前，不妨先对要建模的物体外型进行简单地分析。通过观察我们要建的这个趣味风扇（图5-2）可以发现，虽然看上去主体部分的曲面极为复杂，但五个扇叶却可以通过环形阵列命令建出，所以第一步只需从一片扇叶入手。

5.1.1 扇叶的建模

①用曲线工具绘制如图曲线，需要时按F10键打开控制点后对绘出的曲线进行适当

调整，也可绘制一半后进行镜像，最后确定四条曲线交于一点（图5-3）。

②使用Loft工具建立曲面（图5-4），环形阵列出五个扇叶（图5-5）。

图 5-3（上） 绘制曲线

图 5-4（下左） 使用Loft建立曲面

图 5-5（下右） 环形阵列

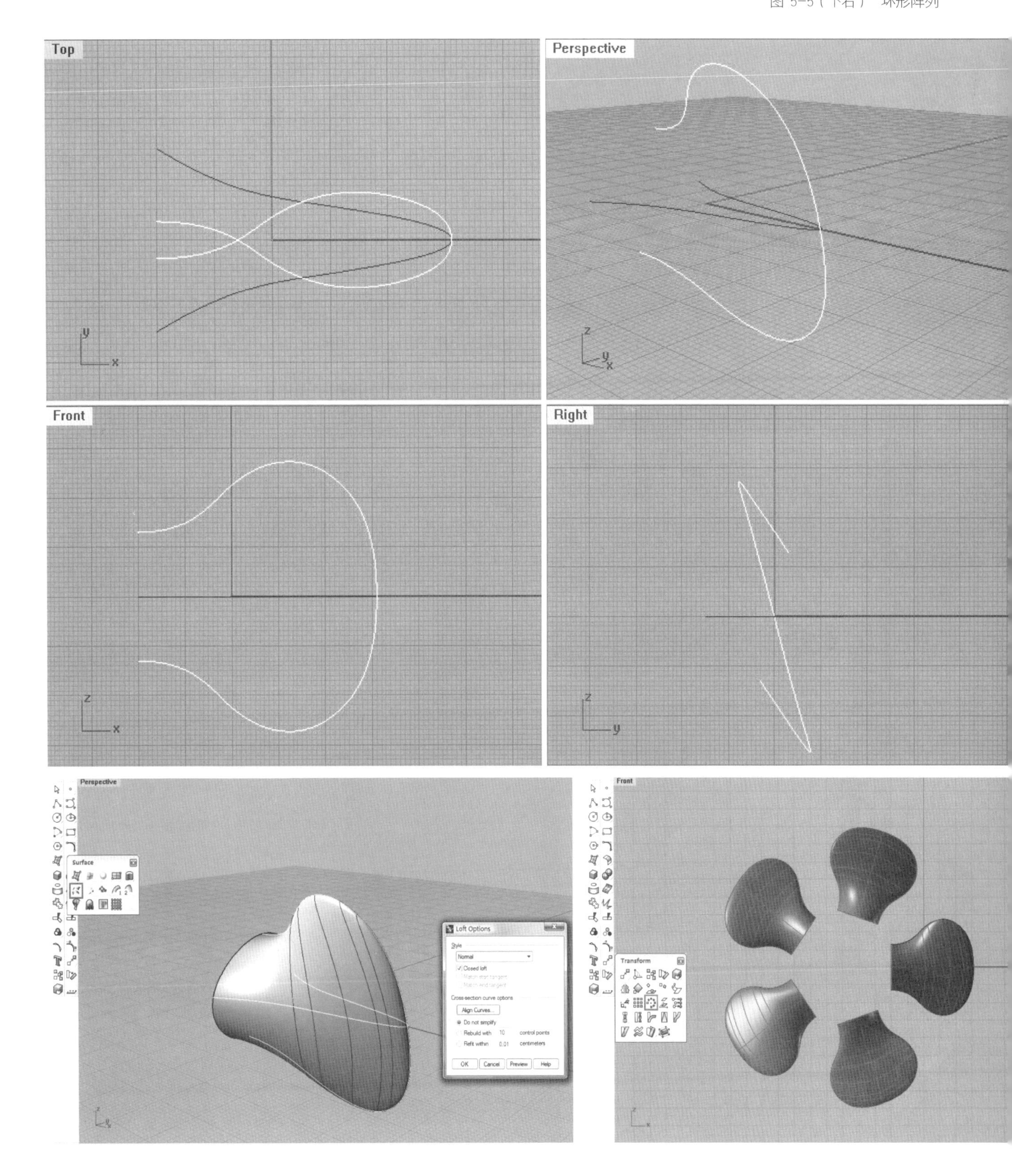

③在Right视图中绘制如图两条平行直线（图5-6），对扇叶的多余部分进行修剪（图5-7）。

④用曲线混合工具绘制如图曲线作为轨道（图5-8），通过双轨扫绘出连接扇叶的曲面（图5-9），再次进行修剪（图5-10）。

⑤用Patch工具进行补面（图5-11），以边线为路径建Pipe（图5-12）对两个面进行修剪，另一面执行相同操作（图5-13）。

图5-6（左） 绘制平行线

图5-7（右） 修剪

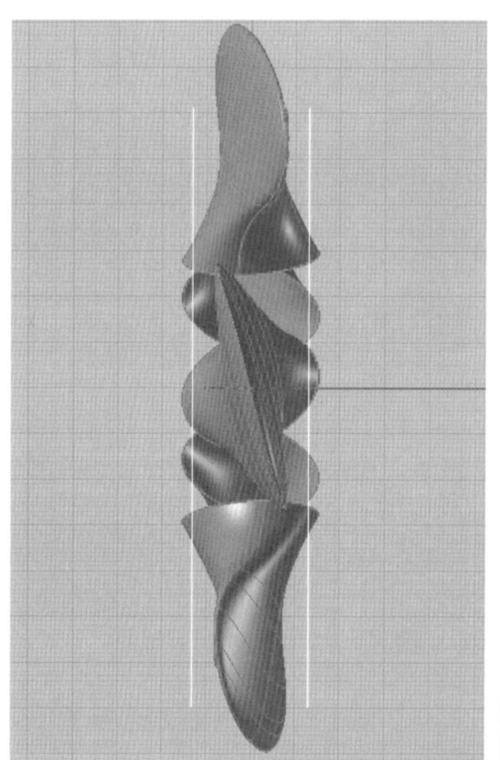

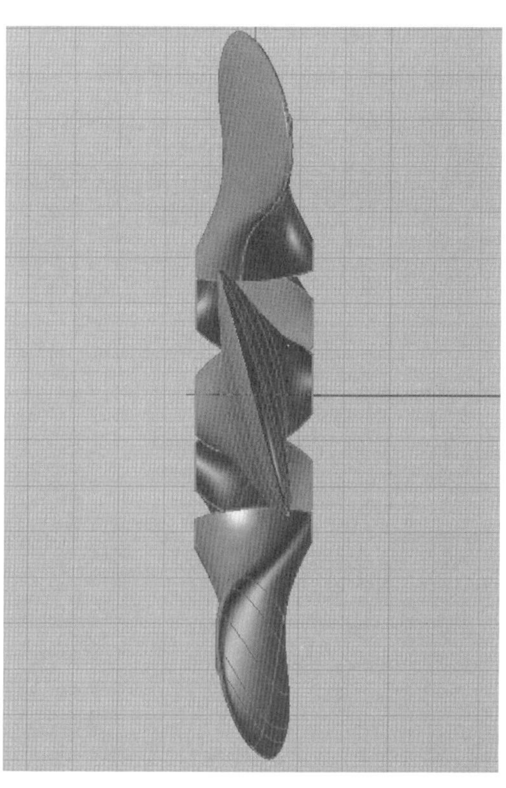

图 5-8 绘制轨道

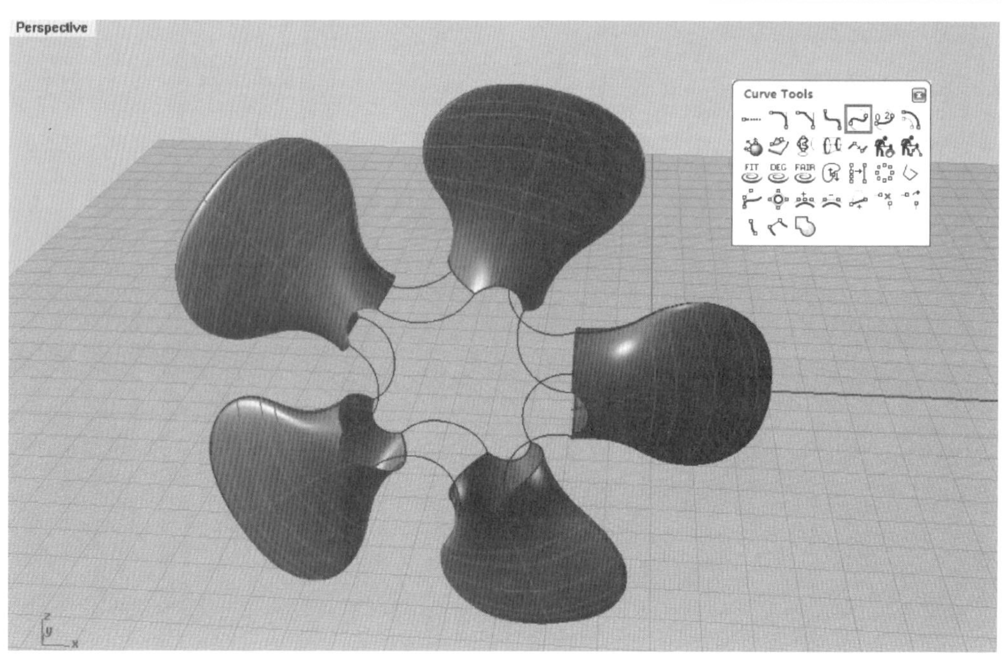

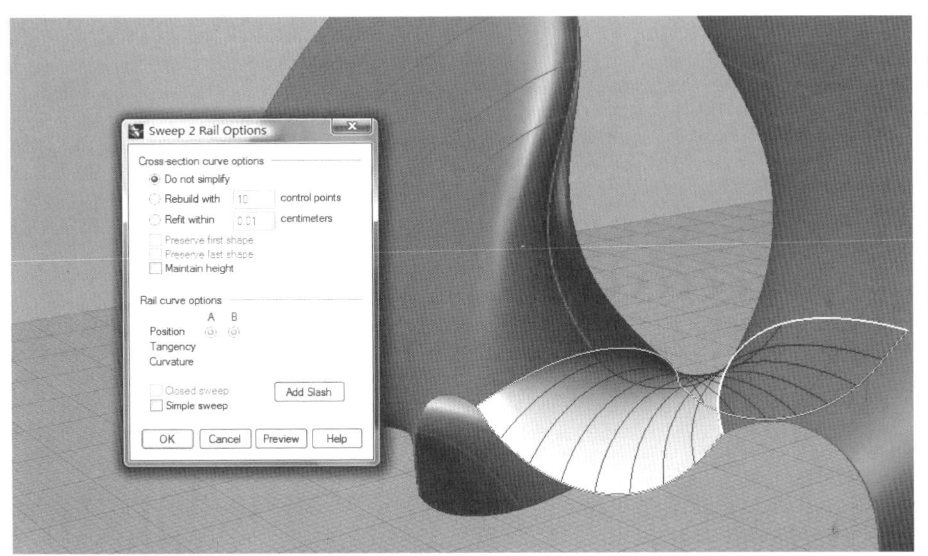

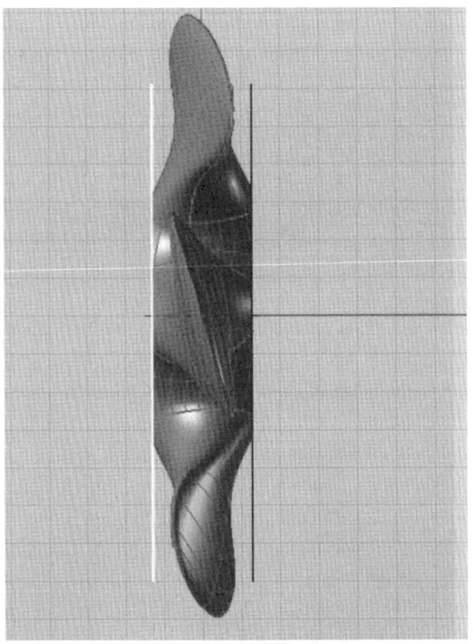

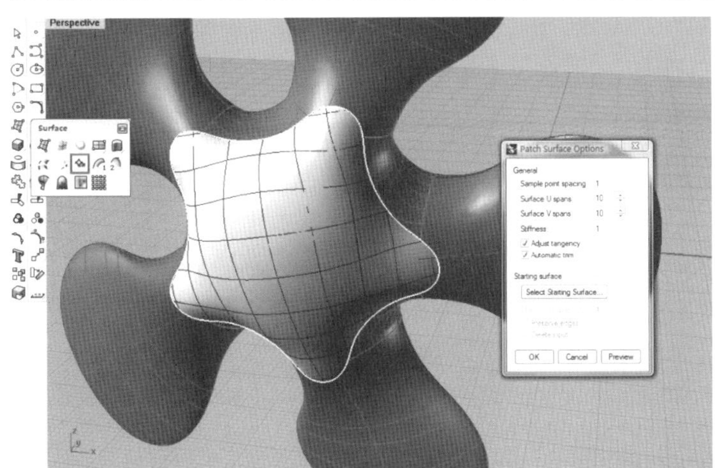

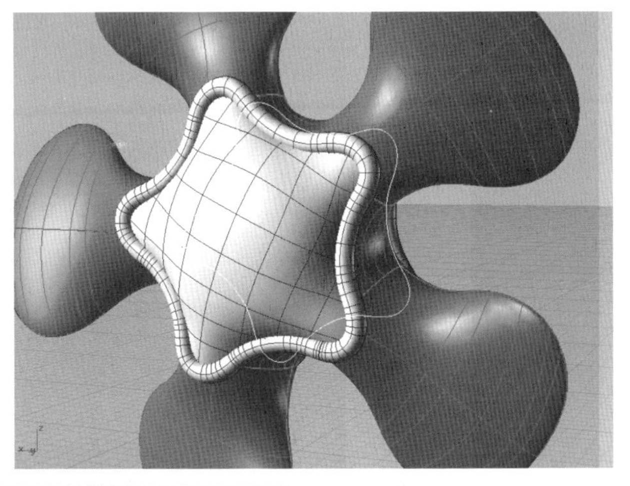

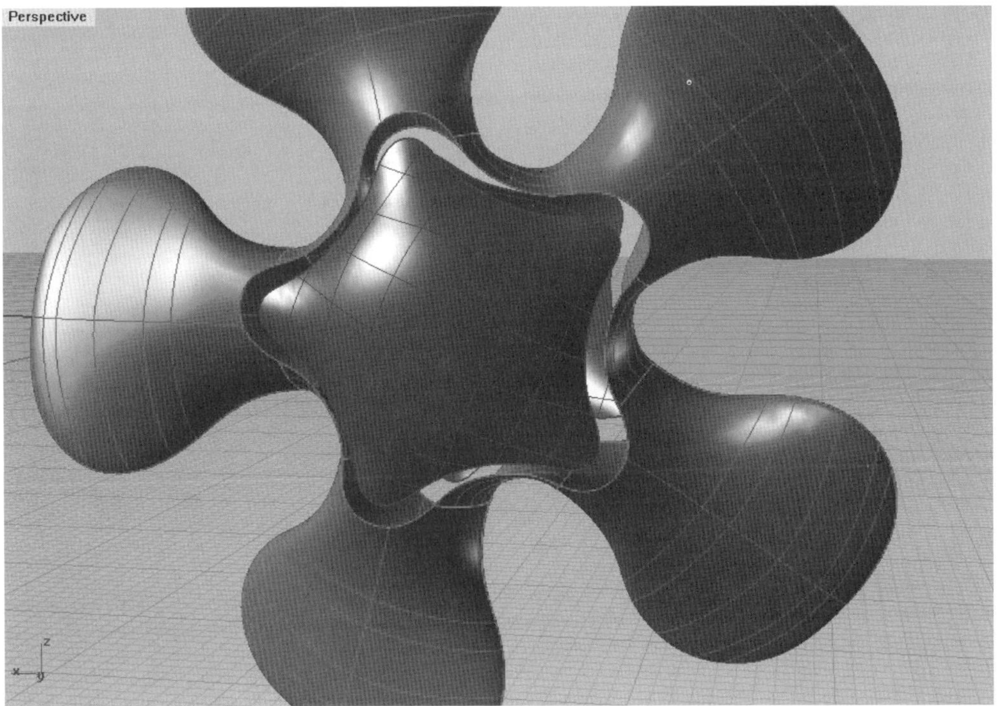

图 5-9（上左） 制作曲面

图 5-10（上右） 修剪

图5-11（中左） 补面

图 5-12（中右） 建立Pipe

图 5-13（下） 修剪

图5-14（上左） 曲面混合

图5-15（上右） 曲面结合

图5-16（下） 完成扇面建模

⑥对两个曲面进行曲面混合（图5-14），注意边线的方向一致，将所有曲面结合（图5-15），完成风扇的扇叶主体建模（图5-16）。

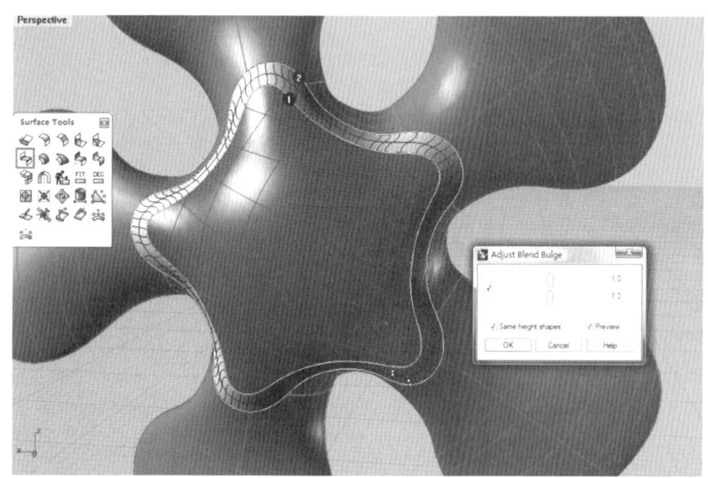

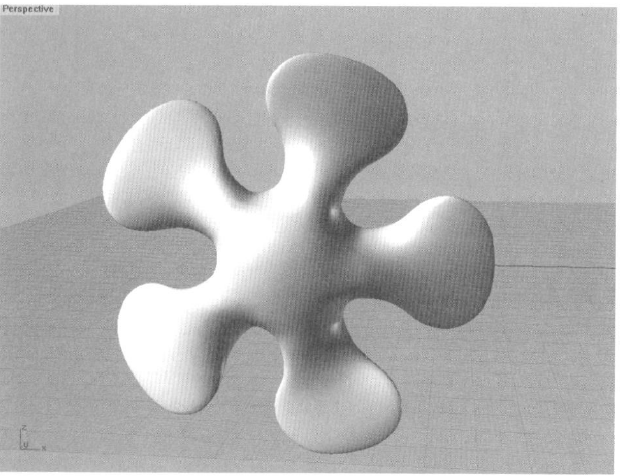

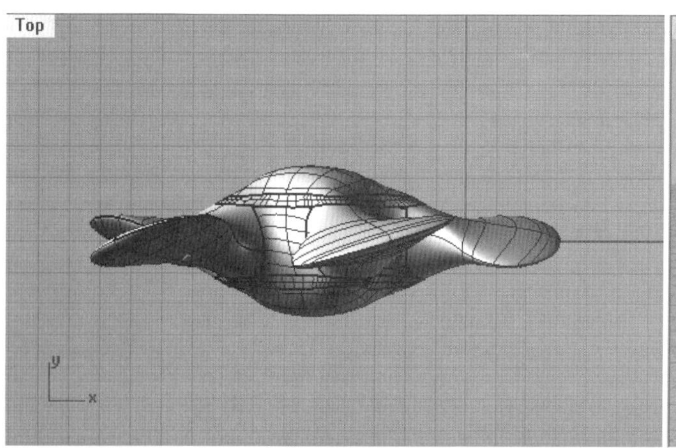

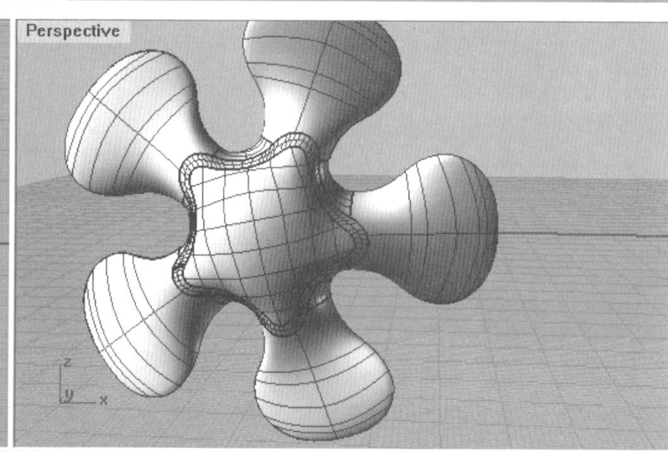

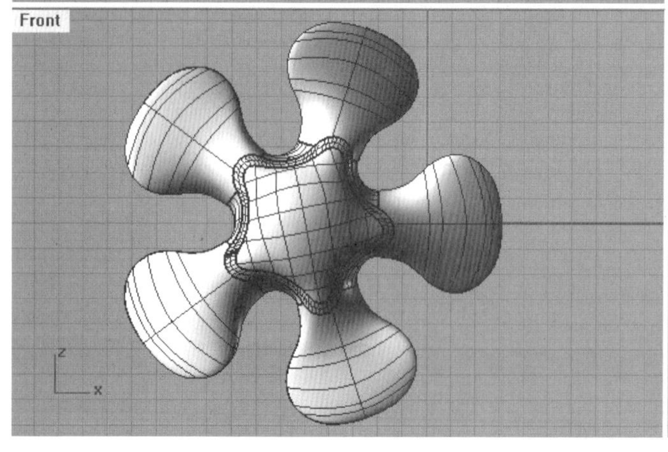

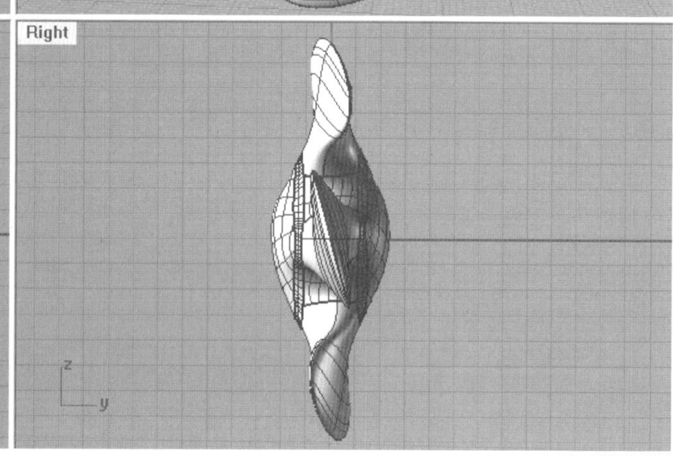

5.1.2 后部及底座建模

①建出球体并对其进行修剪（图5-17），建立一个小圆柱体作为连接部分，在前部画一个直径较小的圆（图5-18），使用Loft工具扫出曲面（图5-19）。

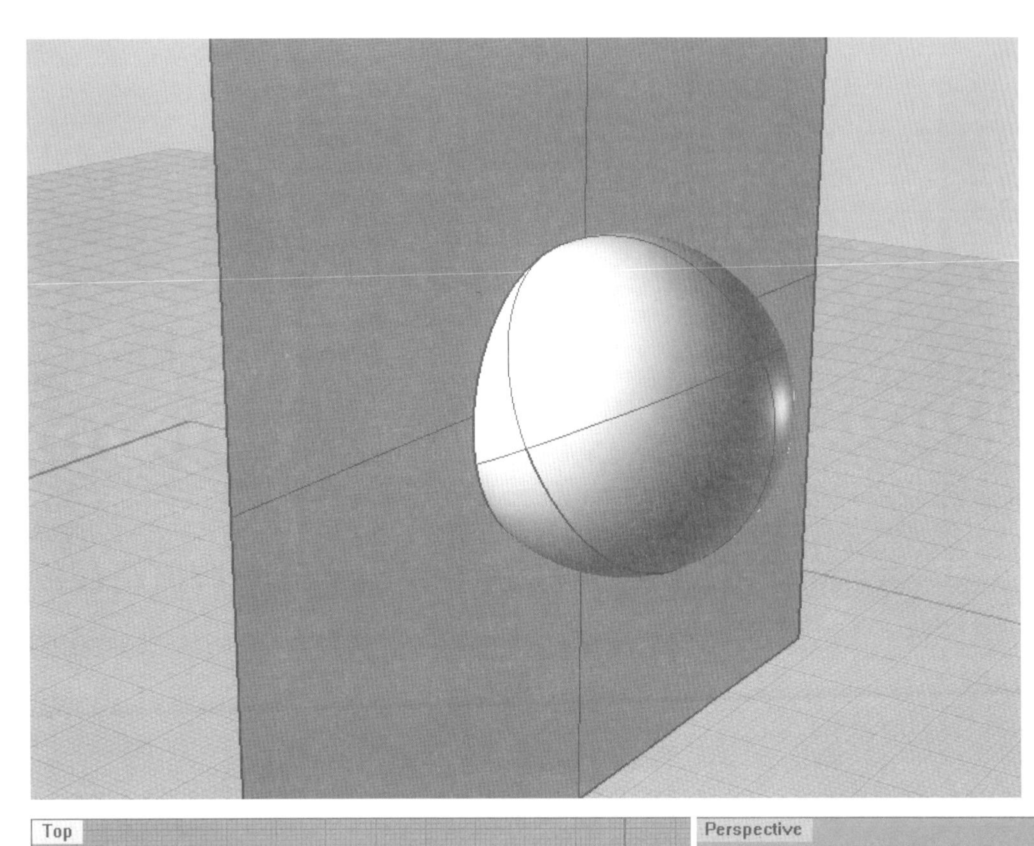

图5-17　修剪球体

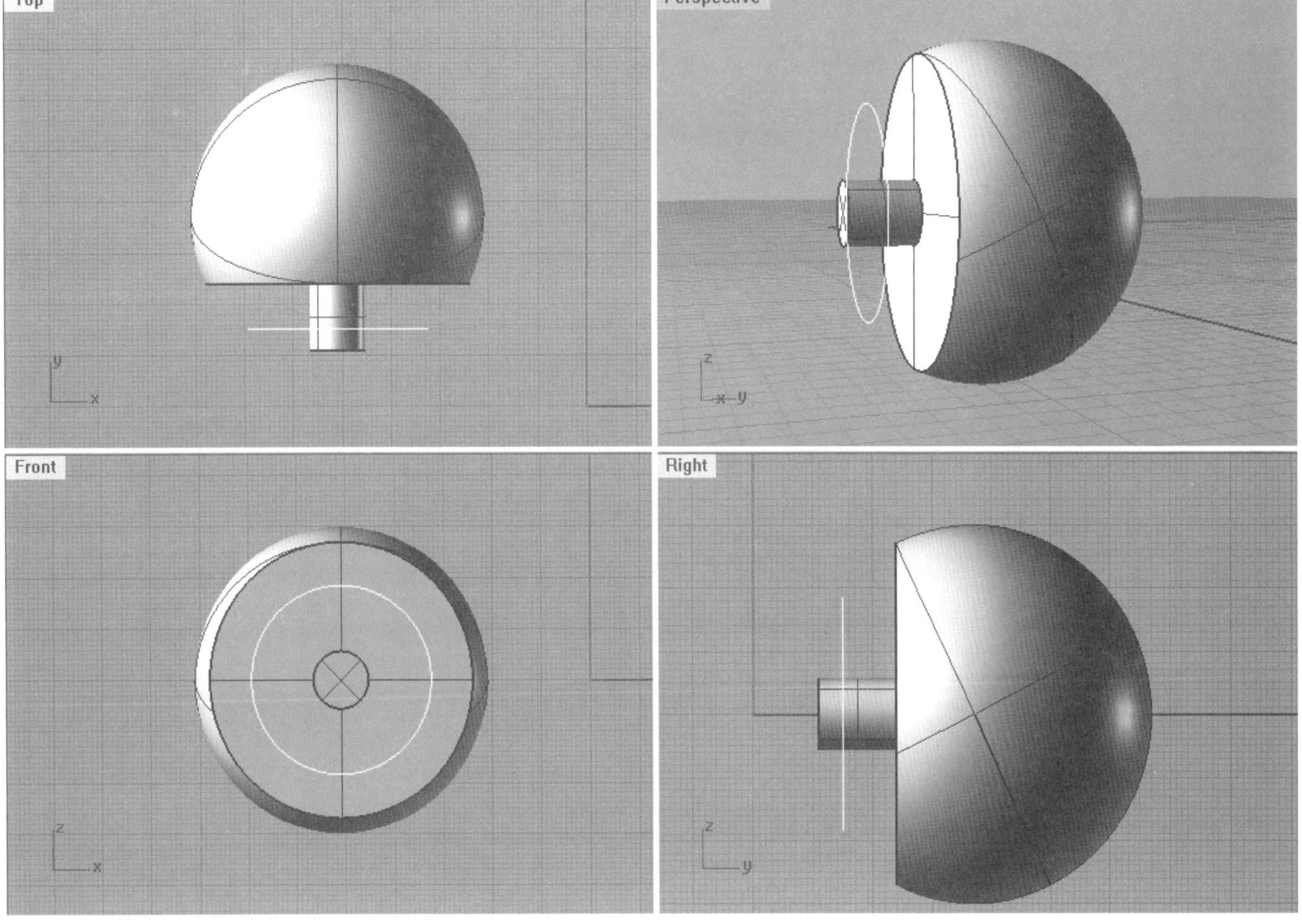

图5-18　建立圆柱

图5-19　扫出曲面

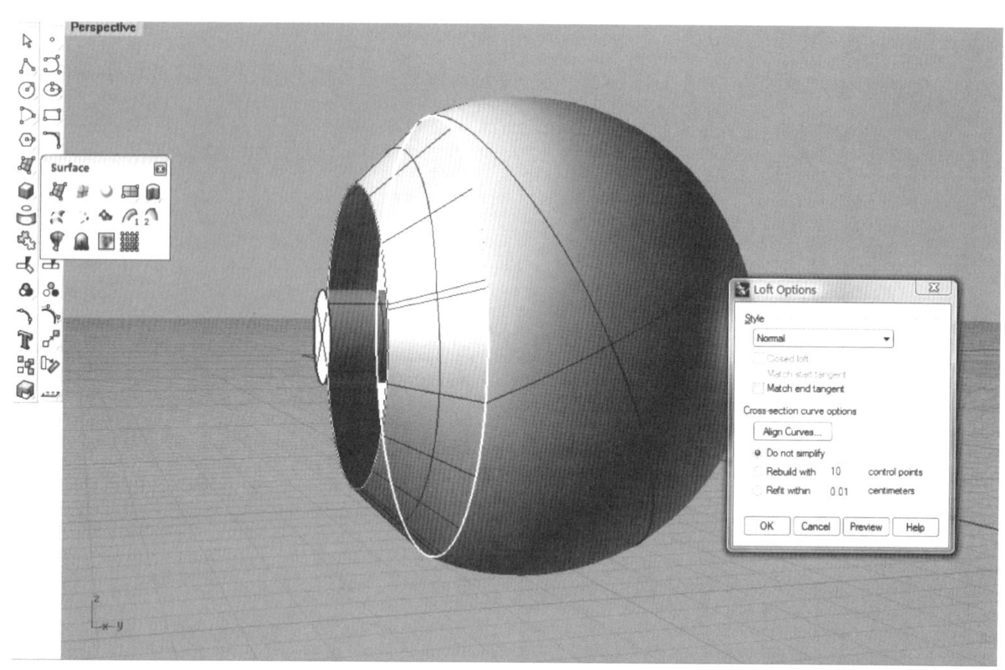

图5-20（左） 结合曲面

图5-21（右） 倒角

图5-22（左） 使用Pipe工具

图5-23（右） 挖槽

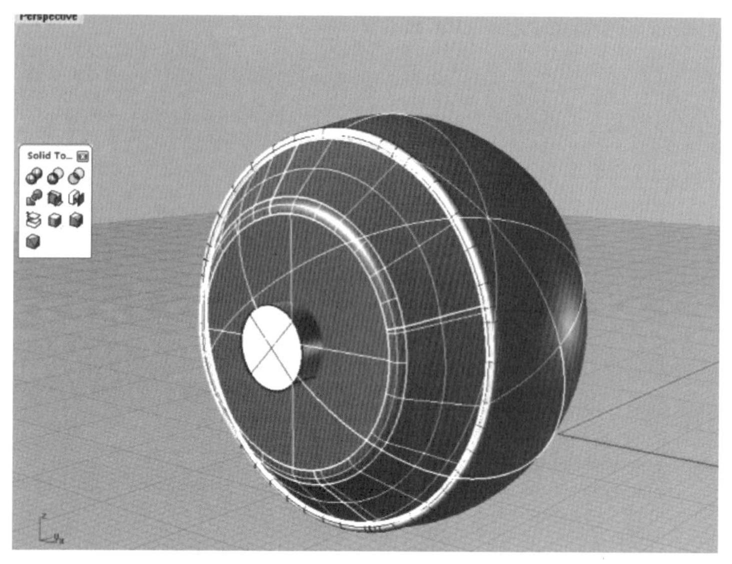

②加盖后把三个曲面结合（图5-20），对边界倒角（图5-21）。

③使用Pipe工具（图5-22）对建出的体进行挖槽（5-23），边界倒角后效果如图

5-24所示。

④底座的构建相对简单，如图画出底面的圆形和侧面弧度的曲线（图5-25），注意

图5-24（上） 倒角

图5-25（下） 绘制曲线

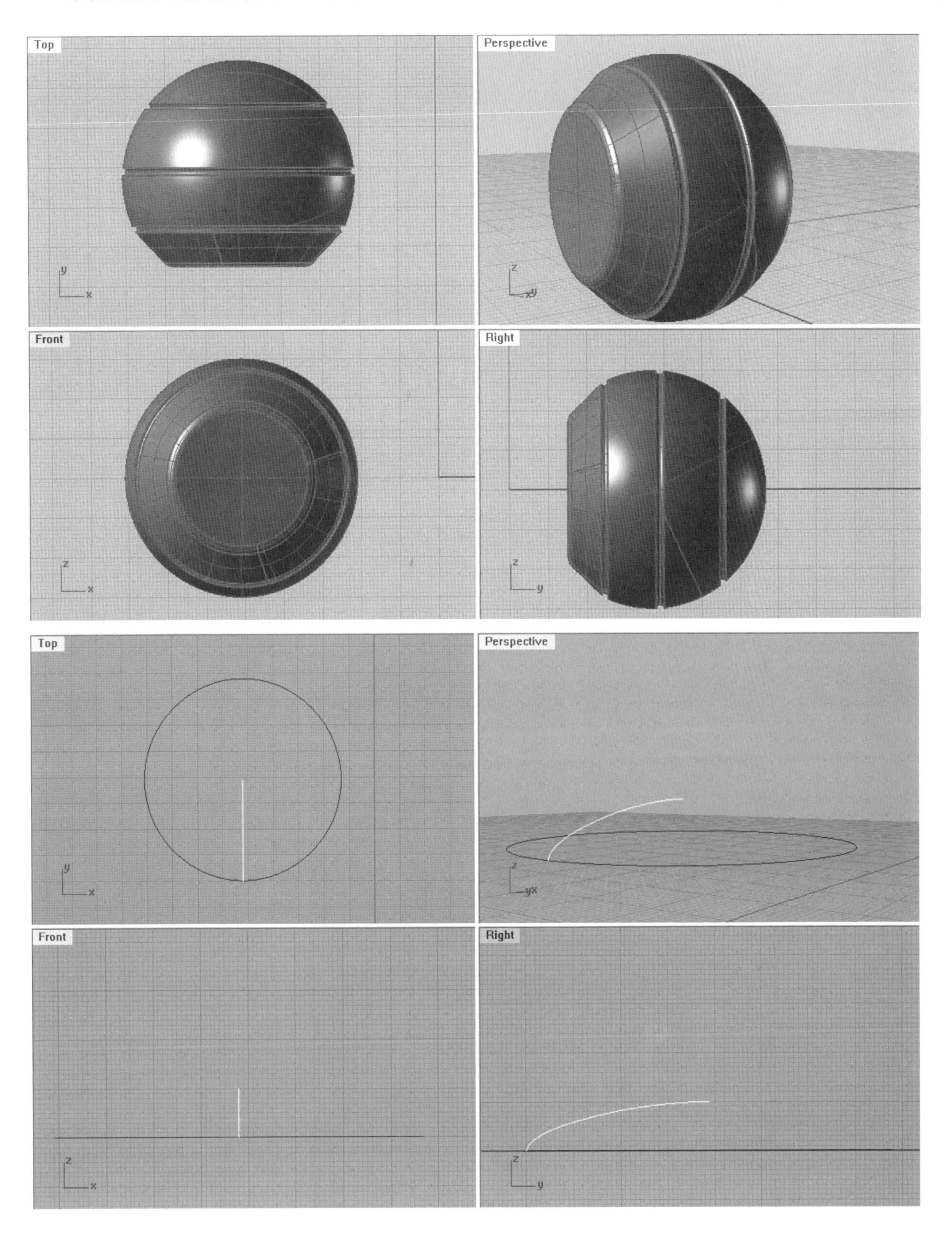

图5-26 制作曲面

曲线端点和圆心在同一直线上，以该直线为轴旋转出曲面（图5-26）。

⑤底面加盖后结合成体（图5-27），并对边界倒圆角（图5-28）。

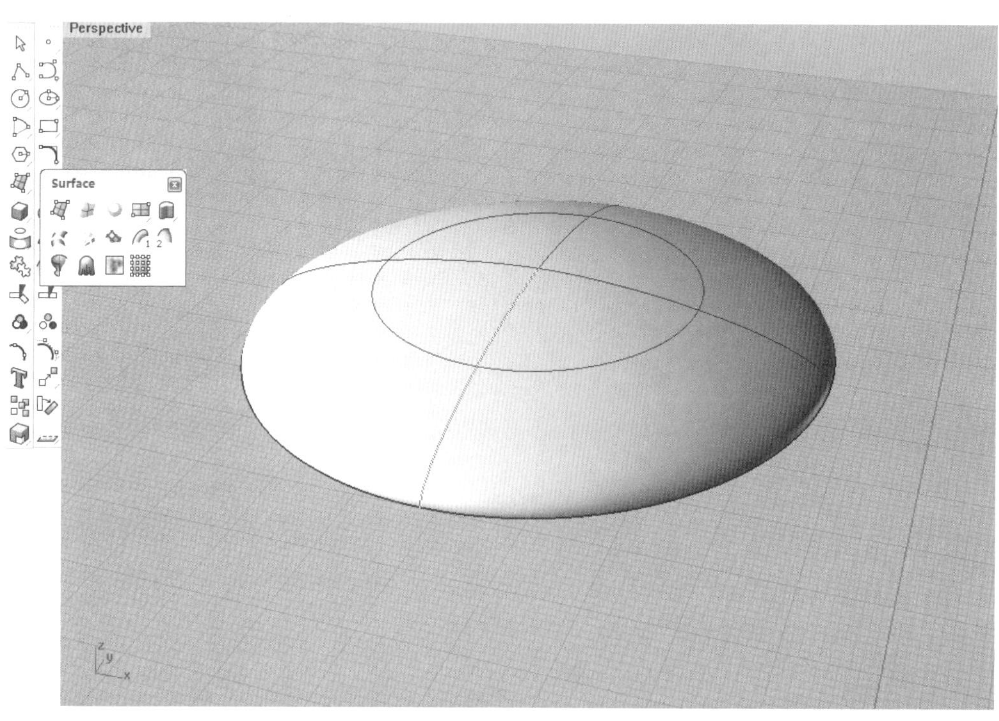

图5-27（左） 结合成体

图5-28（右） 倒角

⑥底座与支架部分的连接处如图所示（图5-29），用Pipe建出可弯曲支架（图5-30）。

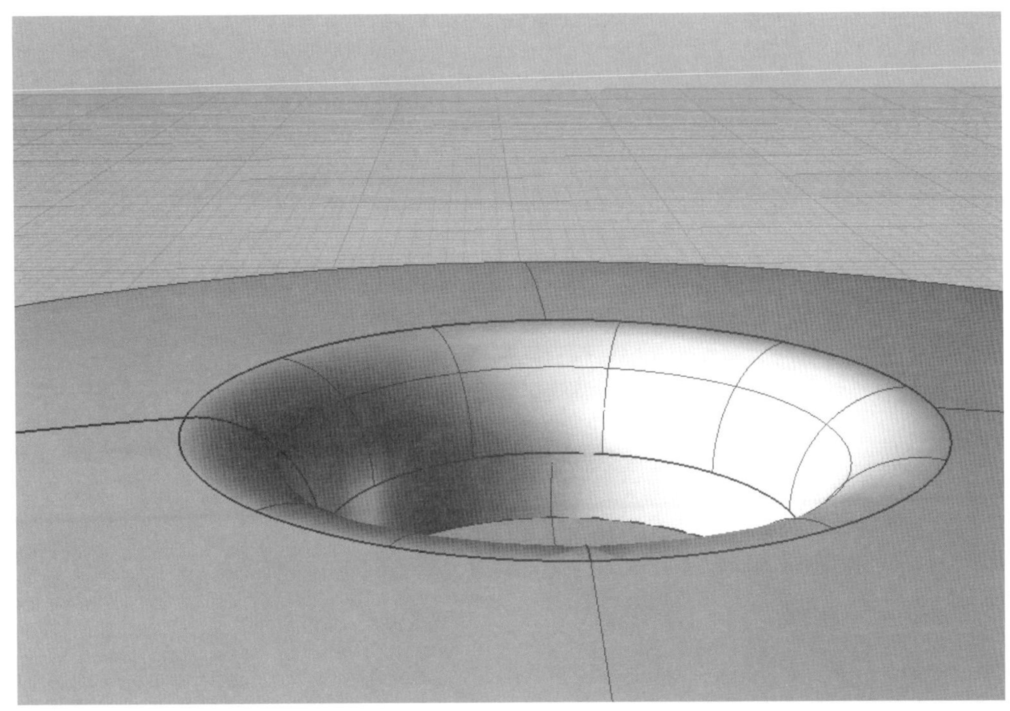

图5-29 连接部分

图5-30 建立支架

图5-31（左） 制作细节

图5-32（中） 制作细节

图5-33（右） 倒角

⑦挖出风扇扇面的细节（图5-31，图5-32），边缘进行倒角处理（图5-33）完成整个趣味风扇的建模（图5-34，图5-35）。

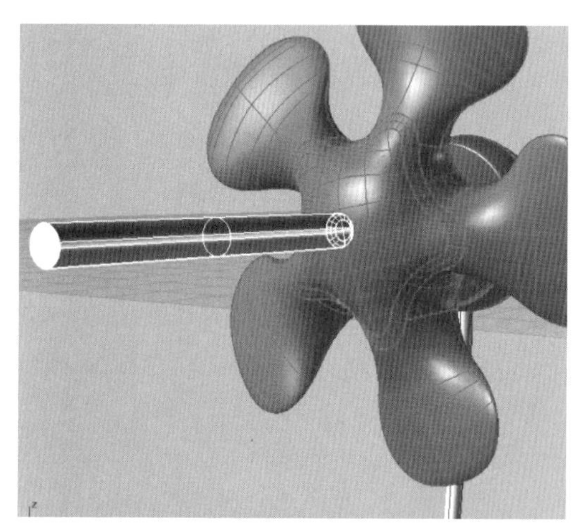

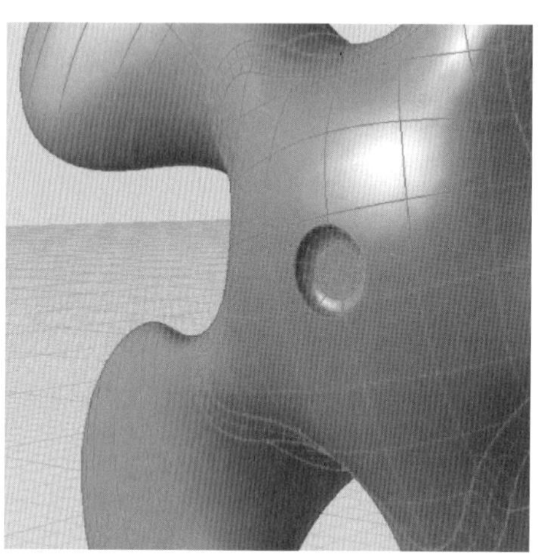

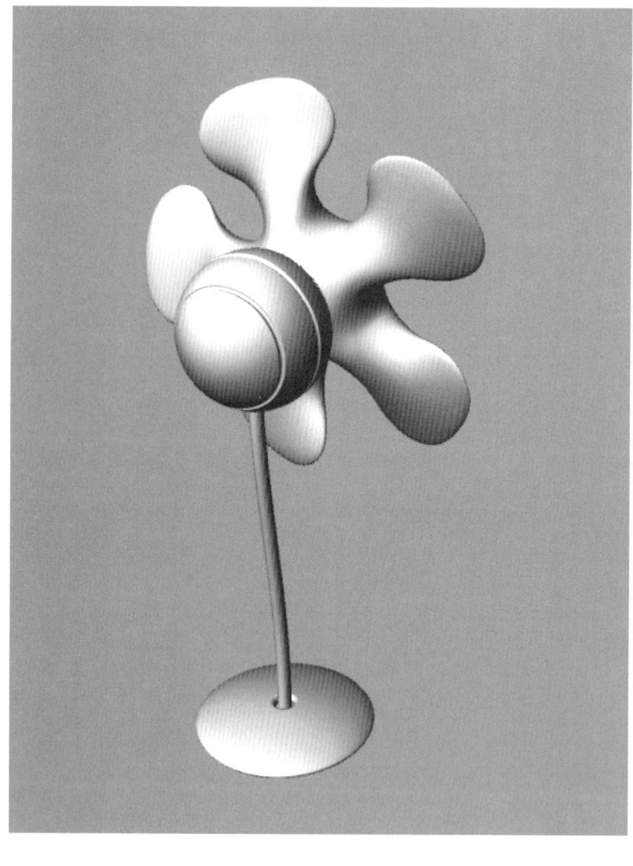

图5-34（左） 完成效果

图5-35（右） 完成效果

5.2 Rhino的实体建模案例

除了“以线扫面，以面构体”的常用造型方法，Rhino还可以借助规则实体来进行产品建模。通过本节的案例，我们将对实体的切割与再构建、断面间的混合、凹凸表面的建构等建模知识有一个更深入的了解。

图5-36是一款家用型的迷你音响，这款产品造型简单，但极具现代感，十分适合现代白领一族崇尚简洁与格调的生活理念。这款迷你音响由两个部分组成，以球体为主的音响主体与下方的支架，与前一节的例子相反，这款产品乍看之下十分简单，但在细节构建上却也需要花一些工夫，这个例子将帮助我们更好地掌握球体与环状物体的构建。

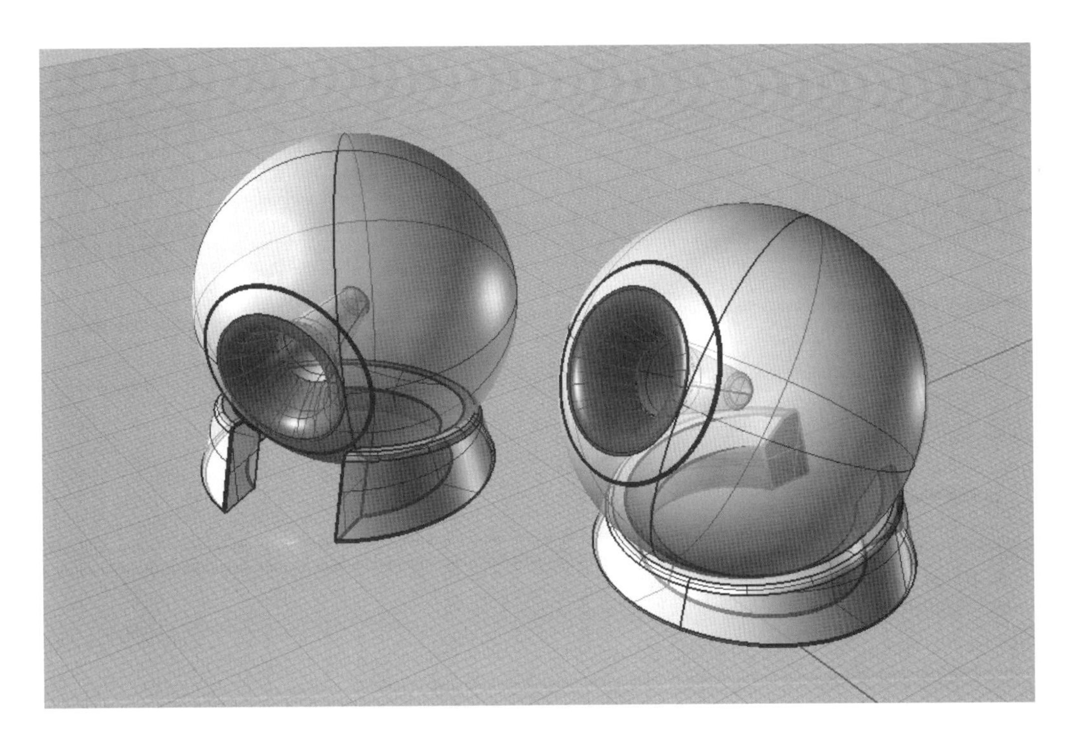

图5-36 迷你音响

5.2.1 音响主体的建模

①建出主体的球体，画两个圆（图5-37），用Loft工具拉出曲面（图5-38）后加

图5-37（上） 创建球体

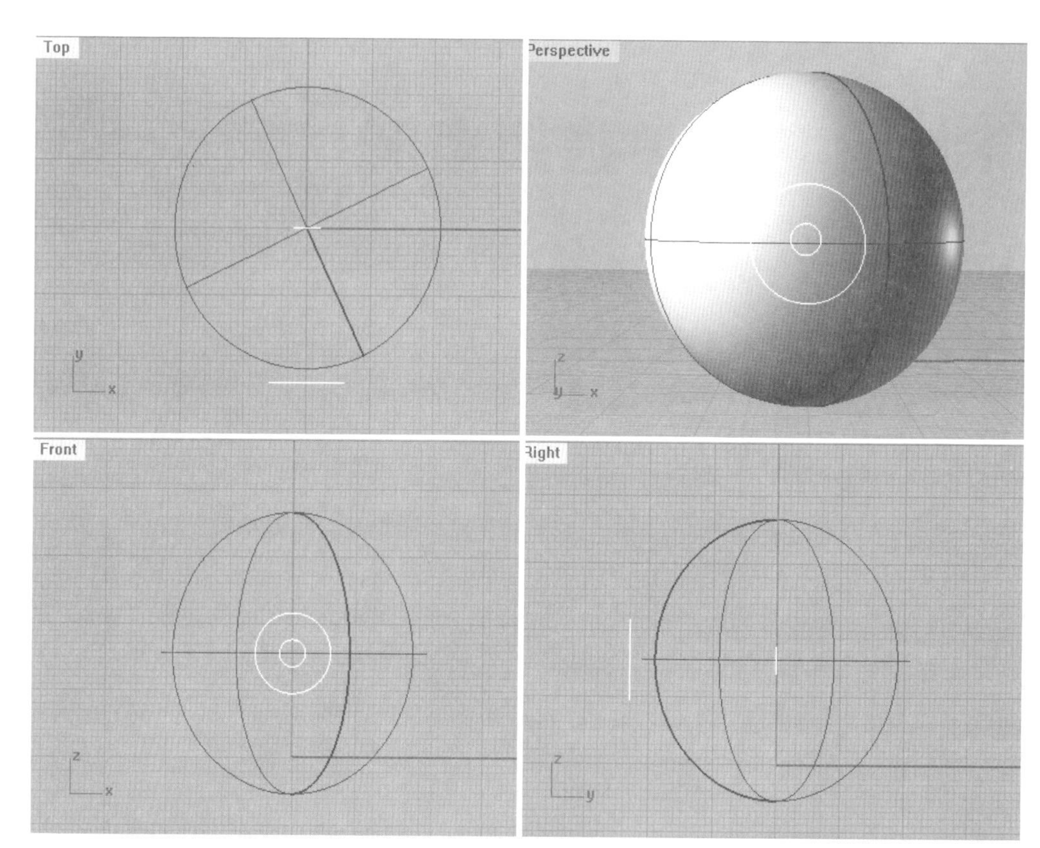

图5-38（下） 创建曲面

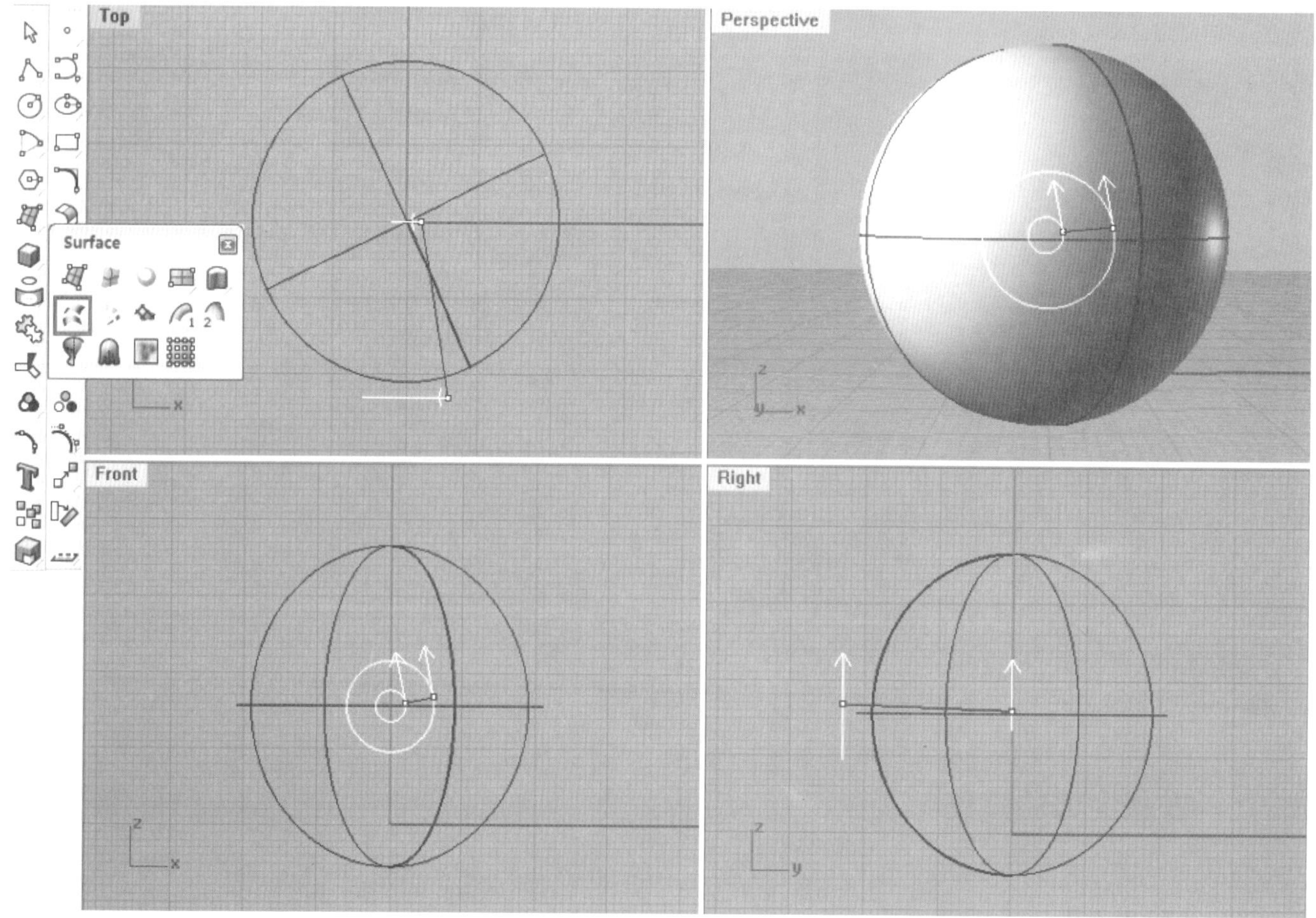

盖结合为实体，用此实体对球体进行布尔修剪（图5-39，图5-40）。

②抽取边缘（图5-41），使用Pipe工具建出管子，水平移动到如图位置

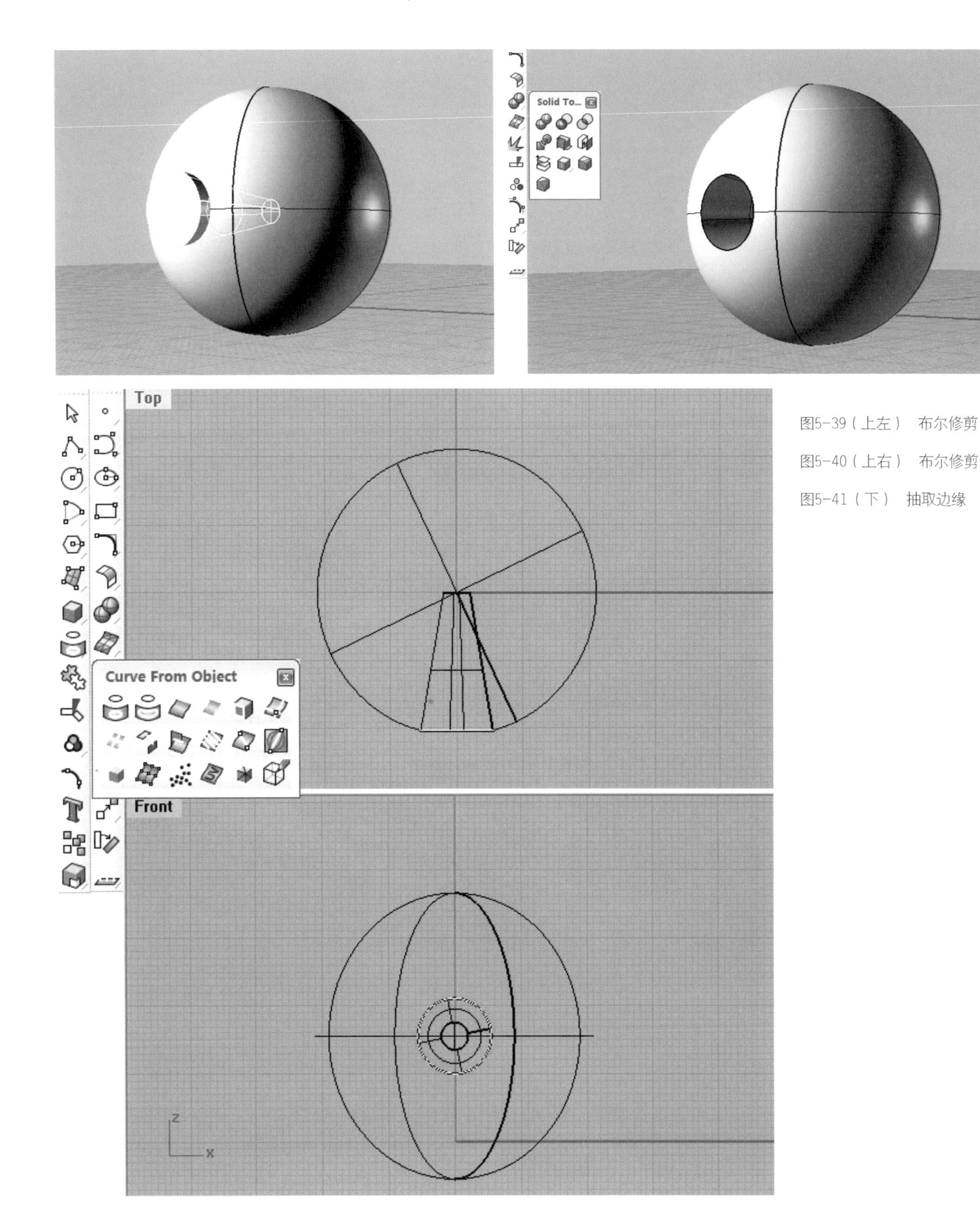

图5-39（上左） 布尔修剪

图5-40（上右） 布尔修剪

图5-41（下） 抽取边缘

图5-42（左） 使用Pipe工具

图5-43（右） 修剪

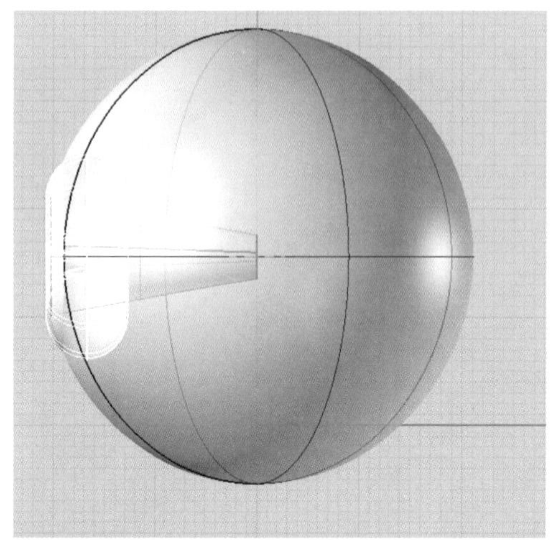

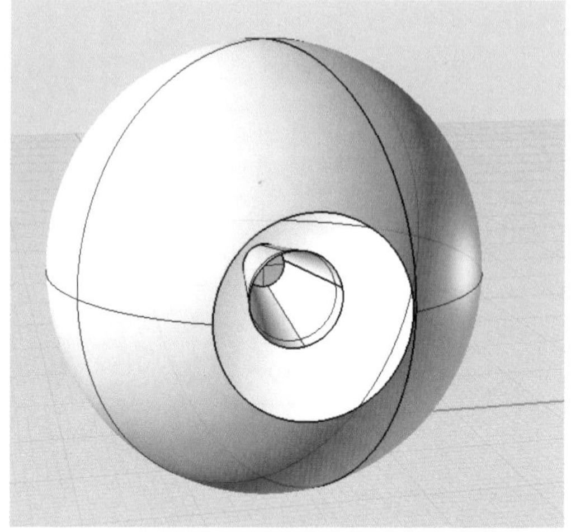

图5-44 建立曲面

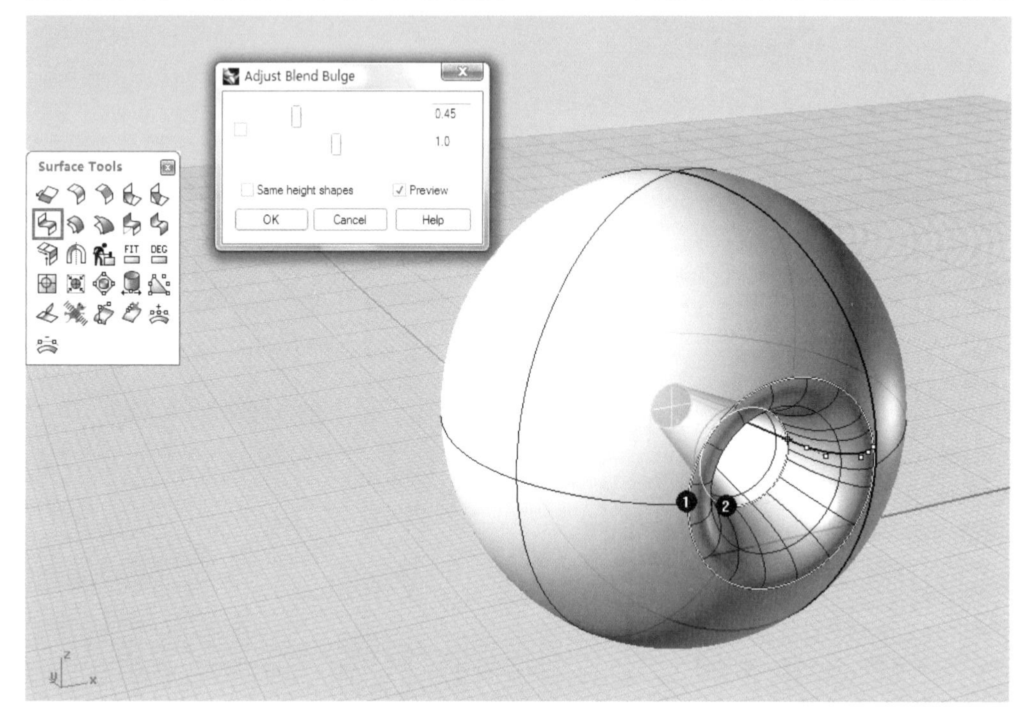

图 5-45 隐藏并补面

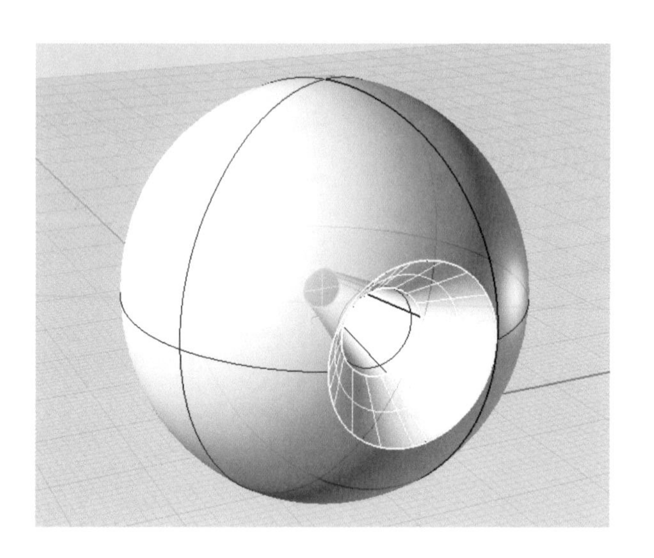

（图5-42），对主体面进行修剪（图5-43）。

③使用曲面混合工具建立曲面（图5-44），因为这个曲面与主体材质不同，所以先不与主体结合，为了方便之后的构建将其隐藏，直接补面（图5-45）让主体重新结合成实体。

④绘制如图蓝色圆并投

影到实体表面（图5-46），使用Pipe工具（图5-47），将管子对主体进行布尔修剪（图5-48），对切割边缘进行倒圆角（图5-49），主体部分的构建基本完成。

图5-46（上） 投影曲线

图5-47（下左） 使用Pipe工具

图5-48（下中） 布尔修剪

图5-49（下右） 倒角圆

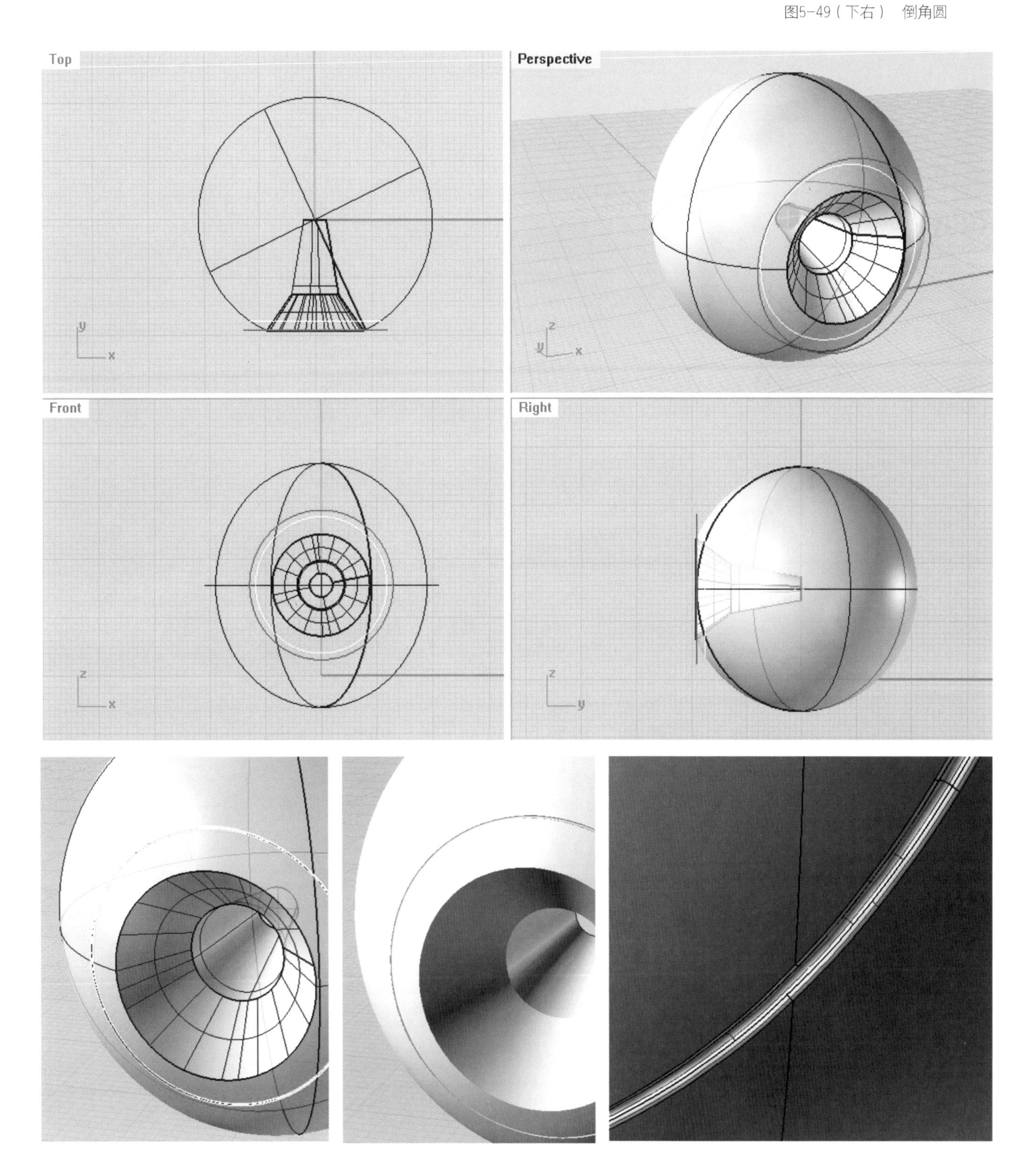

5.2.2 底座部分建模

①绘制如图两个圆（图5-50），使用Loft工具建出底座基本体的侧面（图5-51），上下加盖后结合。

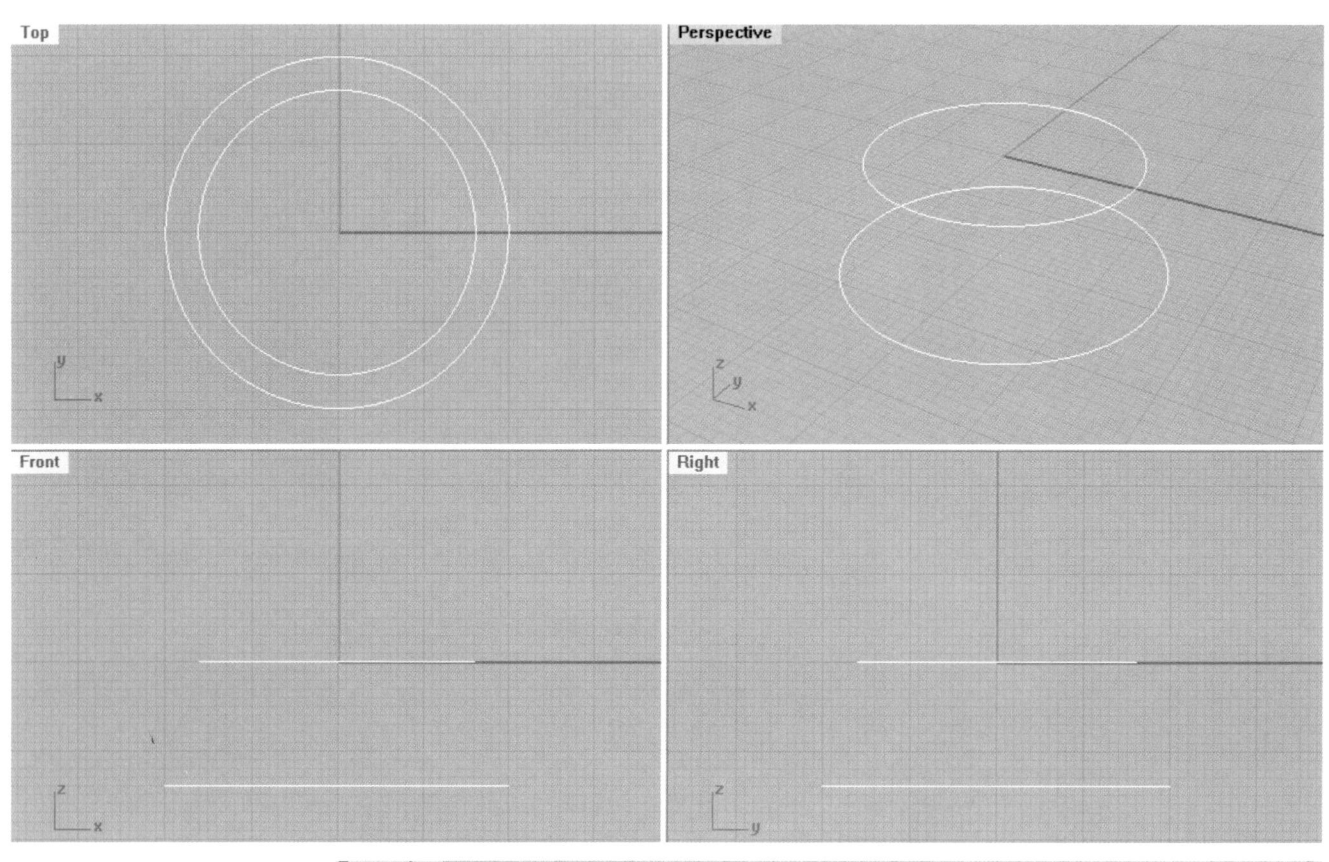

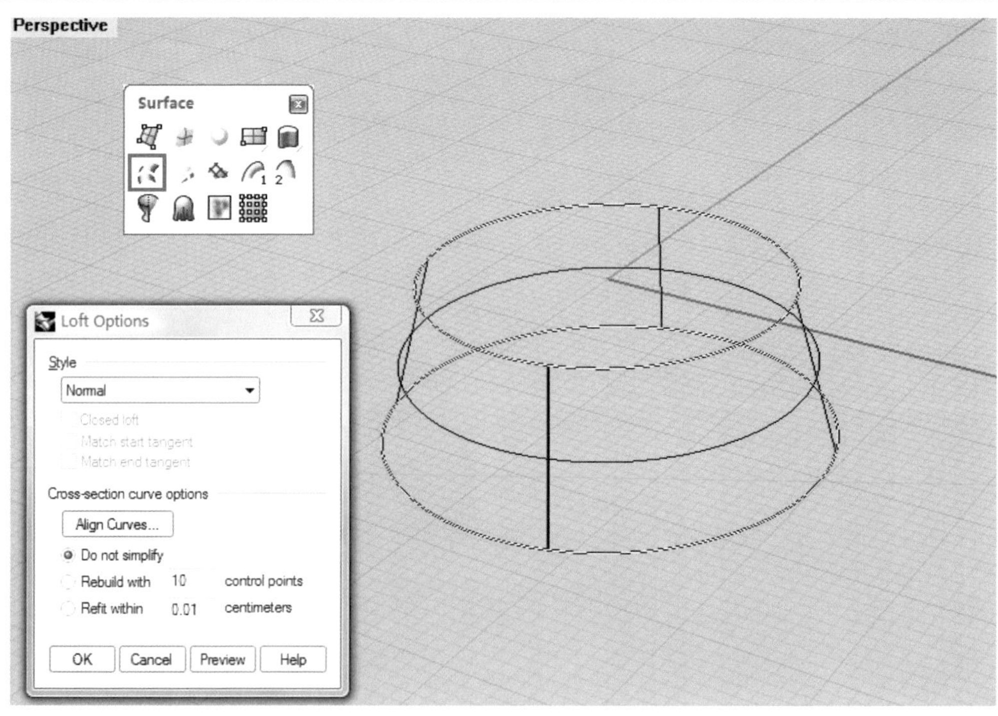

图5-50（上） 绘制圆

图5-51（下） 建立侧面

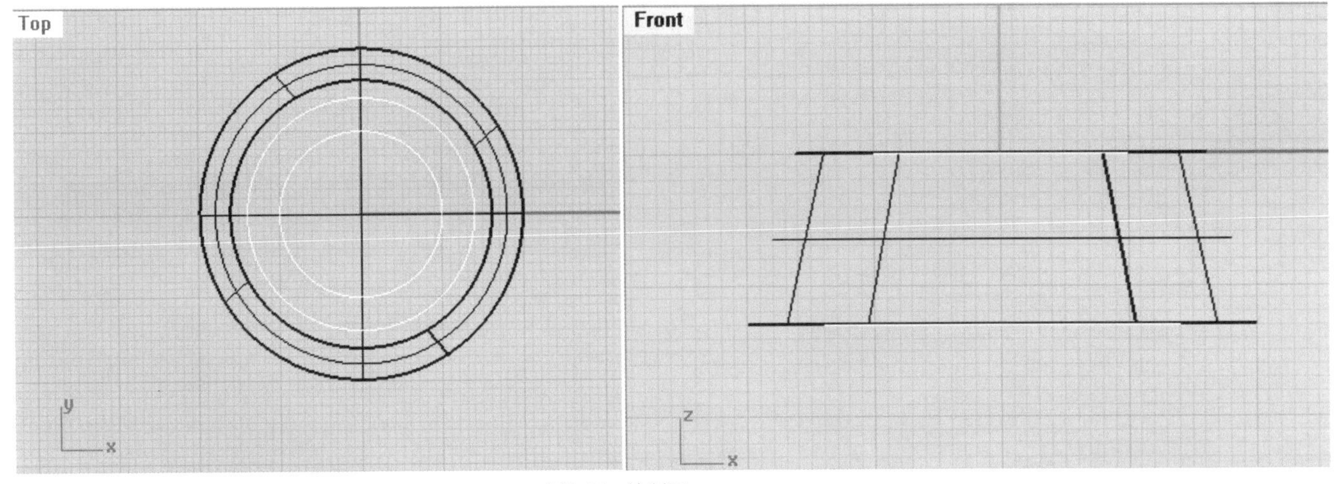

图5-52 绘制圆

图5-53 建立实体

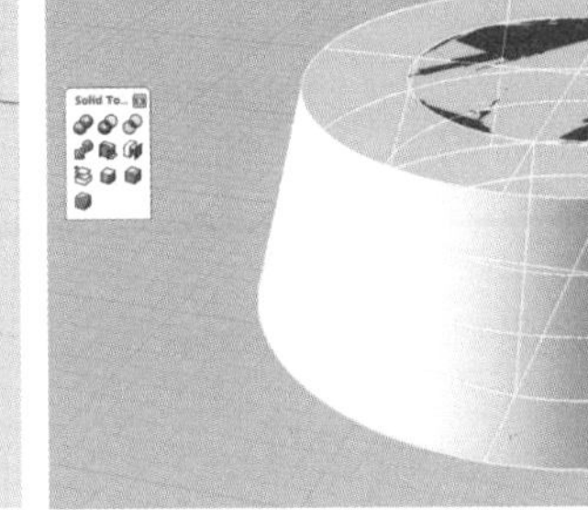

图5-54 布尔修剪

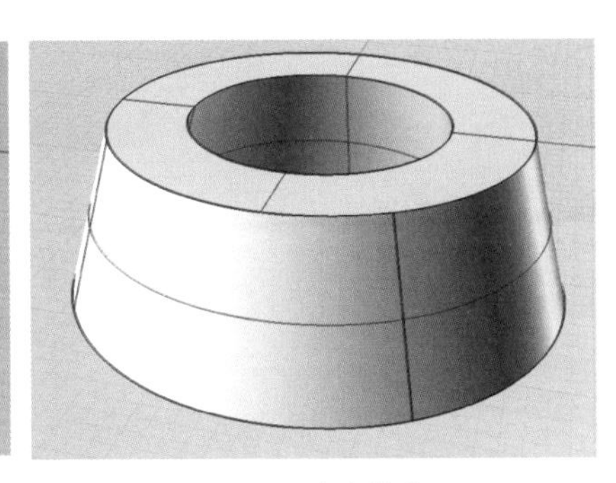

图5-55 布尔修剪

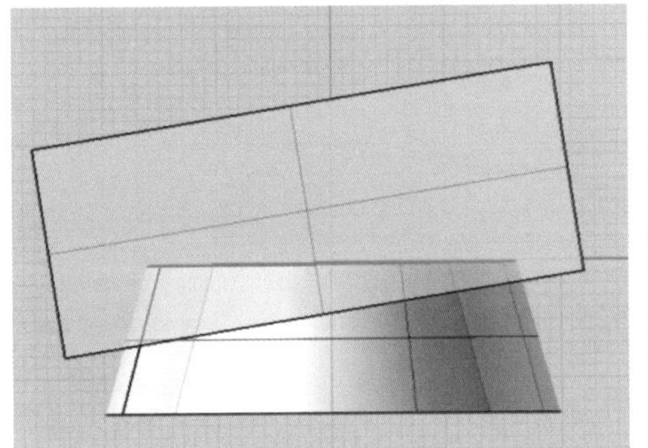

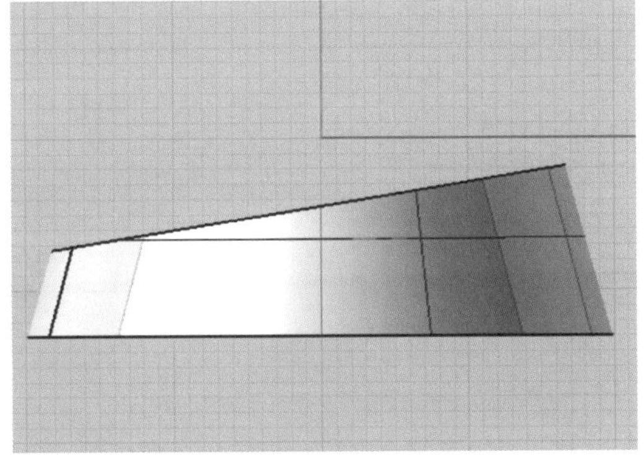

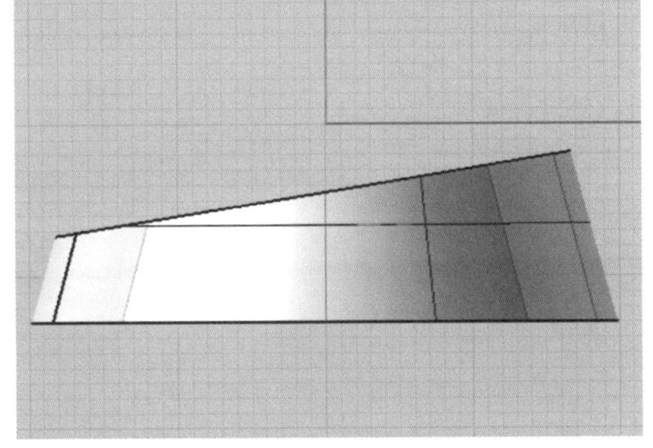

图5-56（左） 布尔修剪

图5-57（右） 布尔后效果

②按同样的方法绘制如图5-52所示的两个圆，建出稍小的实体（图5-53），对之前的实体进行布尔修剪（图5-54，图5-55）。

③用如图5-56所示的长方体对实体进行布尔修剪，得到实体（图5-57），上下边缘倒圆角（图5-58）。

④建立球体对底座实体进行布

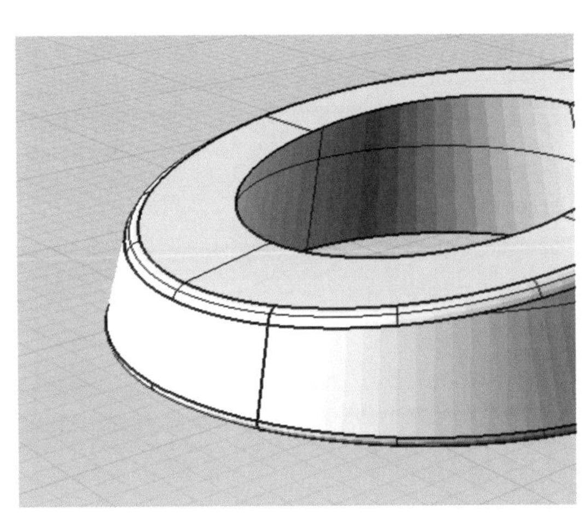

图5-58 倒圆角

尔修剪（图5-59），剪出适合摆放的曲面（图5-60），用长方体进行修剪（图5-61，图5-62），边缘倒圆角（图5-63），完成底座部分的建模（图5-64）。

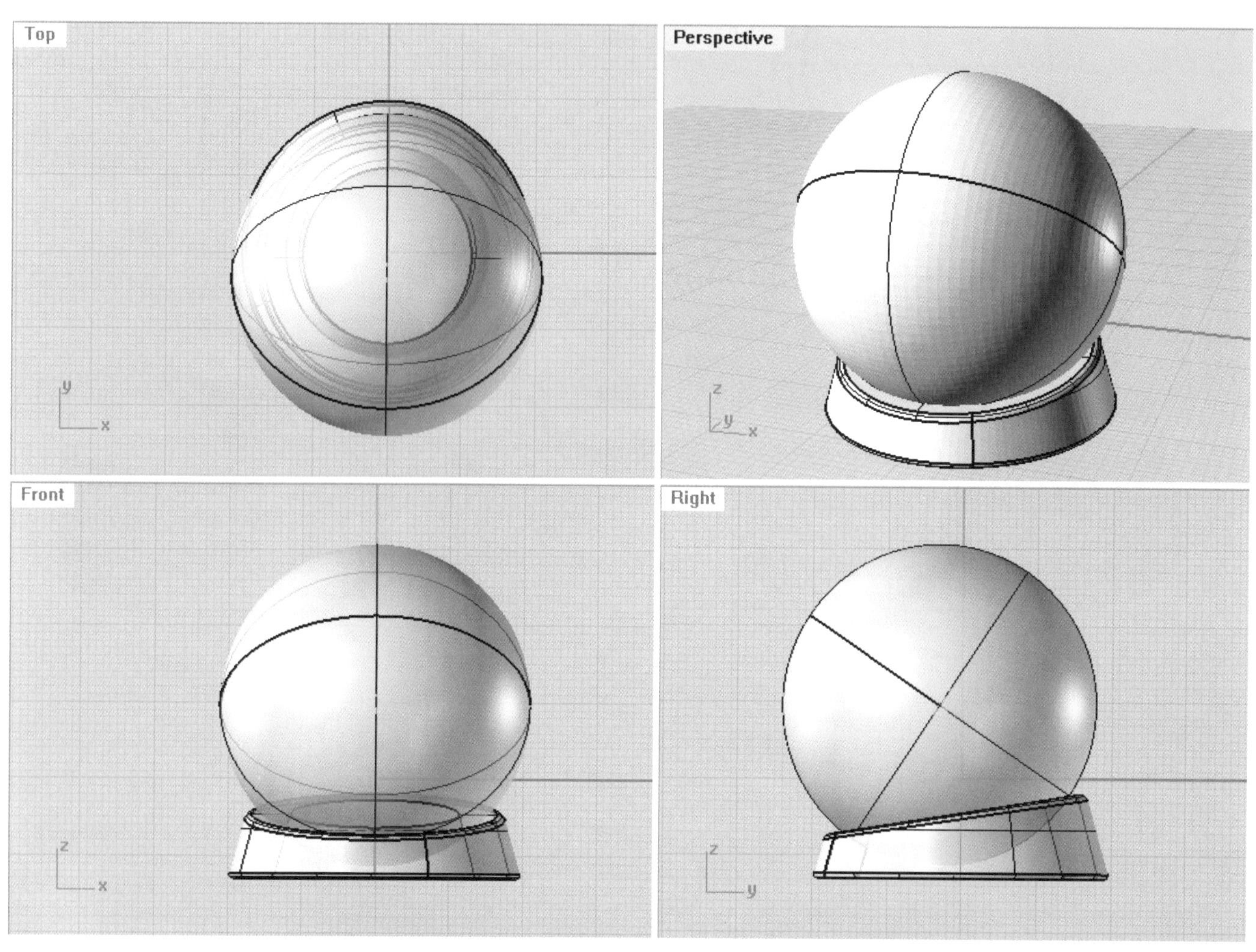

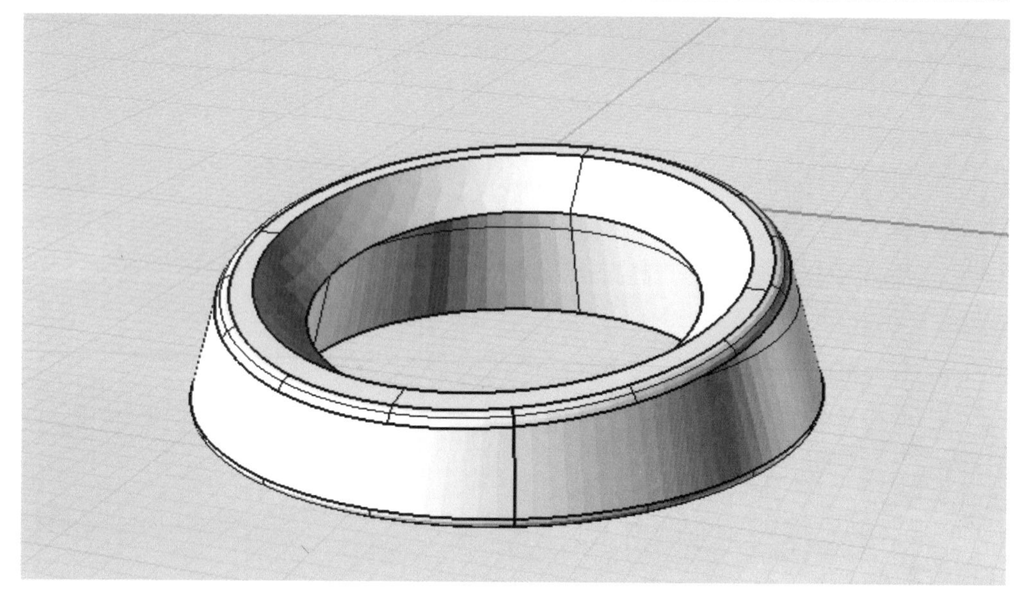

图5-59（上） 布尔修剪

图5-60（下） 修剪后效果

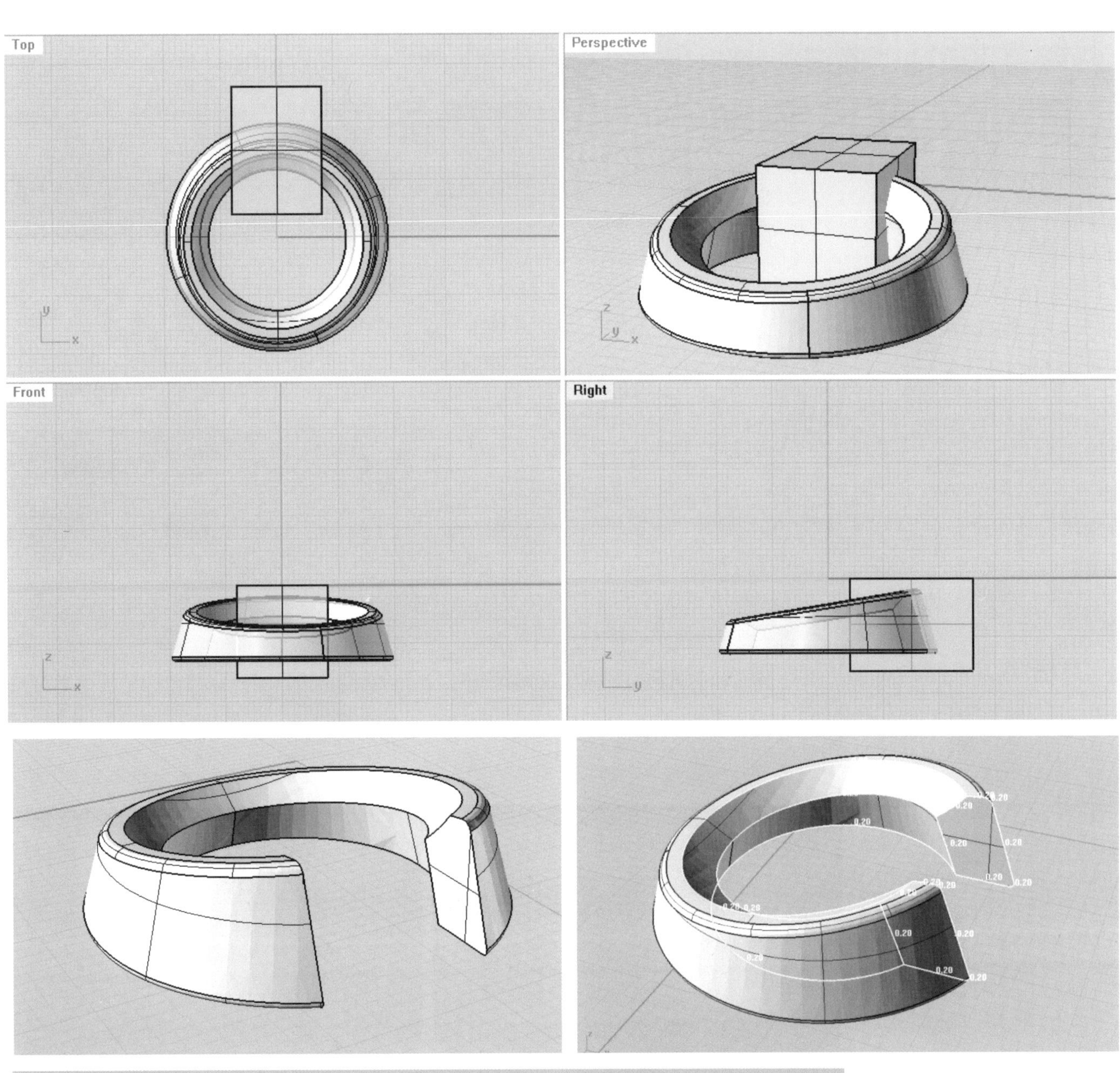

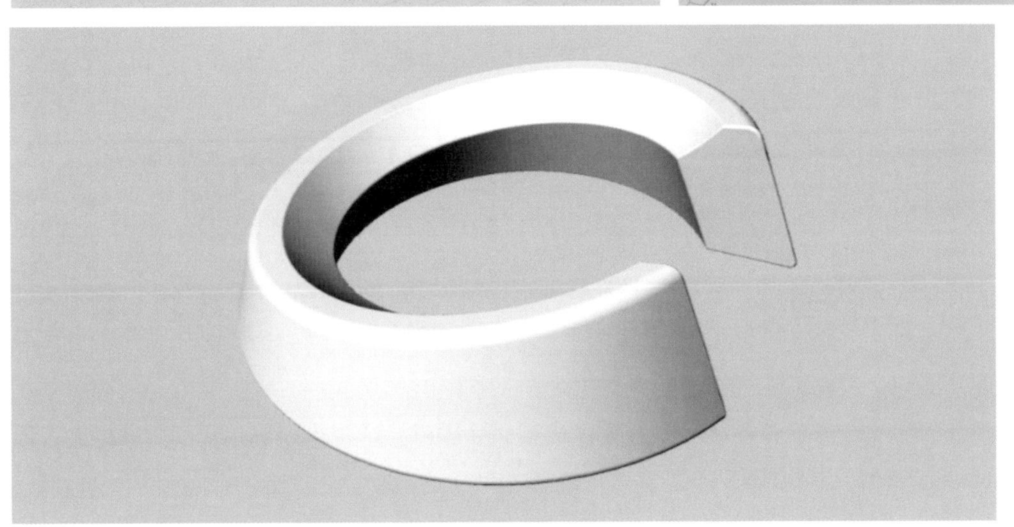

图5-61（上） 修剪

图5-62（中左） 修剪后效果

图5-63（中右） 倒角

图5-64（下） 完成后效果

5.3
Rhino应用案例——MID产品设计

5.3.1 MID产品的概念

MID，即Mobile Internet Device，移动互联网设备，它是在2008年IDF大会上英特尔推出的一种新概念迷你笔记本电脑。在英特尔的定义中，这是一种体积小于笔记本电脑，但大于手机的移动互联网装置（图5-65，图5-66）。而今随着各种无线上网方式的普及、Android等操作系统的迅速发展，MID将迎来一个广阔的市场前景，是各大电子产品公司致力研发的热点产品。

下面，我们将通过这款MID的建模来对Rhino的构建工具进行更综合、全面地学习与掌握。

图5-65（左） MID产品正面

图5-66（右） MID产品背面

构 思

草 图

调 整

建 模

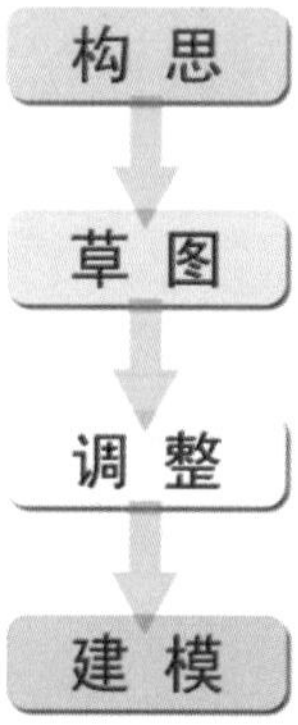

图5-67 产品设计流程

思考是设计的第一步，当我们头脑中的概念初步成型时，可以通过草图的方式让它们更加直观，通过草图及简要说明进行方案可行性的实体化分析，这样做的同时也加深了对整个造型的理解，以便对之后的建模流程进行更深入地把握（图5-67）。

在正式建模操作之前，首先观察我们即将构建的MID产品。没有复杂的形态与凹凸的曲面，这款MID的外形趋于整体化光滑的块面，但我们可以发现，它背后的曲面弧度并不完全对称，在开始之前首先思考一下构建这样表面的方式，这就是对整体的把握。产品的细节部分往往可以在整体成型之后完成，这样也能够保证不影响之后可能进行的整体微调操作。

5.3.2 MID产品的建模

(1)主体的构建

①在Front视图中画出尺寸为20x11.8的矩形，对四个角进行倒角后将所有线结合(图5-68)。

②在Top视图中绘制前后面线(图5-69)。

③用同样方法在Right视图中绘制侧面曲线(图5-70)。

④打开捕捉交点，绘制如图两条曲线(图5-71，

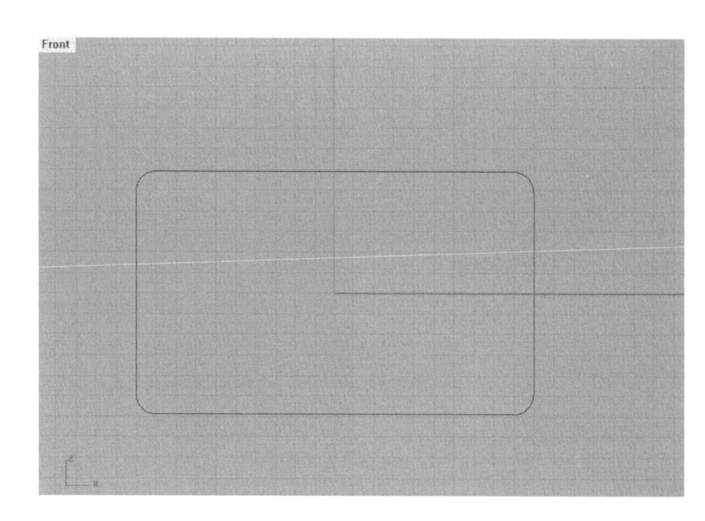

图 5-68　绘制轮廓

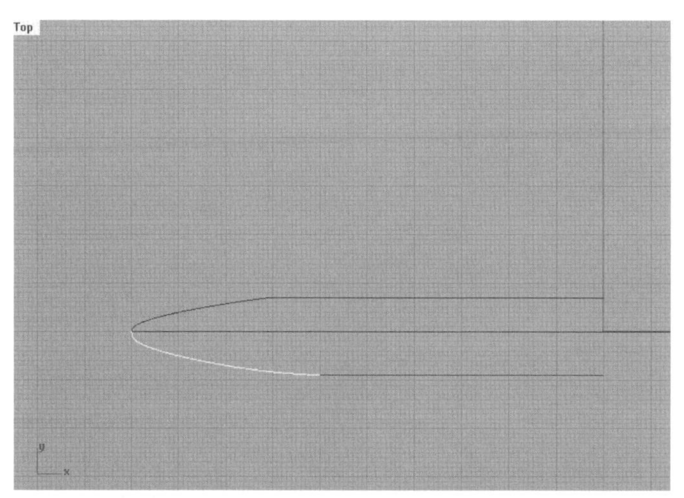

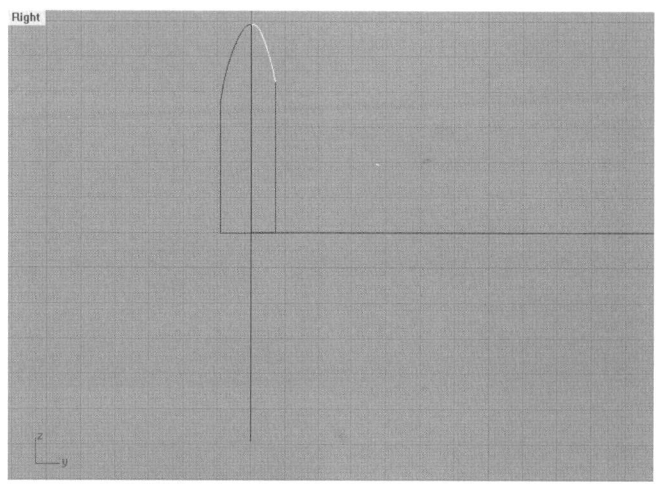

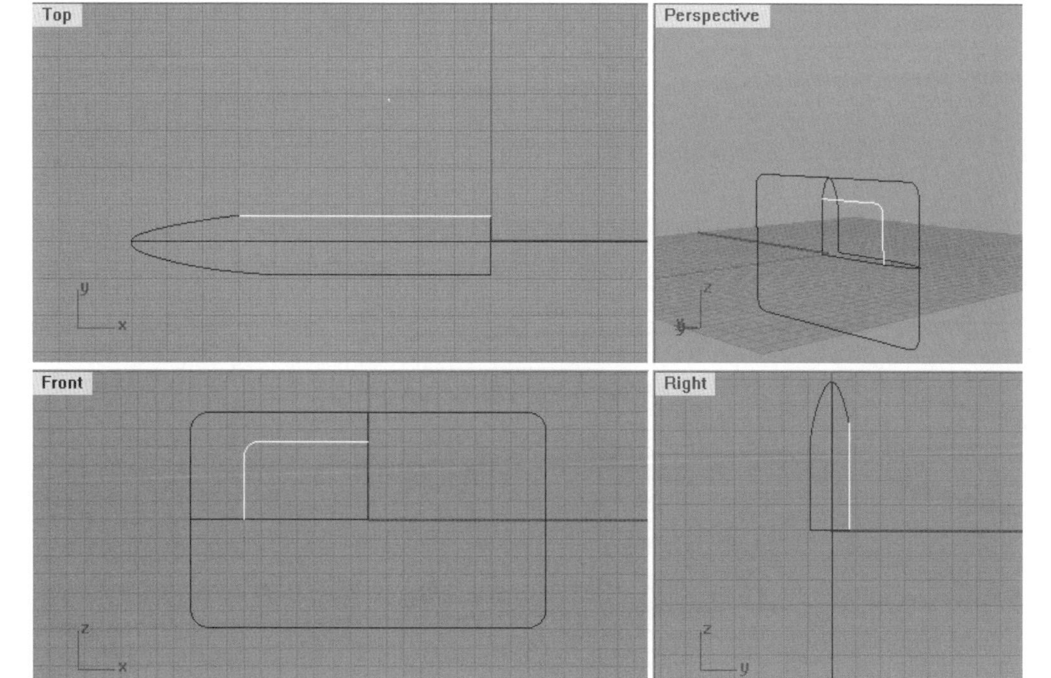

图5-69(上左)　绘制前后面线

图5-70(上右)　绘制侧面曲线

图5-71(下)　绘制相交线

图5-72），分别于与前面所绘前后面线与侧面线的弧线末尾相交。

⑤以图5-73中两条线为轨道，穿过图5-74中两条加亮曲线进行双轨扫描，扫出曲

图5-72（上） 绘制相交线

图5-73（下） 选择轨道

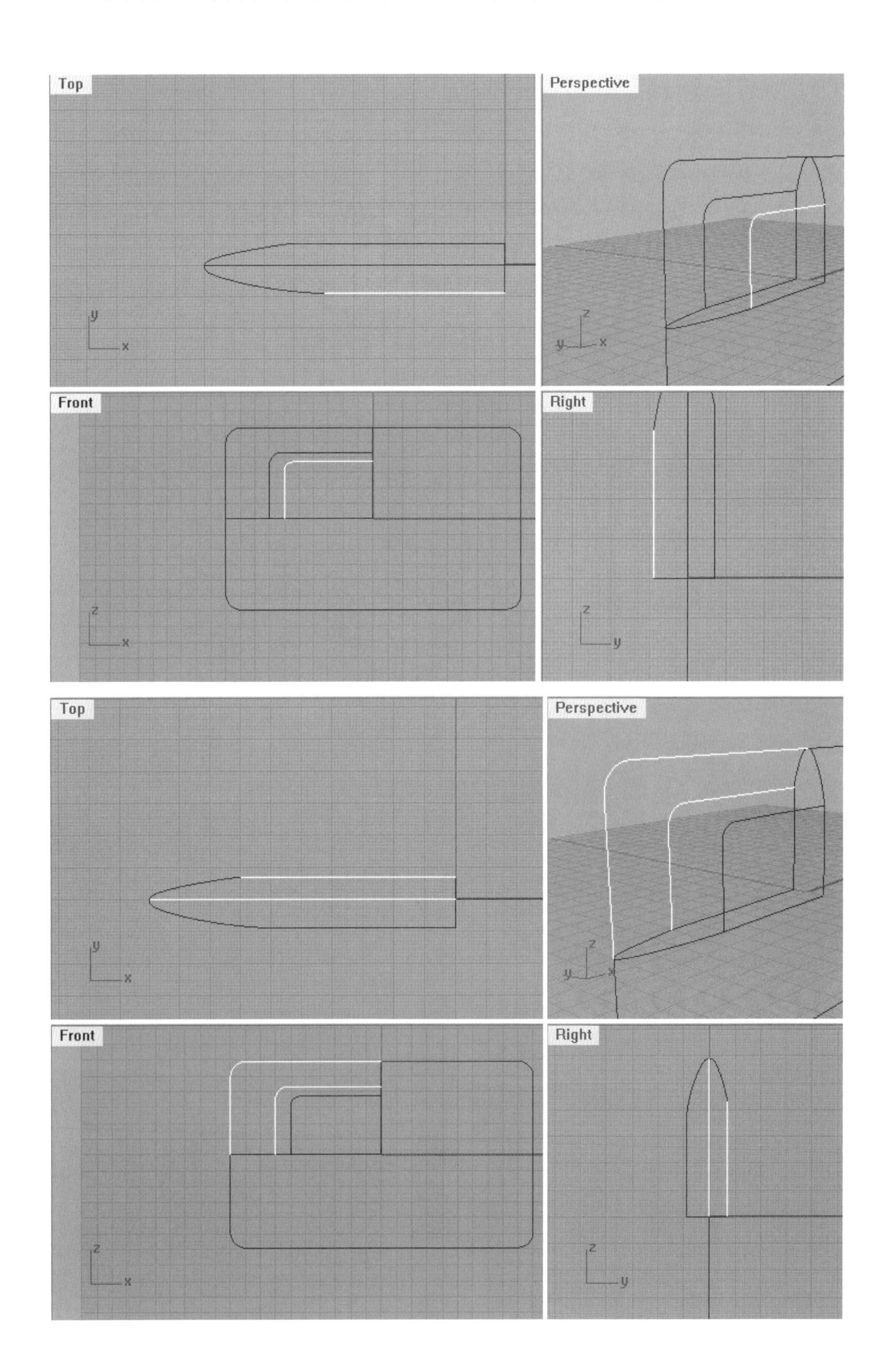

面（图5-75），利用图5-76中的曲线建面，将两个曲面合并（图5-77）。

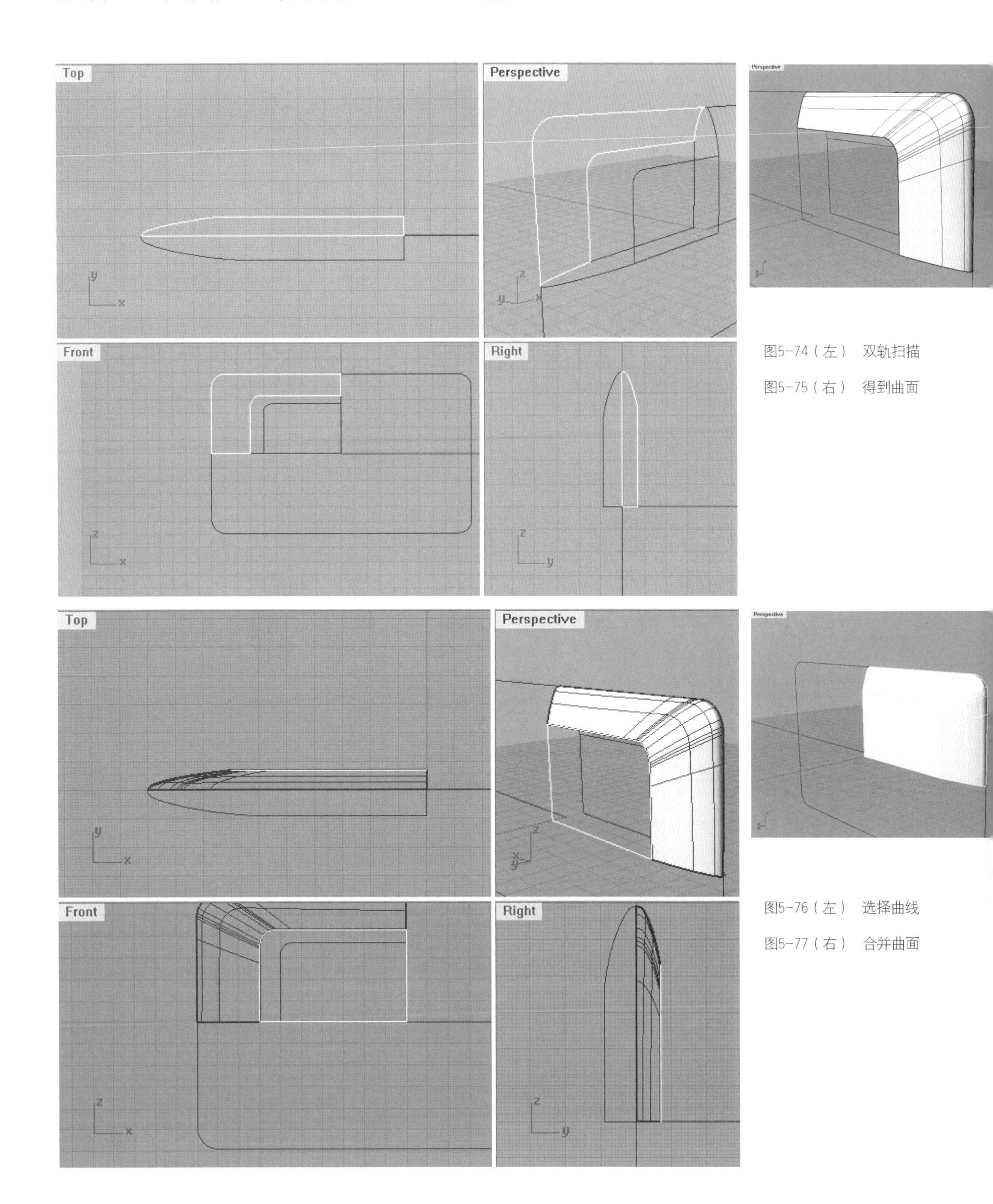

图5-74（左） 双轨扫描

图5-75（右） 得到曲面

图5-76（左） 选择曲线

图5-77（右） 合并曲面

⑥利用镜像工具得到机体的前表面（图5-78），将镜像出的曲面与原曲面结合（图5-79）。用同样方式构建出机体的后表面（图5-80）。

⑦在前表面镜像（图5-81），绘制曲线（图5-82），修剪后表面（图5-83），整个机体部分就完成了。

图5-78　镜像

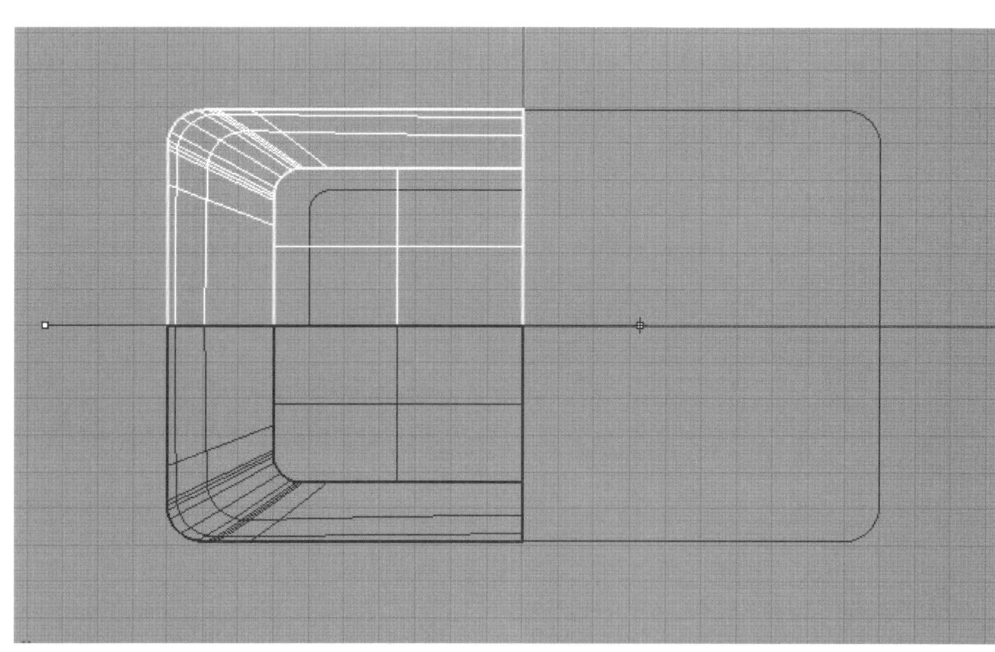

图5-79（左）　结合曲面

图5-80（右）　构建后表面

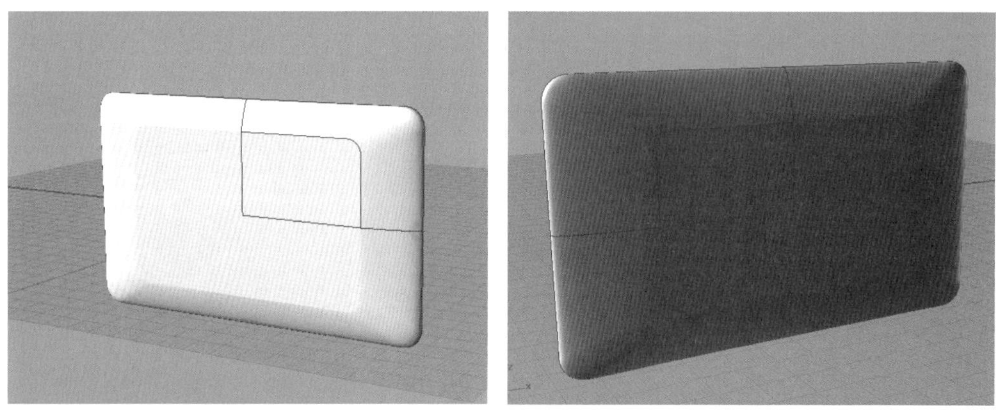

图5-81　绘制曲线所在面

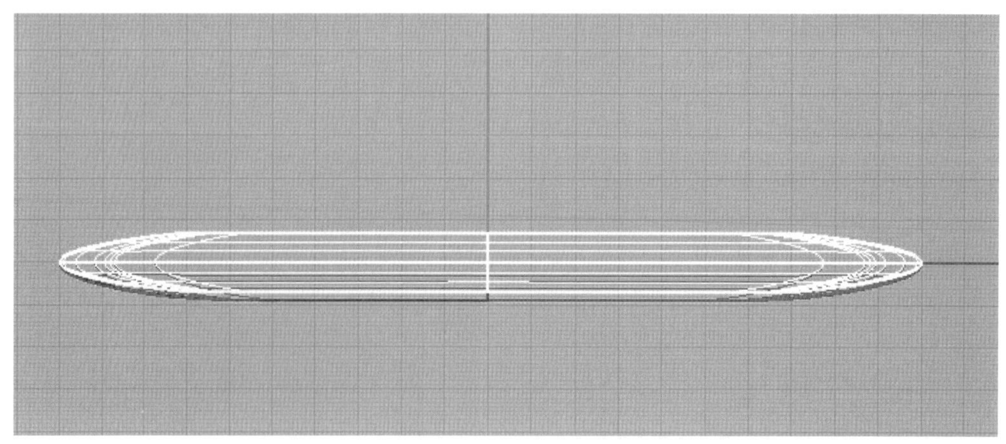

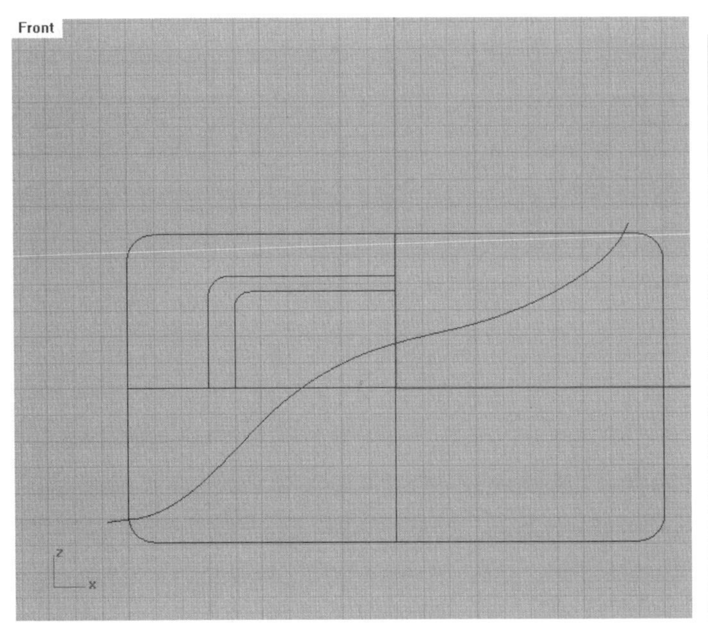

图5-82　绘制曲线

图5-83　修剪

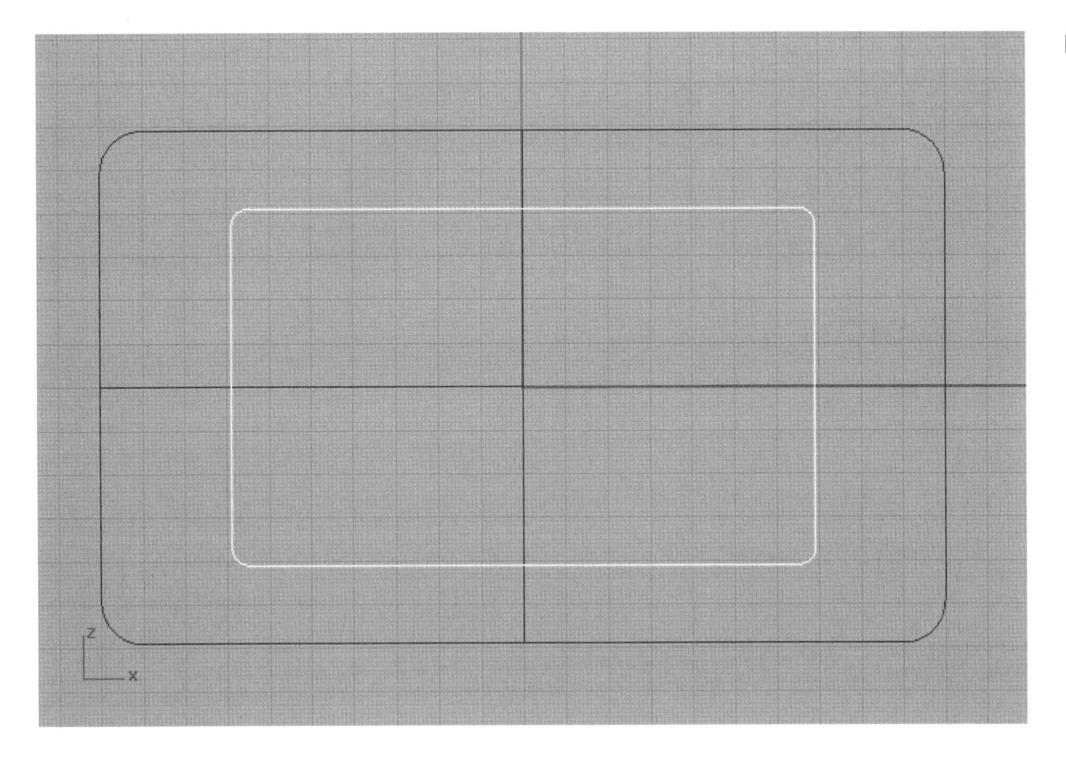

图 5-84　绘制边线

（2）各个部件的建模

①屏幕：在Front视图中画出边线（图5-84），拉出实体后复制一个进行两次单向缩放（图5-85、

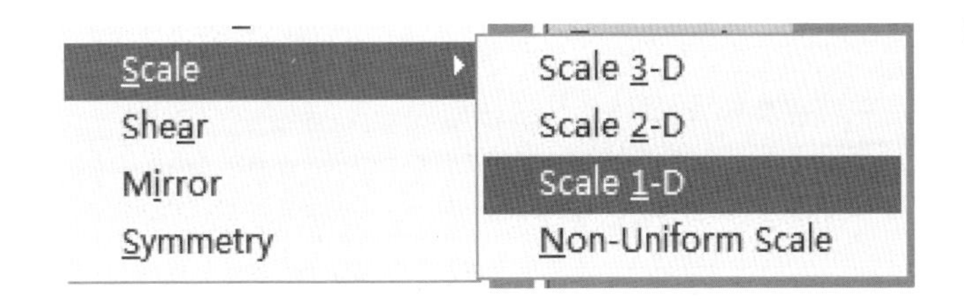

图 5-85　选择缩放模式

图5-86），用较大的实体对主体进行布尔修剪（图5-87），得到屏幕凹槽，将较小的实体边缘进行圆角倒角（图5-88），完成屏幕部分的建模。

②按键：在Front视图中绘制出按键部分的大体形状（图5-89），拉出实体挖出凹槽，再绘制按键的边线（图5-90），拉出按键实体，边缘进行倒角（图5-91）。

图5-86（左） 单向缩放

图5-87（右） 布尔修剪

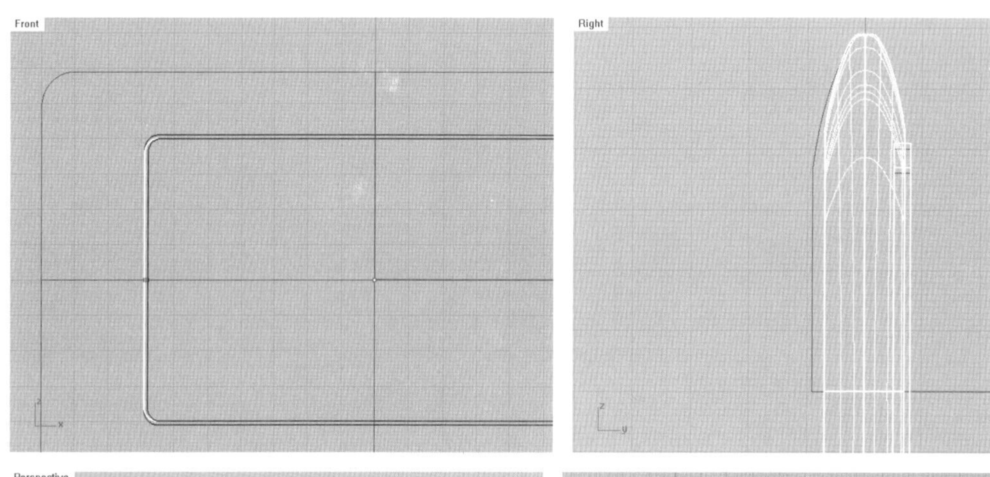

图5-88（左） 倒角

图5-89（右） 绘制按键位置

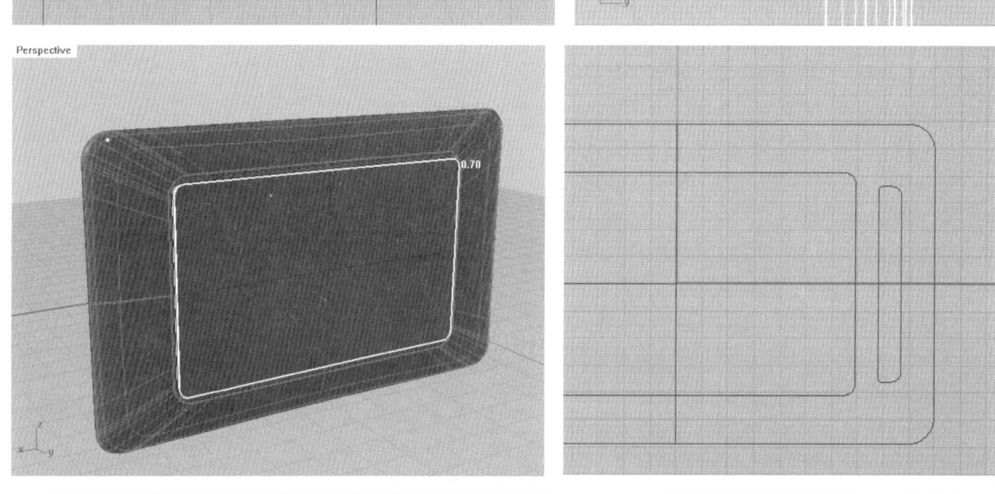

图5-90（左） 绘制边线

图5-91（右） 对实体倒角

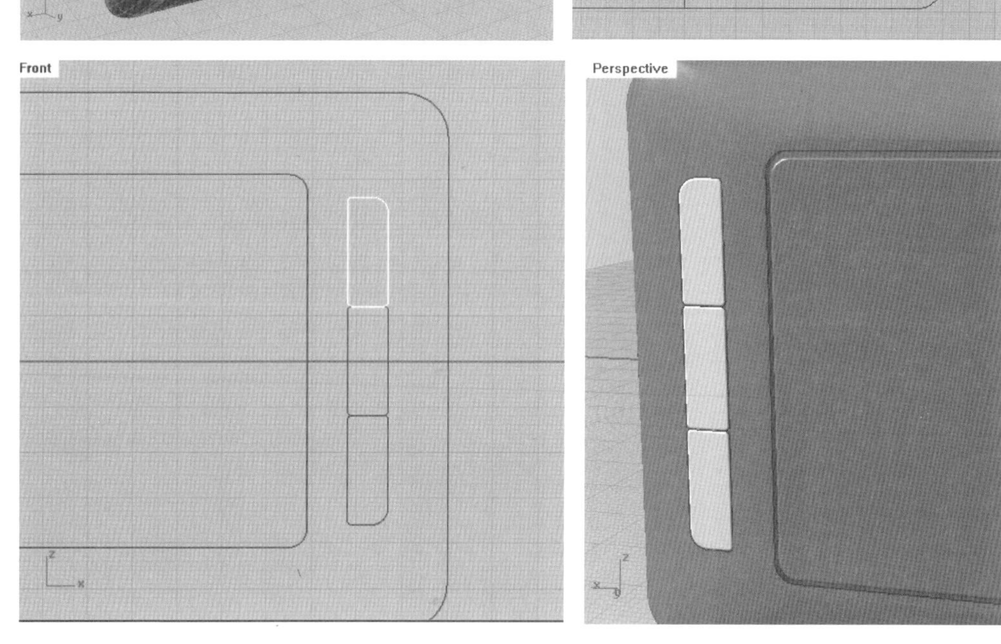

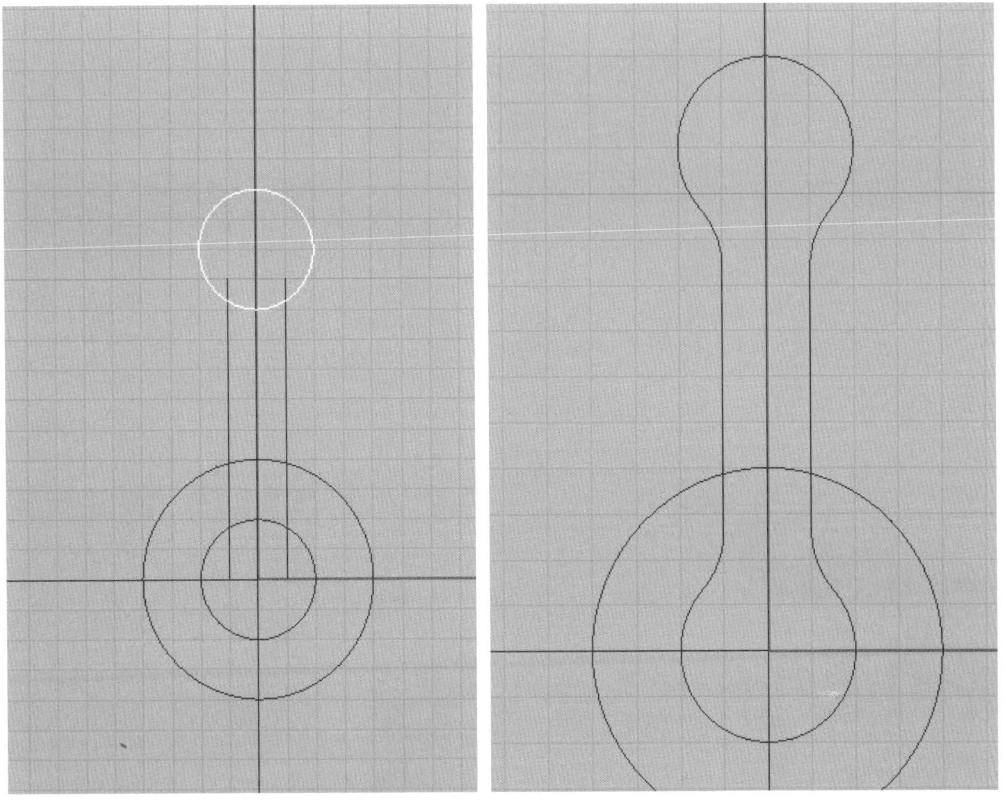

图5-92　绘制轮廓

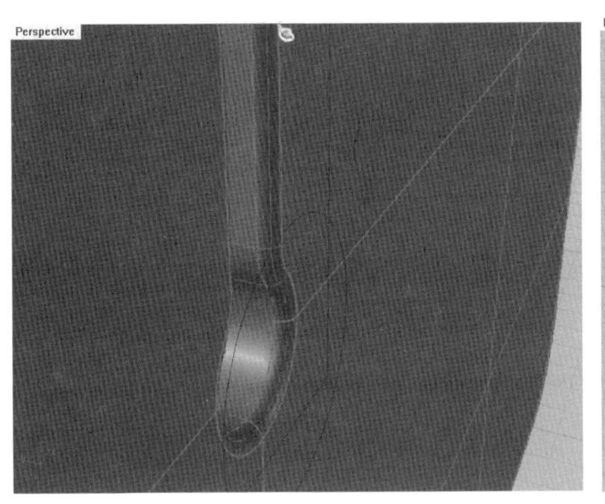

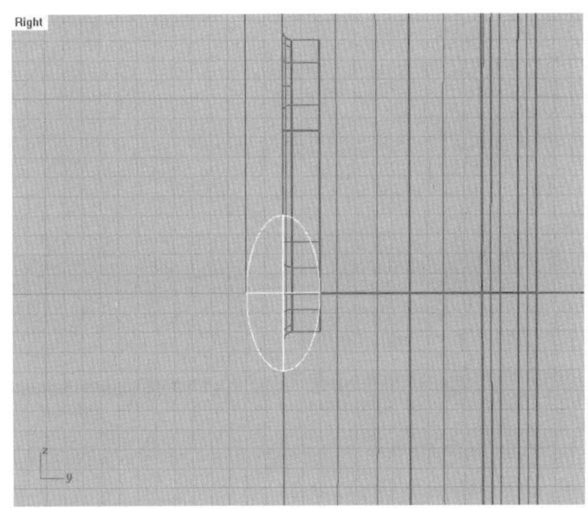

图5-93（左）　支架效果

图5-94（右）　绘制曲线

③背后支架制作。

a.绘制轮廓，进行修剪与倒角后结合（图5-92），拉伸出实体后与主体背面进行布尔修剪，倒角后效果如图5-93所示。

b.画出如图5-94所示椭球体，作为支架的转轴，然后建出支架（图5-95）。

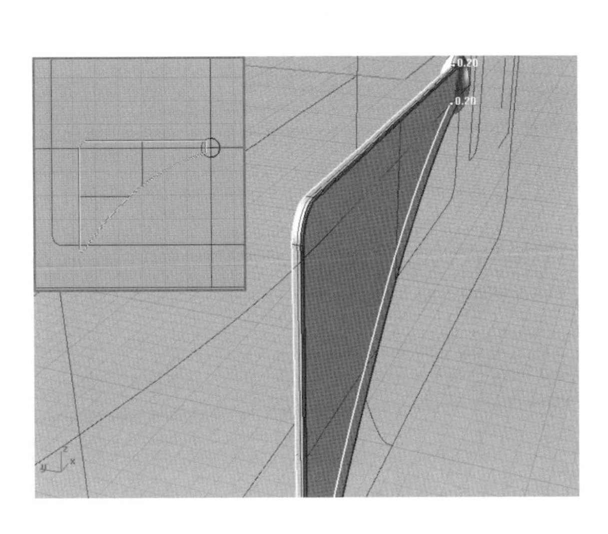

图5-95　建立支架

④在背后用长方体挖出如图

图5-96（上） 挖槽

图5-97（下） 绘制曲线和柱体

5-96所示凹槽。

⑤扬声孔：绘制如图曲线，捕捉端点为圆心画出直径为1的圆柱体（图5-97），将

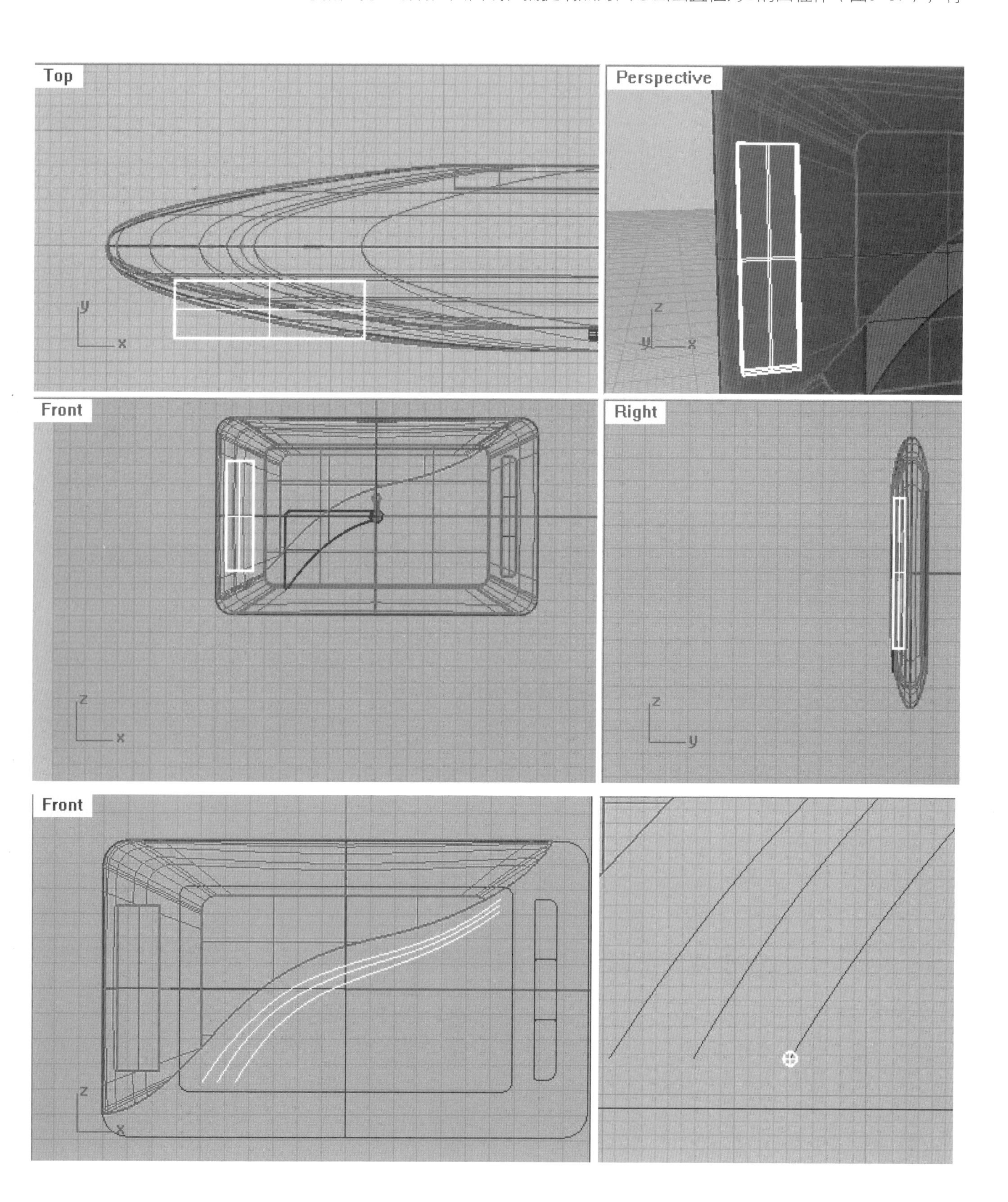

圆柱体沿曲线阵列，删去支架周围多余的部分后对机体进行布尔修剪（图5-98），用同样的方法做出前表面的扬声孔（图5-99）。

⑥最后在机体右上方建出电源按键，对边界进行倒角（图5-100），将修建过的后表面与前表面结合，再与镜像的那个面结合形成一个整体，整个MID的建模就完成了（图5-101）。

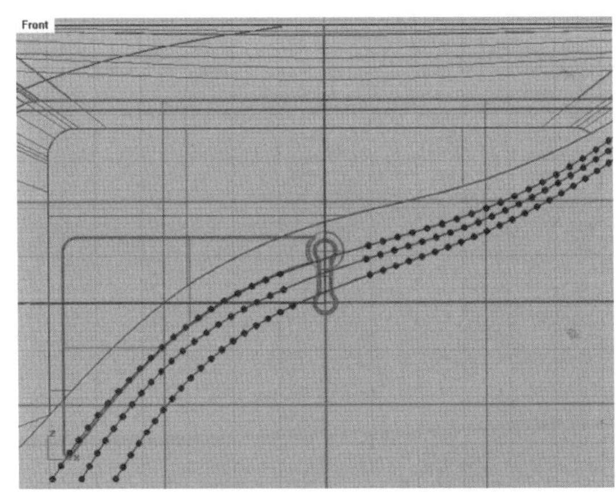

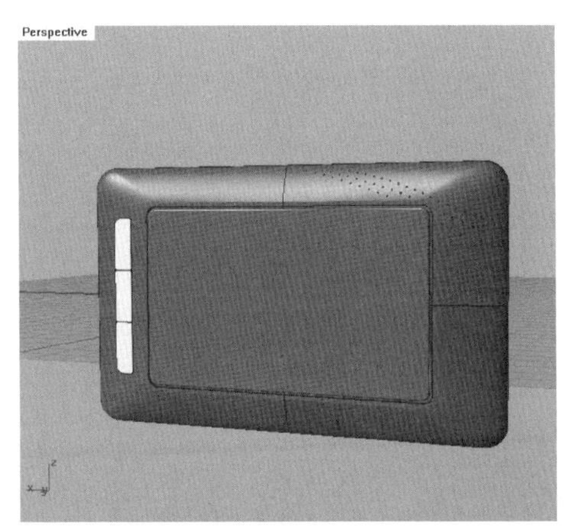

图5-98（左） 布尔修剪

图5-99（右） 制作前表面扬声孔

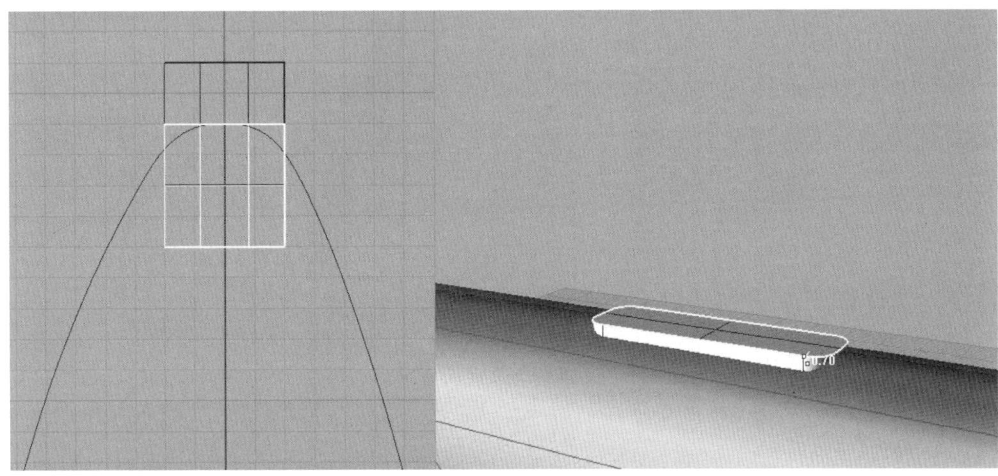

图 5-100 倒角

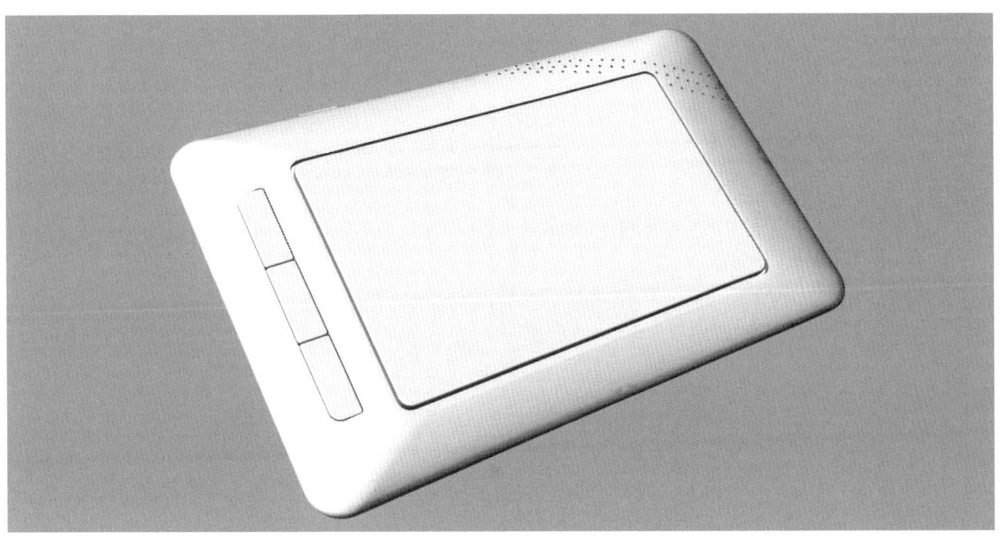

图 5-101 完成建模

对模型进行渲染，背面效果如图5-102所示。

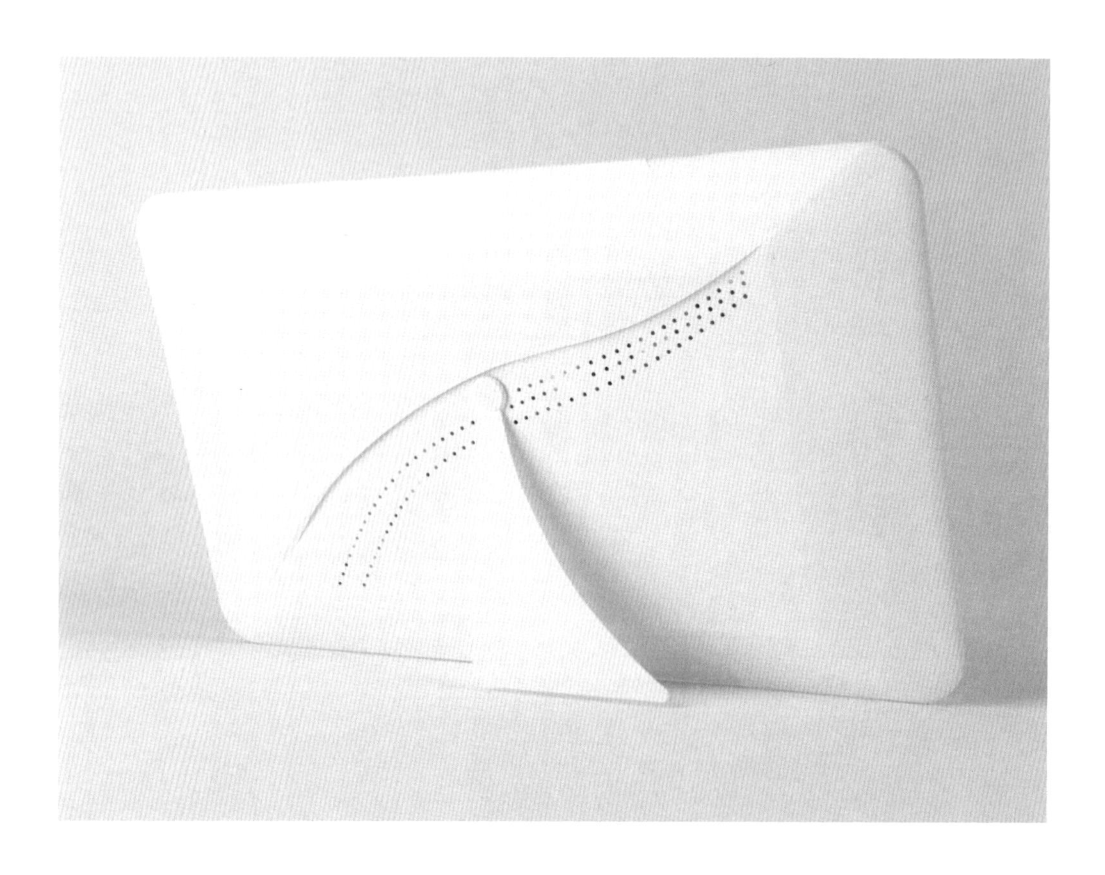

图5-102　渲染效果

06 Autodesk AliasStudio Tools总览

6.1
Autodesk AliasStudio的系统要求

AliasStudio™系统安装要求：

①软件要求：操作系统Windows 2000/XP以上。同时也可以使用其他基于UNIX操作系统的版本。

②硬件要求：CPU 1GHz Intel PentiumⅢ以上；内存大于512MB；显卡最低64M内存的Open GL显卡。

③为了达到最佳使用效果，AliasStudio 要求使用三键鼠标。如果要使用AliasStudio进行草图绘制或注释，则要求使用绘图板和手写笔，以充分利用画笔功能。

6.2
Autodesk AliasStudio的基本使用方法

6.2.1 界面介绍

AliasStudio界面（图6-1）主要包括以下部分：

①工具箱，位于左侧。

②菜单栏，位于顶端。

③窗口区域，占据了界面大部分空间，位于中部（第一次启动 AliasStudio 时，此区域可能包含视图窗口，也可能不包含）。

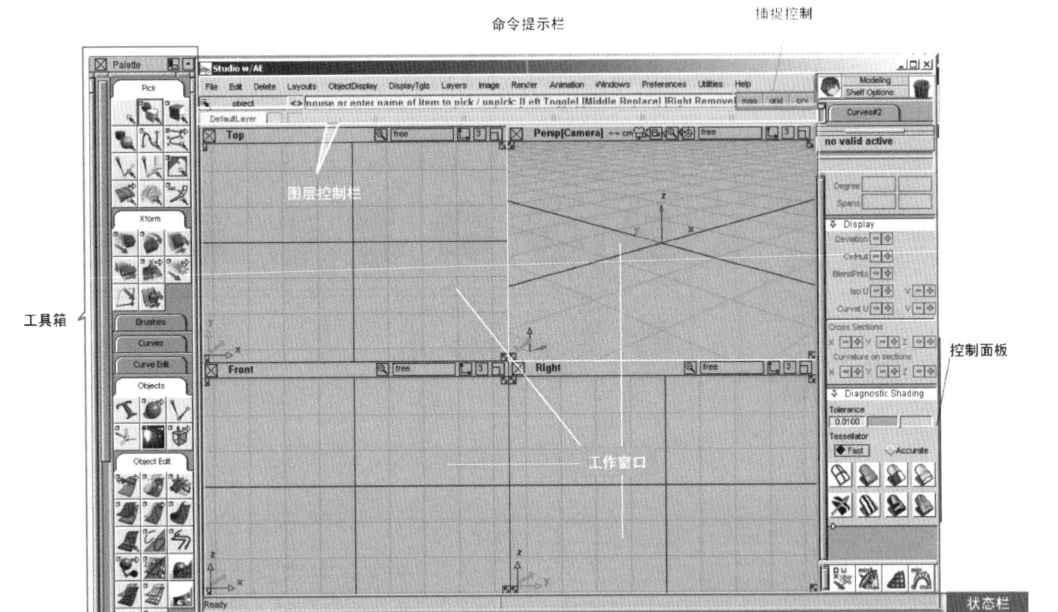

图6-1　Alias Studio界面

④工具架，位于底部（工具架可能可见，也可能不可见）。

⑤控制面板，位于右侧。

⑥提示行：显示有关当前工具的说明、错误消息以及用户键入的任何内容。

AliasStudio 界面中一些关键的辅助工具包括以下部分：

①图层栏：可以使用图层来组织和管理场景中的对象。可以分层组织对象，这样可以提高工作效率。图层栏的基本内容如图6-2所示。

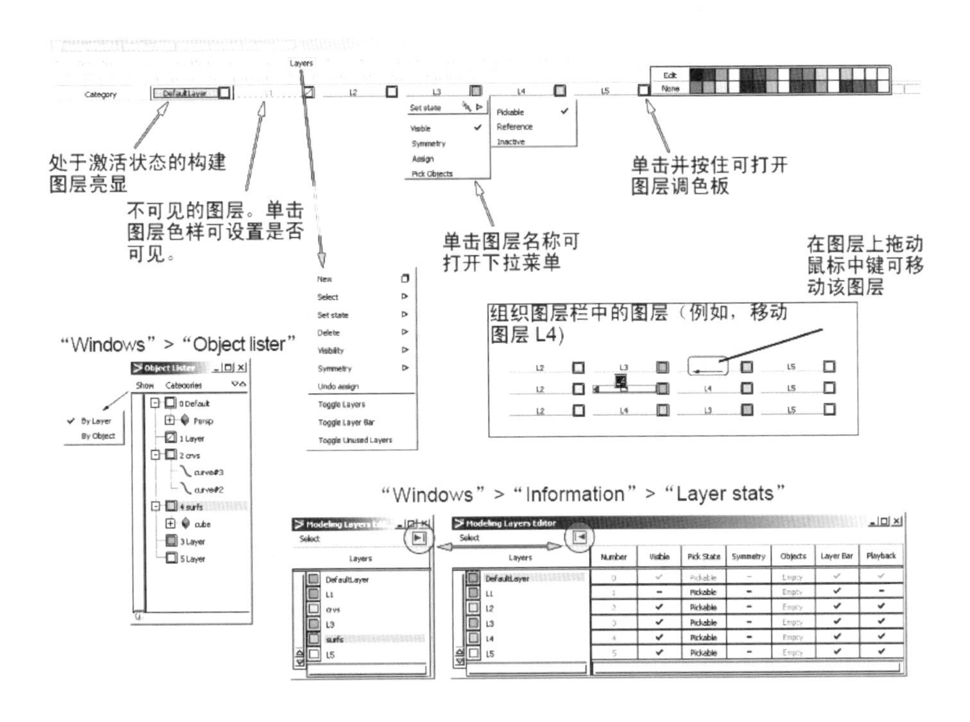

图6-2　图层栏

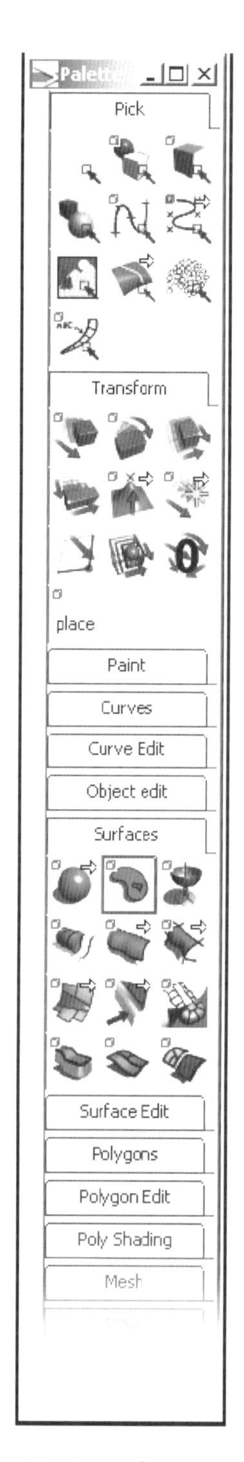

图6-3 Palette窗口

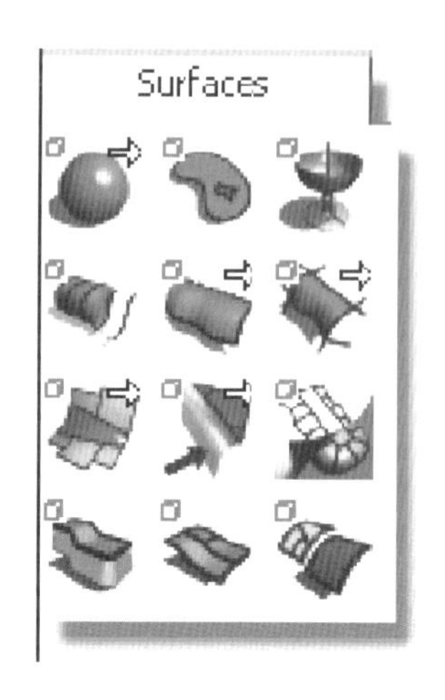

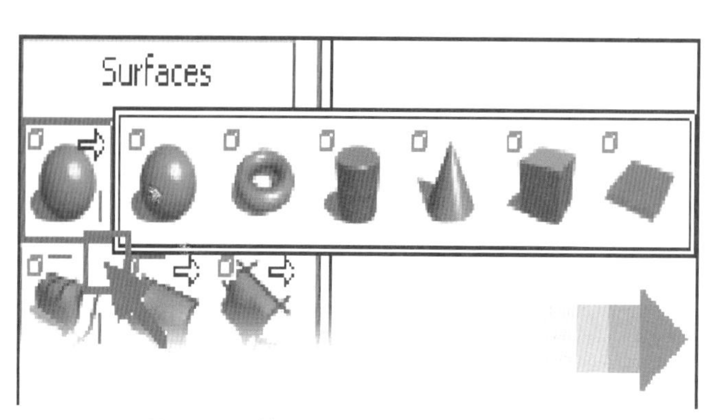

图6-4 展开子工具箱

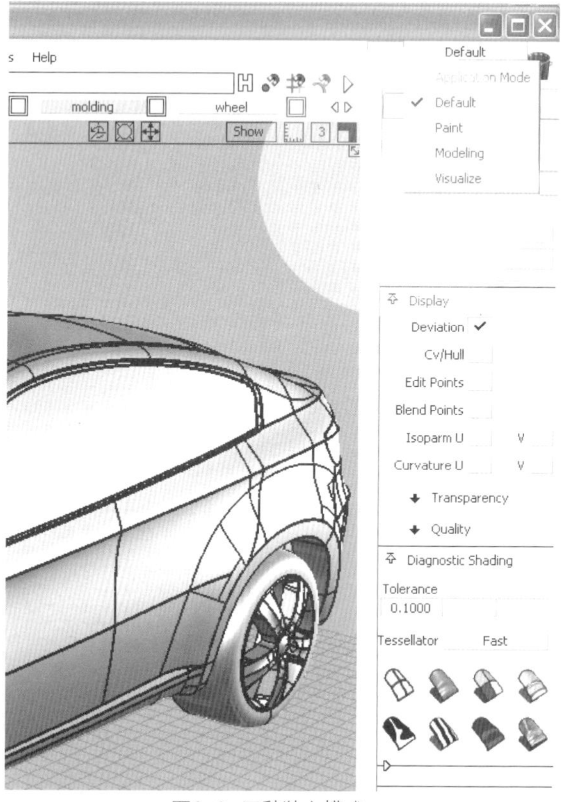

图6-6 三种独立模式

②工具箱细节：用于创建和操纵对象的所有工具都位于工具箱上相应的选项卡中。在屏幕左侧找到“Palette”窗口（图6-3）。如果工具箱不可见，请转至“Windows”菜单，并选择“Palette”。

“Palette”窗口根据各种工具类型划分成不同的工具箱，每个工具箱在顶端有一个选项卡。

例如，“Surfaces”工具箱内有小箭头，这些箭头表示隐藏的子工具箱中有更多类似的工具。若要访问更多工具，必须单击并按 住鼠标来打开子工具箱（图6-4）。

③工具架细节：这是可以自定义的工具架，其中包含所有常用工具（图6-5）。

④控制面板细节：面板有三种独立模式，分别支持建模、可视化和绘画（图6-6）。

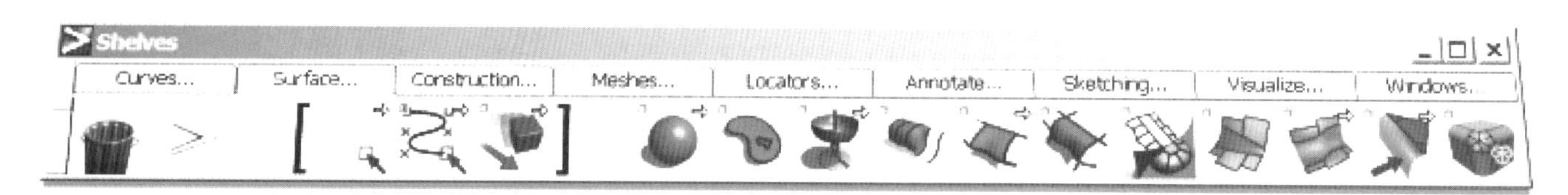

图6-5 工具架

⑤标记菜单：标记菜单是非常有特色的工具，同时按住 Shift 键和 Ctrl 键及某个鼠标键时会显示 Marking menus™（标记菜单）。了解主要工具的位置后，可以在标记菜单出现之前通过笔势指向选定工具的方向来激活该工具。标记菜单提供了选择工具的最快方法。掌握了菜单上各工具的位置后，即可使用此方法快速地选择工具。使用菜单的次数越多，就会越熟练，最后就能够通过快速手势来选择工具。

⑥在 AliasStudio 中有多种更改相机视图的方法，通常最有效的方法是旋转、推拉和平移。AliasStudio 提供了特殊的热键/鼠标组合键以快速使用这些移动模式。

在“Perspective”窗口中使用相机移动模式移动相机。按住Shift 键和 Alt 键进入相机移动模式，执行此过程的其他操作时请始终按住这些键。当用户在“Perspective”窗口中进入相机移动模式时，可能已经看到了“Viewing Panel”，使用此窗口，用户可以快速将“Perspective”窗口切换到模型默认视图或用户定义的视图（图6-10）。

图6-7（上左） 标记菜单鼠标左键示意图

图6-8（上右） 鼠标中键示意图

图6-9（下左） 鼠标右键示意图

图6-10（下右） Viewing Panel

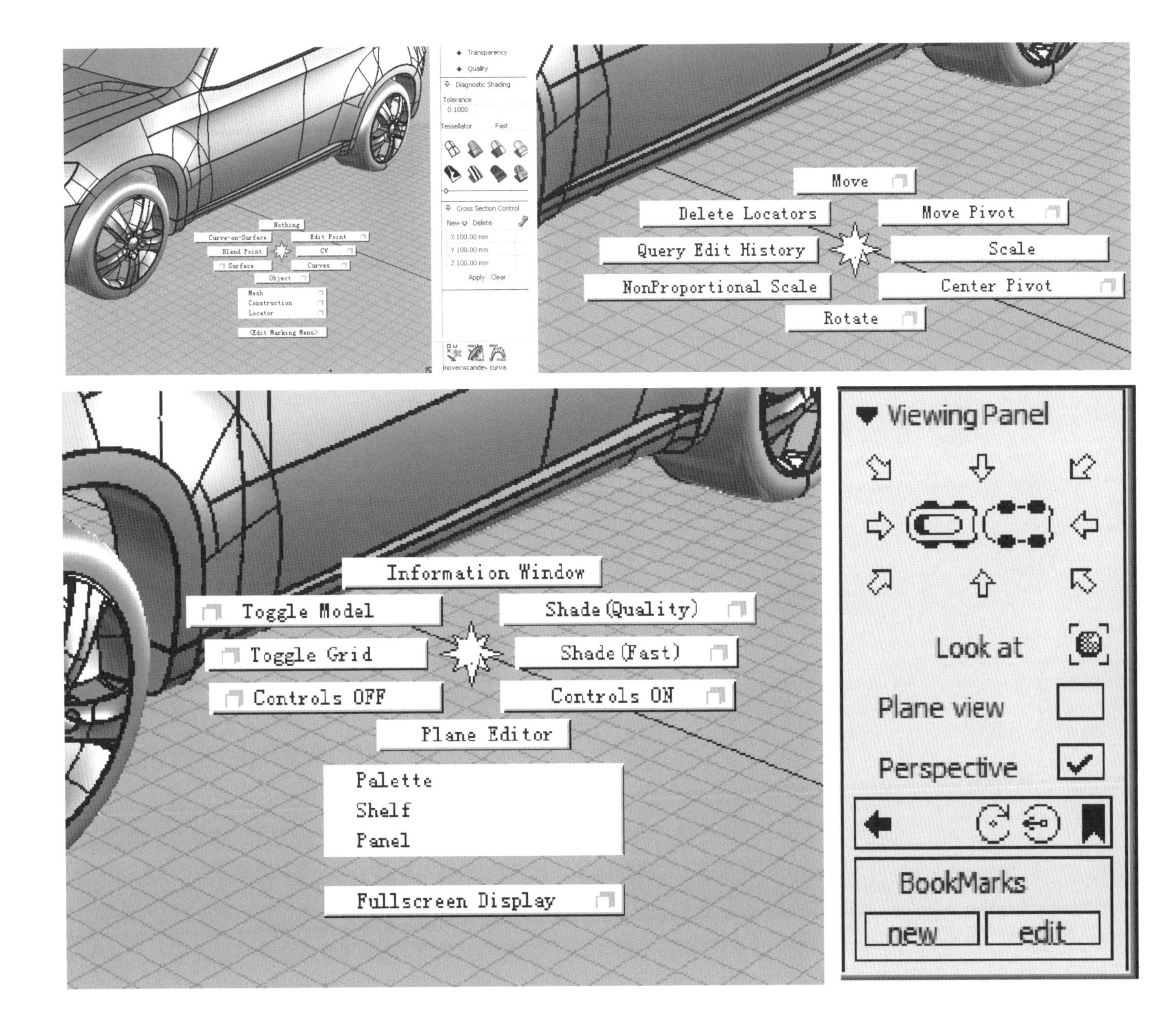

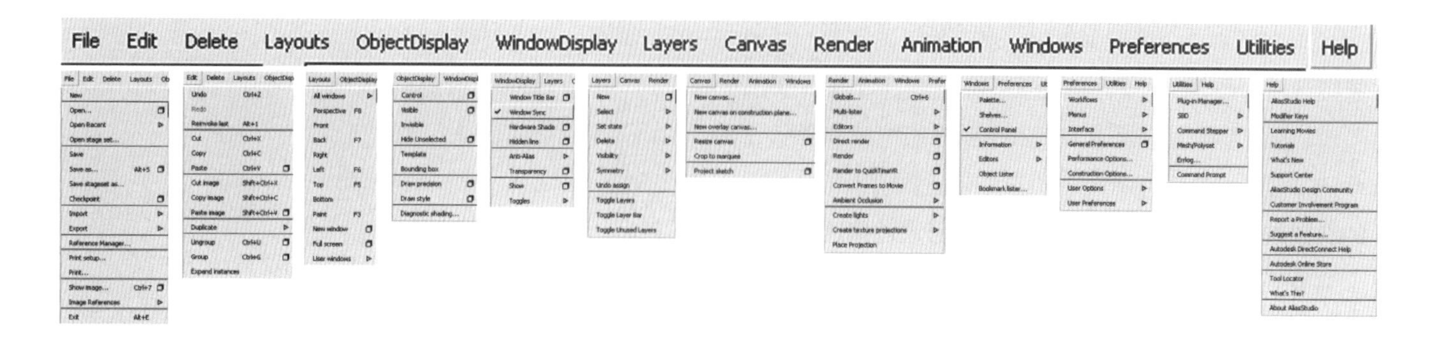

图6-11　AliasStudio 菜单栏

⑦AliasStudio 菜单栏是软件的基础，主要有以下几个栏目（图6-11）：

“File”主要的功能是打开文件、存储文件、输入文件、输出文件等；

“Edit”菜单的功能主要是往回退一步操作、重做、剪切、粘贴、阵列、群组等；

“Delete”主要用于删除被选择的物体、删除构建历史、删除标注、删除辅助线、删除视窗等；

“Layouts”主要是安排和设置窗口、摄像机等；

“ObjectDisplay”主要是对物体的隐藏的控制；

“WindowDisplay”主要是控制窗口中物体的不同光影模式的显示；

“Layers”主要是建立、调整、使用、显示、删除图层的命令；

“Canvas”主要是处理窗口中图像的命令；

“Render”是渲染、灯光、材质、贴图等命令；

“Windows”主要是有关开启工具箱、工具架、控制命令、参数面板、编辑命令面板等操作命令；

“Help”主要是Alias的帮助文件、学习视顿、教程、技术支持等一系列帮助文件。

6.2.2　AliasStudio建模基础模块

AliasStudio 中包含的对象五花八门，但是场景中的对象几乎都遵循相同的基本原则。所有这些对象都可以抽象化处理成为一个单元或图元。可将多个独立的对象组合成一个“新”对象。此概念在AliasStudio 中相当重要，有助于管理由多个部分组成的对象。

①文件操作模块：.wire文件是是Studio特有的原始模型的三维文件格式，保存在“Wire”文件夹中。还有Shaders、 Lights、Environments、Textures和SDL文件夹，它们与渲染和纹理贴图有关。Pix文件夹是渲染的场所，还是所有图像文件的“家”，用于任何类型图像纹理贴图。

②层的物体管理：理解和使用用于物体管理的层，是良好的工作流程所必需的。使用层组织用户的工作，将成组物体指定到具体的层。每层一个部分是推荐的策略。每层都具有单独的显示选项，通过一次处理一零件、每次一层（通过创建层），新创建的物体自动指定到创建层（默认）。通过将所有的层设置为某些非活动状态，用户可以逐层

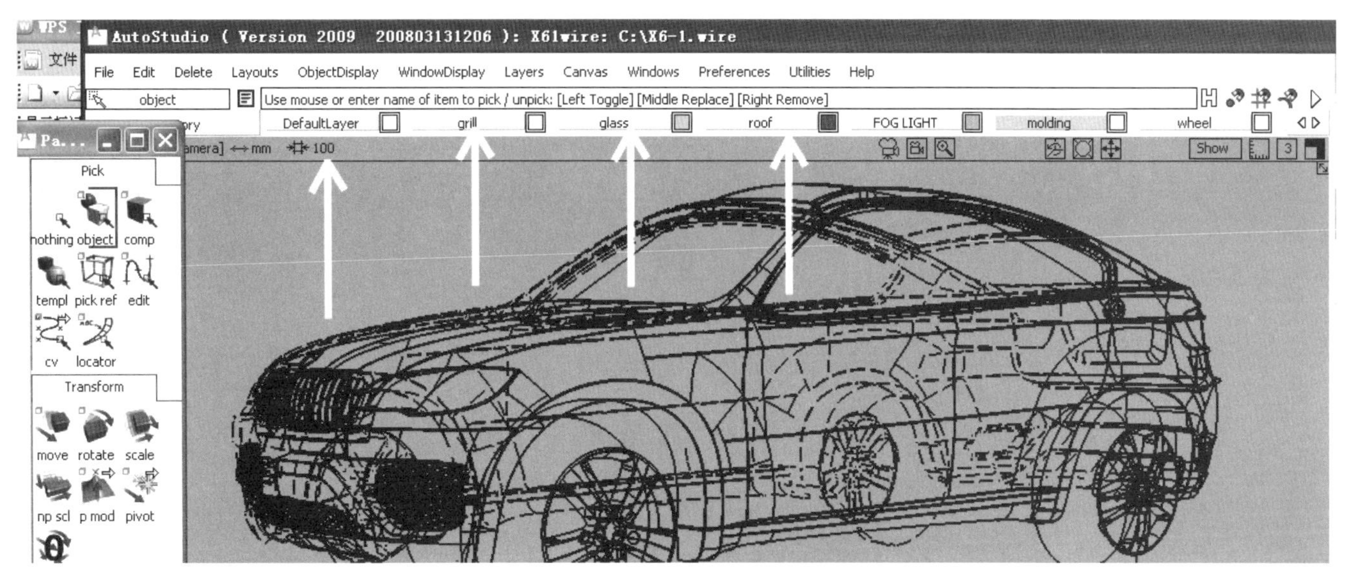

图6-12　层的物体管理

进行短时访问，使所选层激活（创建），同时保持工作结构良好和有效（图6-12）。

③AliasStudio 绘画模块：使用 AliasStudio 的草图绘制工具可以轻松地创建二维概念设计草图或注释三维模型或点云数据。可以将二维草图用作构建三维模型的参考，并反复地修改概念草图和三维模型。在启动 AliasStudio 时选择“Paint”相当于从界面中选择“Preferences”>“Workflow”>“Paint”。该操作将会针对二维（草图绘制）工作流自定义工具箱、菜单、工具架、标记菜单和控制面板。

图6-13　构建基本几何体

④基本构建几何体建模模块：Primitives（基本几何体）是预先构建的基本物体。它们由基本的几何图形组成。作为开始设计工作的基本构建模块，Primitives（基本几何体）是最重要的。它们产生良好的体积研究和/或根本的三维包装布局（图6-13）。

⑤曲面建模模块与基础：AliasStudio是一种NURBS（非均匀有理B样条曲线）曲面建模工具。学习使用NURBS几何体建模与学习使用任何物理或数字介质建模相似：用户需要了解材质的行为方式以及如何对其进行操纵以获得所需的形状。

NURBS是non-uniform rational B-spline的缩写，其含义是非均匀有理B样条曲线或曲面。它是用数学方法定义曲线、曲面和实体，NURBS造型总是由曲线和曲面来定义的，在制作各种复杂面造型方面有很强的优势。

NURBS建模对自由曲面的控制更加自由一些，几乎没有尺寸、形状的约束，比较适合在设计初始阶段进行方案的创意和推敲，NURBS曲面建模在协助设计者发挥其创造性方面有许多优点，建模过程基本上无拘无束，可以任意拖曳用于创建模型的各个元素，然后用叠加或切割的方法任意组合，实体与曲面之间可以随时转换，实体之间可以使用布尔命令进行切除或叠加操作，面片之间可以相互裁减、缝合曲线与面片可任意编辑，闭合的曲面则可以形成实体。同时NURBS数据一般都可以输出为CAD

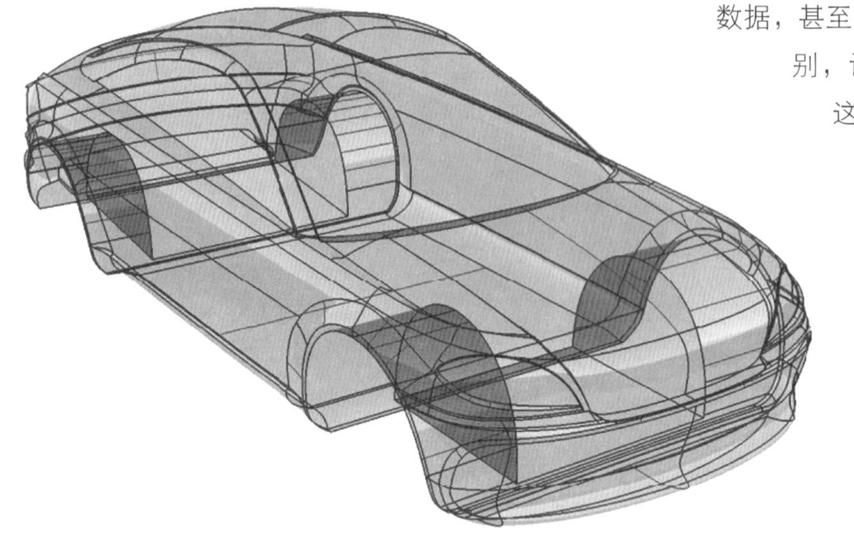

图6-14　NURBS建模

数据，甚至有些特征还可以在CAD软件中进行特征识别，识别后的参数化数据可以再次被编辑。这种建模方法产生的实体数据可以经过数据转换，与CAD/CAM系统数据接轨（图6-14）。

⑥曲线基础：在 AliasStudio 中，曲线是设计定义的第一级别，曲线在建模过程中扮演了重要的角色。曲线用于定义形状和轮廓，而形状和轮廓是创建曲面的基础。因此，应创建高质量的曲线，避免对创建的曲面应用设计不佳的形状或较大的几何体。曲线用于草绘、构建曲面、工程面上线(COS)、剪切其他曲线等。

⑦剖析曲线：AliasStudio 按不同方式绘制 CV点，使用户可以区分曲线的起点和终点。第一个 CV（曲线的起点）绘制为框，第二个 CV 绘制为一个很小的字母“U”，以显示从起点增加的 U 维度，其他所有 CV 都绘制为很小的 X。最前面的两个 CV 和最后面的两个 CV 分别定义曲线起点和终点的切线方向。该种几何图形的最简单形式具有1个跨距、4个CV以及每个端点一个编辑点。添加更多的CV时，也添加相应的编辑点和跨距。

⑧创建曲线：曲线和曲面工具的位置：AliasStudio 中曲线和曲面的创建和编辑工具都位于工具箱中。

AliasStudio 有三种类型的曲线：NURBS 曲线、过渡曲线和关键点曲线。

NURBS是 AliasStudio 中最常用的曲线类型，也称为自由曲线。

NURBS曲线可以通过以下方式绘制：放置控制顶点 (CV)或编辑点(EP)或进行徒手绘制（“Curves” > “Newcurve” > “New curve by sketch”）。

过渡曲线是具有特殊约束点（过渡点）的 NURBS曲线，提供了多种操纵工具，可用于放置和对齐曲线，并具有构建历史。默认情况下，这些曲线显示为绿色，并且具有十字形定位点。过渡曲线有自己的工具箱。过渡点可以通过“Blend Tools”工具箱进

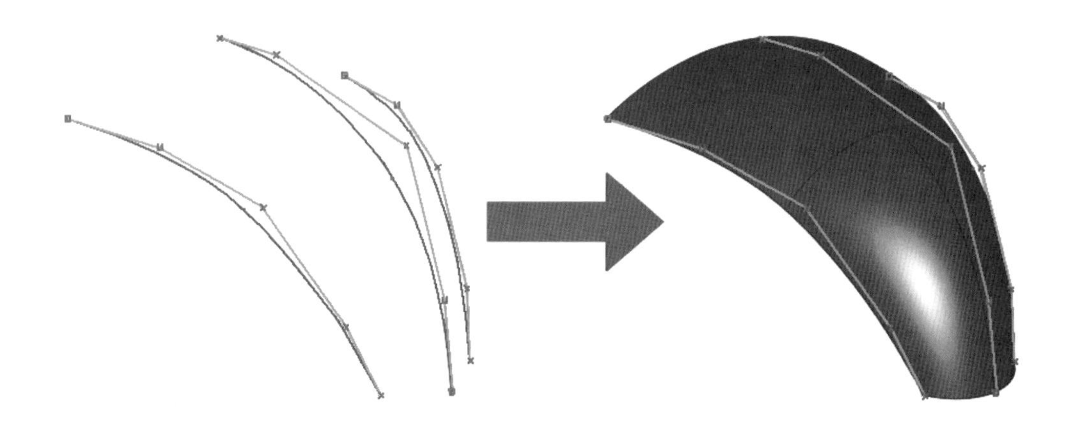

图6-15　剖析曲线

行编辑，也可以通过“Pick”>“Point Types”>“Blend Point”和“Transform”工具进行编辑。

关键点曲线是具有特殊约束的 NURBS 曲线，用于生成类似 CAD 样式的直线和圆弧。默认情况下，这些曲线显示为蓝色，并具有方形定位点。关键点只能通过“Palette”>“Transform”>“DragKeypoint”以交互方式移动。

曲线越简单越好。曲线是创建曲面的基础。设计不佳的曲线会导致创建的曲面质量拙劣。在工作时，应果断地重新构建曲线，使其尽量简洁，特别是在通过插入点、连接曲线等操作对曲线进行过编辑后。

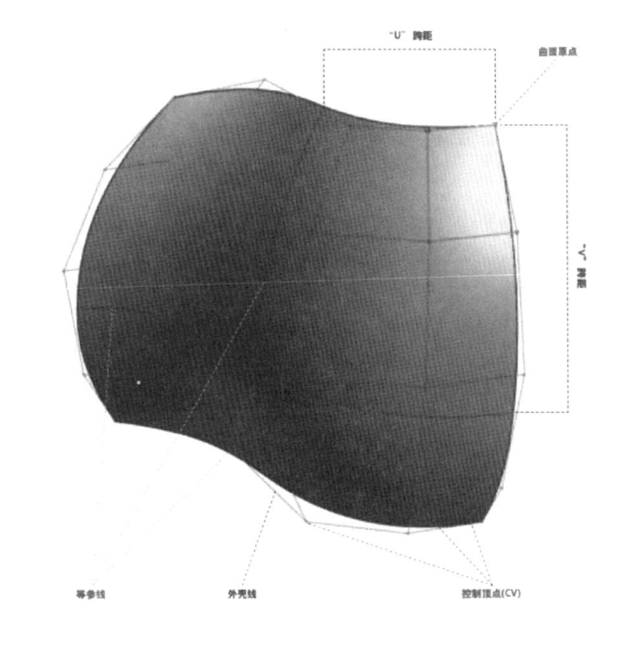

图6-16　曲面构成

⑨曲面：使用 NURBS建模需要使用一些策略。曲面工具可以帮助用户创建曲面，但不能指明创建的对象类型，也不能表明创建此模型的目的，熟悉各种建模技术后，用户将能够确定获得所需形状的最佳方法。

创建曲线的所有规则都适用于曲面。不同之处是曲面几何形状描述为具有两个参变量方向，这两个方向命名为U和V。考虑这两个方向定义网格，然后应用到三维空间（曲面仍定义“自己”的二维“区域”，即使该区域已经应用到三维空间）。最简单的曲面包括每个U和V方向一个跨度，产生一个跨距方形曲面，具有16个CV的控制网络。所有的NURBS曲面都具有四个边，边数更少的几何形体也是如此。

使用AliasStudio，用户可以结合程序建模、直接建模和经过修剪的曲面来开发自己的数字模型。因此，可以使用不同的方法获得相同的形状。尽管这可能会使建模过程复杂化，但这意味着 AliasStudio 的功能多样性可支持多种建模应用程序。

⑩曲面建模的通用规则：保持简洁的曲面：用尽可能少的CV数开始生成表面，创建尽量少的数据量。方案包括造型最简单的曲面，然后只在需要的位置添加(插入CV)更多的控制。模型从简单的形式发展而来，然后适当的增加复杂性。

重建曲面是有效减少数据量的好方法。有时完全手动重建是适当减少数据量所必需的。

始终在编辑点或等参线中间插入。确保最佳的质量和曲面特性的最佳控制。

转化CV，而不是编辑点。这也是一个控制问题。通过CV操作，用户可以获得曲线的更多控制。而且，曲面没有编辑点操作，这样拉动CV是用户现实的选择。

尽可能拉动CV点：Alias最有作用的功能之一是通过曲面的CV操作给定曲面内部的能力。

⑪ALIAS主要的曲面工具（图6-17）：

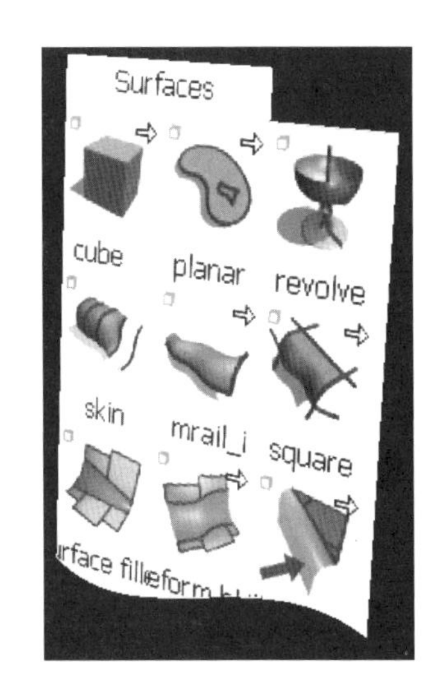

图6-17　曲面工具

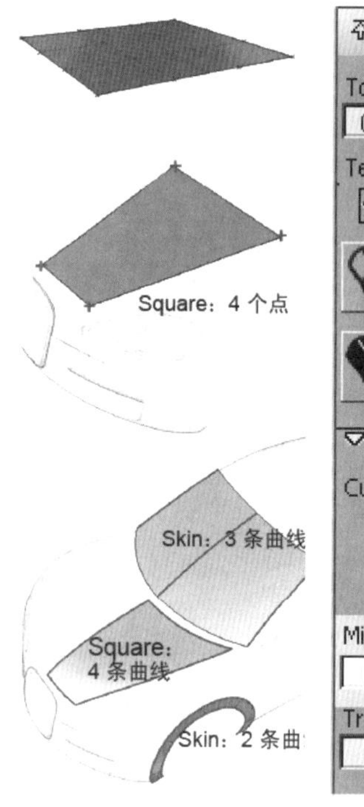

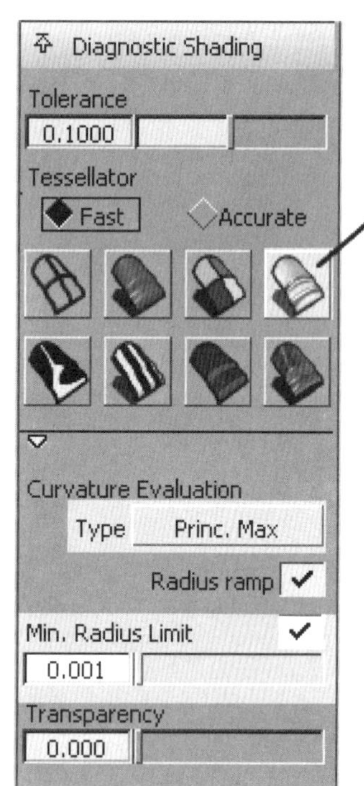

图6-18（左） 生成曲面的思路

图6-19（右） 曲面评估

主要的由曲线生成曲面的方法思路见图6-18。

⑫主要建面工具：“Surfaces”>“Surface Fillet”在两组切线连续曲面（不变、可变或弦型）之间创建过渡曲面（提供了很多其他高级选项）。

“Surfaces”>“Square”通过过渡四条边界曲线（或曲线段）创建曲面，同时保留与相邻曲面之间的连续性。“Square”工具生成在相对边之间“拉伸”的“面片”。

“Surfaces”>“Extrude”通过沿着路径曲线延伸形状曲线来创建新曲面。通常用于创建具有对称横断面的管状对象。

“Surfaces”>“Rail”通过沿着一条或两条轨道曲线扫掠一条或多条轮廓曲线来创建曲面。 这是最常用的 AliasStudio 曲面创建工具之一。此工具功能非常强大，可沿着一条或两条路径曲线扫掠一条或多条形状曲线，同时提供高级控件，例如边连续性、曲面重建、曲面复杂性控制、轮廓绘制等。

“Surfaces”>“Skin”允许用户通过跨横断面曲线对 NURBS 曲面进行“蒙皮”来创建曲面。 “Surfaces”>“Revolve” 通过绕某个坐标轴扫掠曲线创建新曲面，可产生类似于车削的效果。

“Surfaces”>“Planar”根据一组平面边界曲线创建经过修剪的 NURBS 曲面。

⑬AliasStudio还可以进行A级曲面建模与高级曲面评估，对已完成模型执行详细分析与全局评估。

AliasStudio导入或导出曲面模型时，检查该模型是否符合所需的连续性。可针对所有三种连续性类型（ “POSITION” 、 “TANGENT”和“CURVATURE” ）评估模型。只有在选择整个模型后，才可以执行评估。若要开始评估，双击“Evaluate”>“Continuity”>“Surface continuity”工具图标，生成一个选项框。

⑭AliasStudio可视化模块：对曲面进行可视化的能力对于正确创建曲面非常重要。AliasStudio 提供了多种评估工具，可进行全面的曲面分析，用户可以在工具箱和控制面板中找到这些工具。AliasStudio 使用了多种可视化技术，有助于建模和创建图像。

交互式着色显示：使用计算机的显卡来显示曲面。交互式着色显示有两种类型：硬件渲染和诊断着色显示。任何一种都可以进行模型可视化，但二者提供的功能并不相同。

线框显示：线框提供了一种针对几何体的有效的视觉反馈，但不会帮助用户可视化曲面外观。

诊断着色显示：诊断着色显示位于菜单栏的“Object Display”和控制面板中，可快速对曲面进行着色显示。这些控件的作用很简单，就是自动对整个模型或特定目标曲

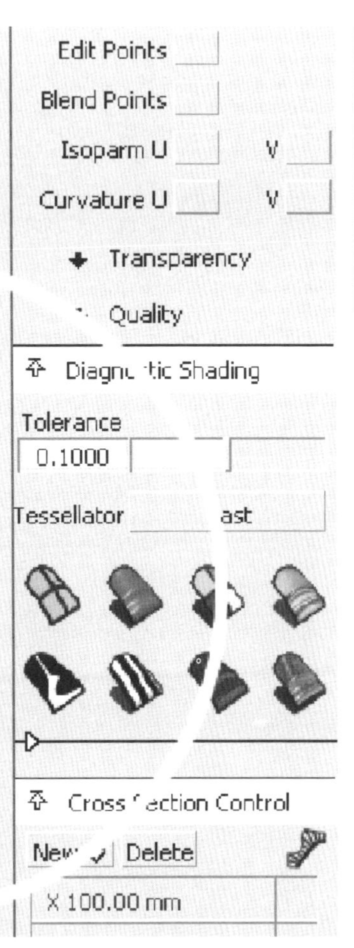

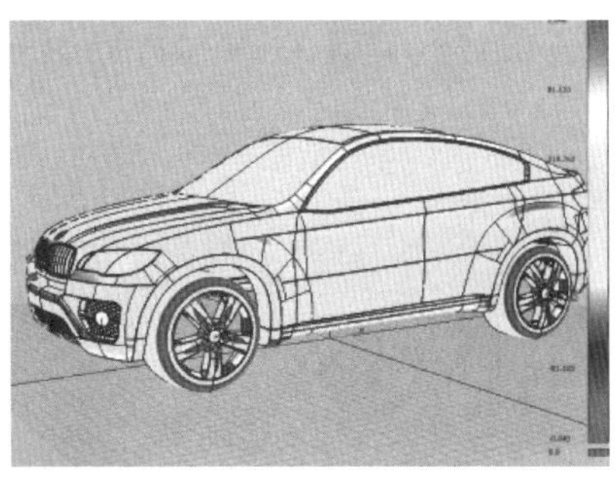

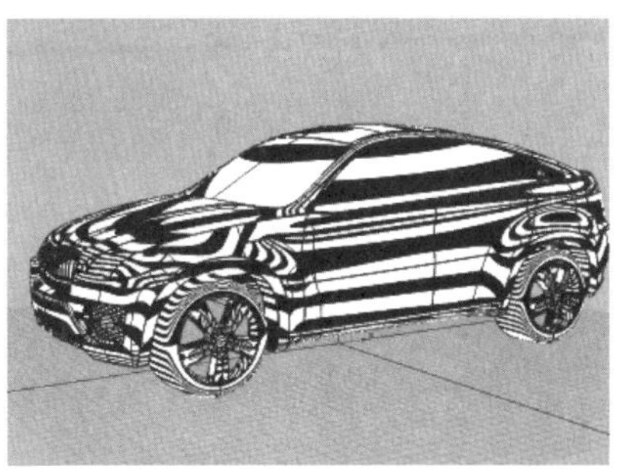

面进行着色显示。

图6-20 可视化模块

⑮多功能渲染控制：Multilister用于创建和编辑阴影、灯光和环境控制。可对所有这些实体进行多种操作并将其分配给任何曲面。只需双击这些图标，便可打开编辑器，通过编辑器可访问它们的多层属性。此外，编辑器还可启用其他参数的应用：例如“Texture Mapping（纹理贴图）”。

⑯渲染模块：除了交互式渲染外，大多数 AliasStudio 产品都提供了生成效果和渲染的工具。这些工具位于“Render”菜单中，包括适用于渲染输出、编辑器和渲染功能的所有全局设置。

图6-21 渲染控制

⑰数据交换模块：AliasStudio几何体使用一种称为“wire”的格式，文件扩展名为 .wire。AliasStudio只能使用该格式导入其他AliasStudio 数据。对于其他所有 CAD 系统，需要将数据转换为标准文件格式之一。IGES

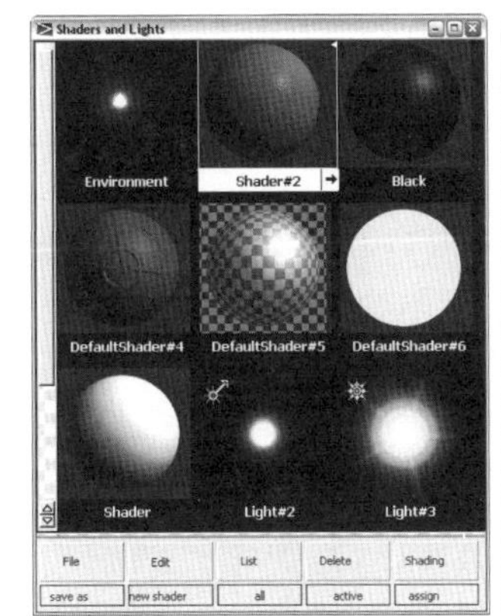

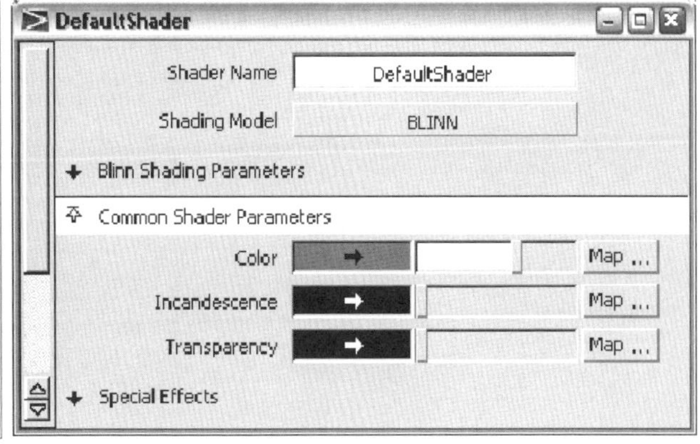

图6-22 渲染

文件格式是最通用的数据格式，若要从 AliasStudio 中导出，请选择要传输的对象，使用"File" > "Export" > "Active As…" 打开选项窗口，然后选择 IGES 文件格式。

若要导入到 AliasStudio，请使用"File" > "Open" 或 "File" > "Import"。默认情况下，这些文件存储在"wire"目录中。除使用行业标准格式外，还有一些用于通用 CAD 系统的直接转换格式可供购买。例如，CATV5 DirectConnect 是一个独立的实用程序，支持在 AliasStudio 与 CATIA 之间交换三维模型数据。默认情况下，AliasStudio 不会自动保存数据，所以用户必须定期保存工作成果，以便为后续的加工制造做好准备。

⑱AliasStudio 中的动画模块：AliasStudio 提供两种动画创建方式，一种是自动动画创建方式，用户只需插入参数，AliasStudio 会创建动画；另一种是手动的自由动画创建方式。

手动创建动画的基本工作流是：

a. 创建模型。

b. 决定动画要持续的时间并在 AliasStudio 中创建所需数量的帧。

c. 使用基本技术，在动画的持续过程中改变场景：

将要创建动画的对象（包括相机）放在所需的位置，并使用所需的值将其放在时间轴的每个点上，然后将这些帧标记为关键帧。

设置对象随时间推移而移动的运动路径。

对于更高级的动画，AliasStudio 能够沿时间轴改变对象或材质球的所有特性，而不是仅改变位置。

d. 决定对象在各帧之间应如何进行过渡。

对于更高级的动画，可使用"Action window"、表达式（决定时间与对象特性之间关系的数学公式）和约束，创建更逼真的自动效果；

e. 预览或渲染动画。

由于动画模块在产品设计与建模中使用较少，本书不做详细介绍。

AliasStudio 的功能涵盖的范围非常广泛，能够在产品设计全流程介入设计并提高效率，进行快速产品开发并完成生产与制造。会使用户的设计技能更加出类拔萃，获得最佳效果。下一章节我们就以几个由浅入深的实例来说明AliasStudio 的建模流程。

07 Alias应用案例

7.1 Alias简单曲面建模——莱特光学仪器（APD-100 Laite Optical Instrument_欧爱设计）

本章节以莱特光学仪器为例，让大家学习使用简单的建模工具建立曲面模型及一些细节的方法。

建模思路：这是一个左右对称的模型，所以建模时只需要建一半，完成之后再镜像就可以了。

7.1.1 准备工作

①新建一个名为image的图层。用鼠标激活Top视窗，在菜单中点击“File”>“Import”>“Canvas image”，选择莱特光学仪器顶视图导入窗口。使用同样的方法，分别在Left视窗和Back视窗内导入莱特光学仪器的左视和后视图图片。

②新建一个名为front的图层。用鼠标激活Back视窗，在菜单中点击“File”>“Import”>“Canvas image”，选择莱特光学仪器前视图导入窗口，并用同样的方式将其设为半透明状态。然后点击Front图层下的Visible按钮，使其处于未激活状态，隐藏该图层。

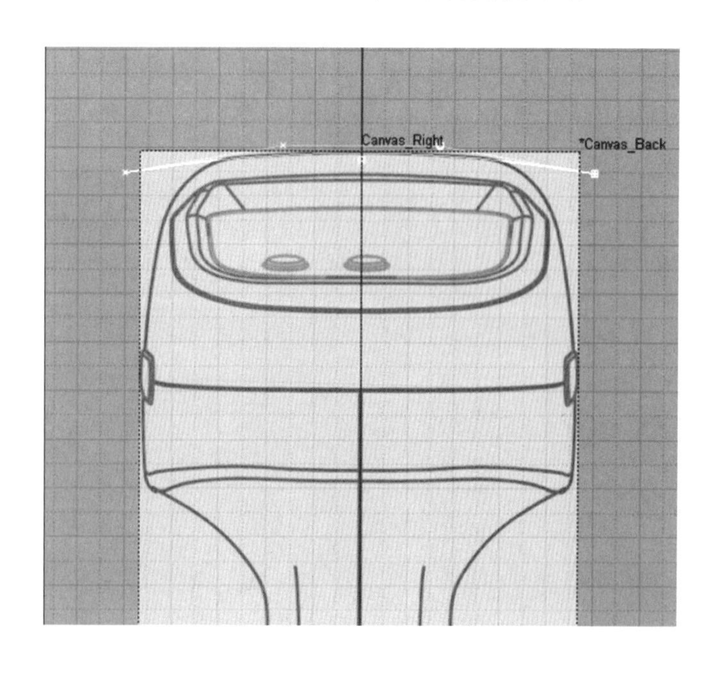

图7-1　顶部大面

7.1.2 创建模型主体

（1）顶部大面的建立

①在工具箱中选择Curves>New Curve(edit point)，双击打开，将其Curve Degree 设为3。

按住Alt键(捕捉到网格)，画出如图所示曲线。注意上下要对称(这样可以使建立的面从中间拆分后仍具有很好的连续性）。

使用Move工具，把曲线调节到合适位置。调节CV点，使其最终在后视图中呈现如图所示的形状（图7-1）。

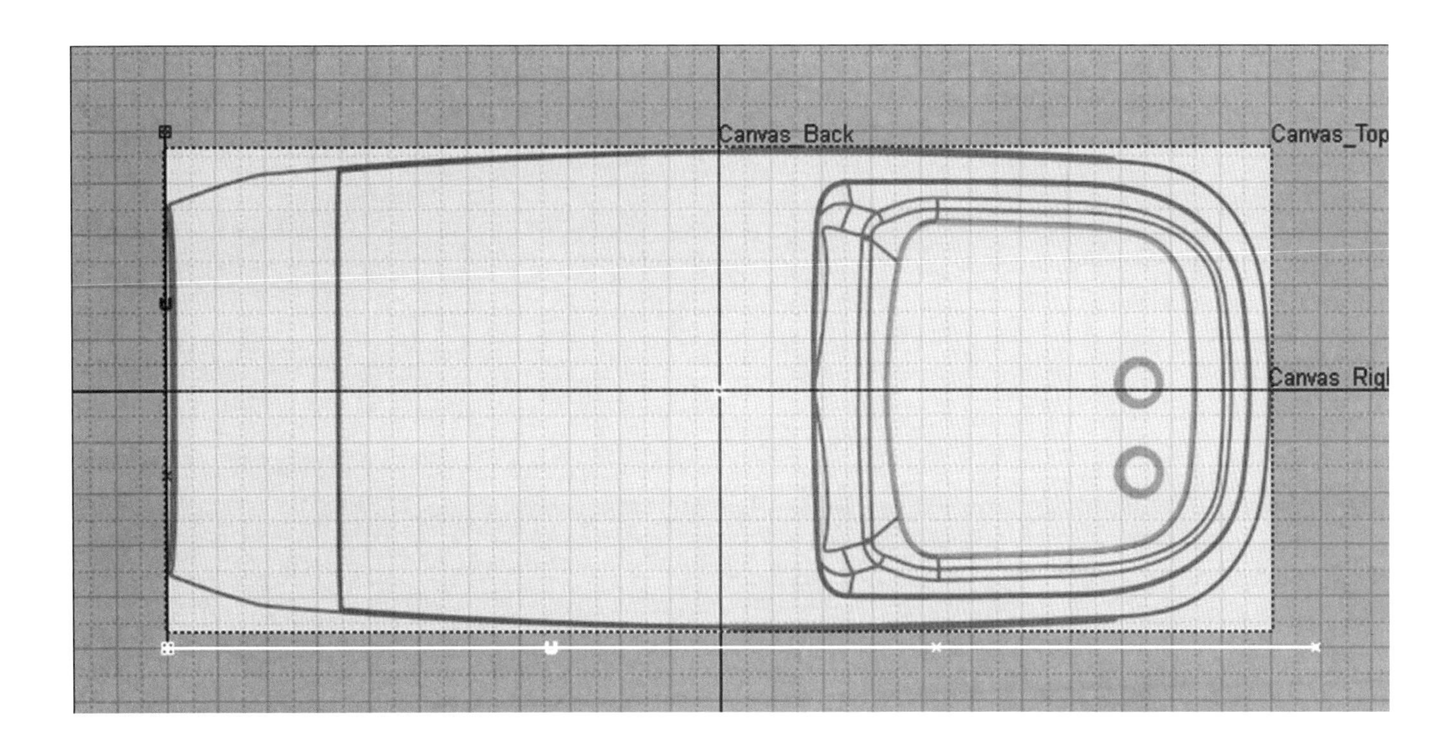

图7-2　绘制曲线

提示：使用Move工具移动曲线，曲面或调节CV点时，在三视图中，中键是水平方向移动，右键是垂直方向移动；在用户视图中，左键是x方向移动，中键是y方向移动，右键是z方向移动。

此处曲线CV点的调节中，保证中间两个CV点处于同一水平高度并左右对称，两边两个CV点处于同一水平高度并左右对称，这样的处理使得建出的大面分割后再镜像，仍能保持很好的连续性。调节此类曲线CV点时，可以先选中曲线，在工具箱中选择“Transform”>“Center pivot”，使其pivot 处于曲线中心位置，再点击同一水平方向的两个CV点，运用工具箱中“Transform”>“scale”，在水平方向缩放这两个CV点，就能保证其左右对称了。

②在工具箱中选择“Curves”>“New curve”(edit point)，保持其Curve Degree仍为3，在顶视图中绘制一条曲线，注意第一个CV点捕捉到上一条曲线的起点（按住Ctrl键），并且所有CV点在同一水平高度（绘制曲线时使用鼠标中键）（图7-2）。

在左视图中调节CV点，使其尽量平行于外轮廓线，在工具箱中选择“Surfaces”>“Rail surface”，双击打开，选项设置如图7-3所示。

图7-3　调节CV点选项

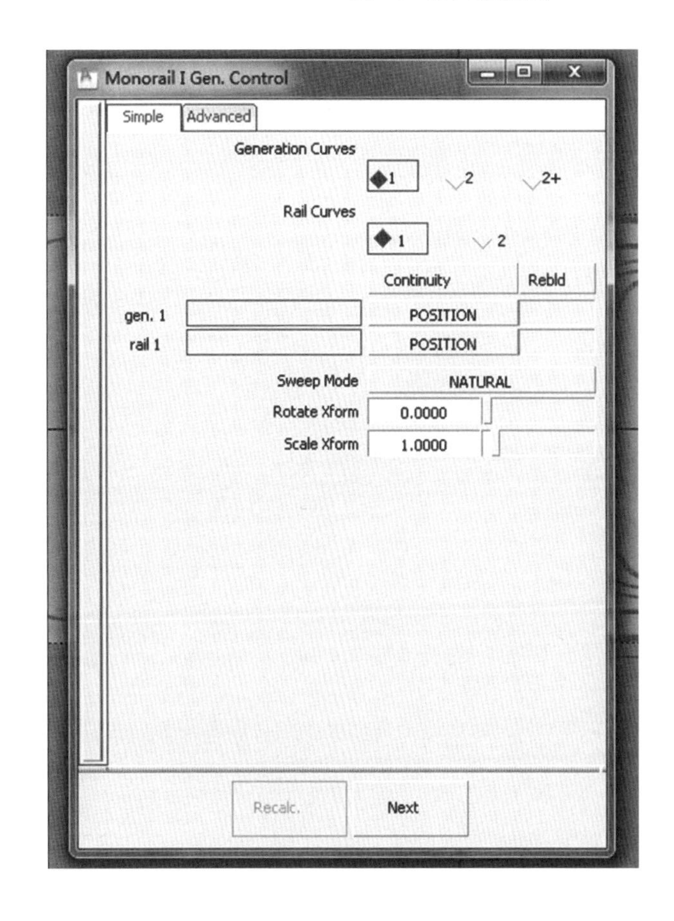

图7-4　曲面成品

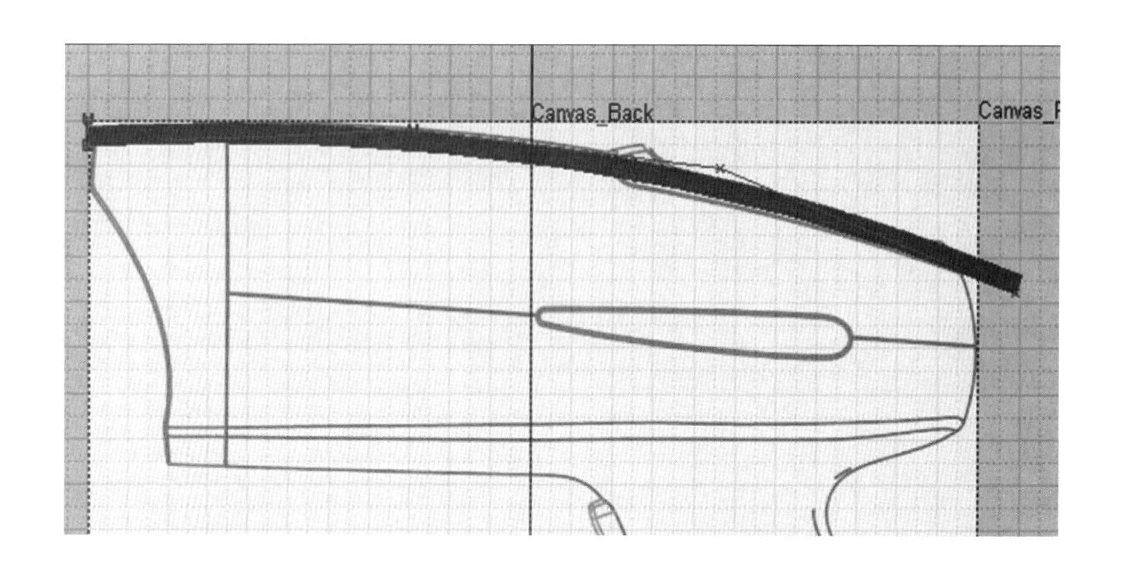

依次选择绘制的两条曲线，所建曲面在左视图中如图7-4所示。

提示：如果所建曲面仍不够理想，可通过微调曲线CV点再次修改曲面，使其更理想。

（2）侧面大面的建立

①在工具箱中选择“Curves”>“New curve”（edit point），保持其Curve Degree仍为3，在左视图中利用网格捕捉工具（Alt键）绘制一条曲线，平移到轮廓线处（图7-5）。

在后视图中移动曲线，调节CV点，效果如图7-6所示。

图7-5（左）　平移曲线

图7-6（右）　移动曲线

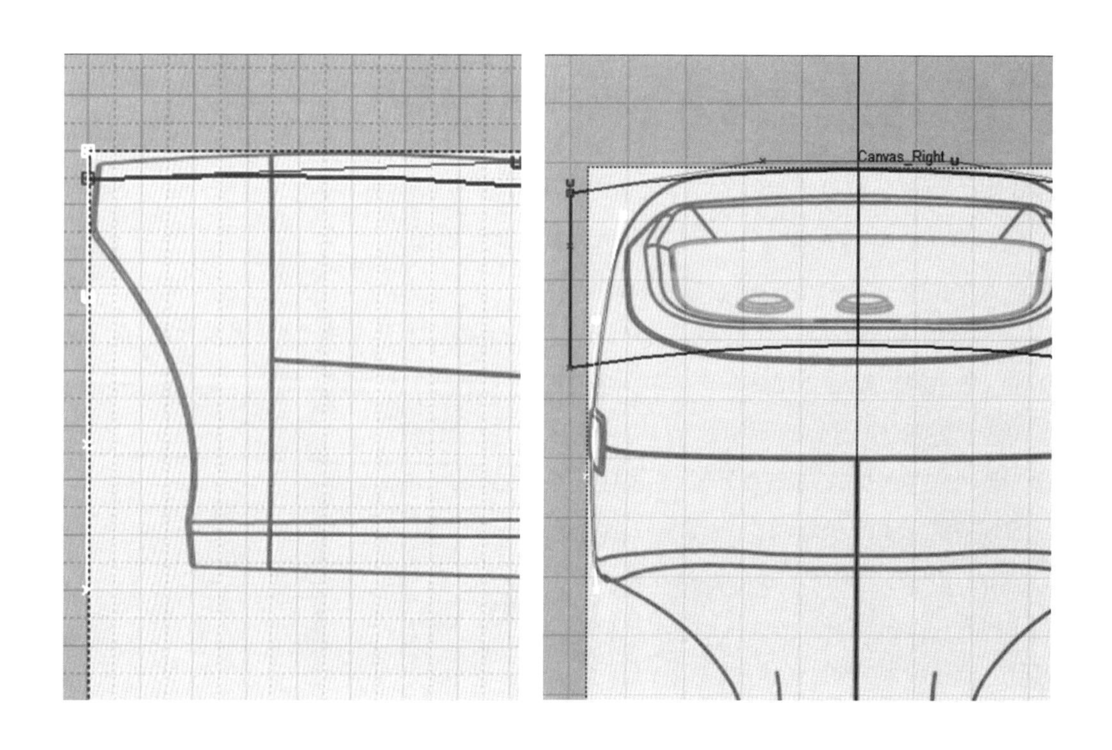

②在工具箱中选择“Curves”>“New curve”(edit point)，保持其Curve Degree仍为3，在顶视图中绘制一条曲线，注意第一个CV点捕捉到上一条曲线的起点（按住Ctrl键），并且所有CV点在同一水平高度（绘制曲线时使用鼠标中键）（图7-7）。

在顶视图中调节CV点，使其尽量平行于外轮廓线，在工具箱中选择“Surfaces”>“Rail surface”，双击打开，保持其数据设置不变（Generation Curves 为1，Rail Curves为1）依次选择绘制的两条曲线，所建曲面在顶视图和后视图中如图7-8所示。

当曲面较少时，校准某一曲面外形，可以直接选择菜单栏ObjectDisplay>Invisible把其他曲面先隐藏。

（3）底面大面的建立

①在工具箱中选择“Curves”>“New curve”（edit point)，保持其Curve Degree仍为3，在左视图中利用网格捕捉工具（Alt键）绘制一条曲线，平移到轮廓线处，隐藏image图层，显示front图层。

在后视图中移动曲线，调节CV点，使其中间两个CV点处于同一水平高度并左右对称，两边两个CV点处于同一水平高度并左右对称（方法如前面所授），隐藏front 图层，显示image图层，效果如图7-9所示。

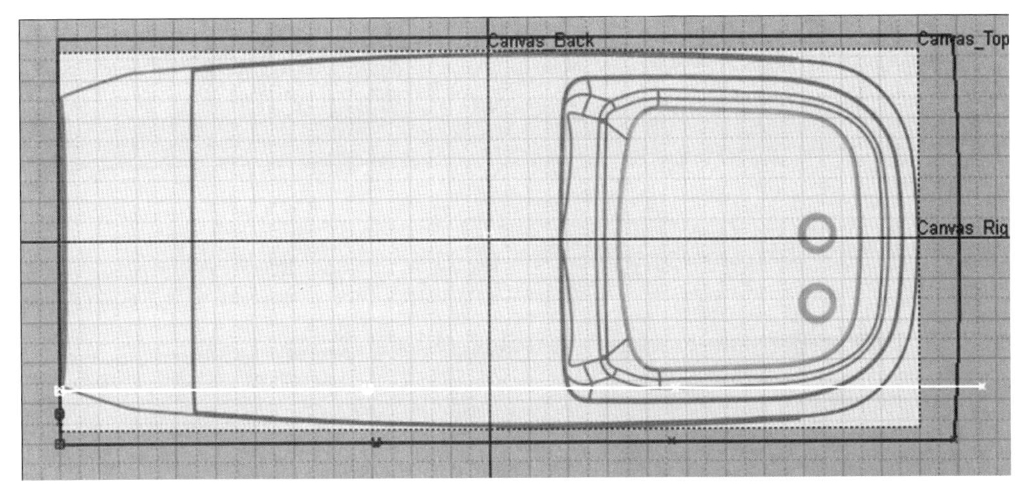

图7-7　绘制曲线

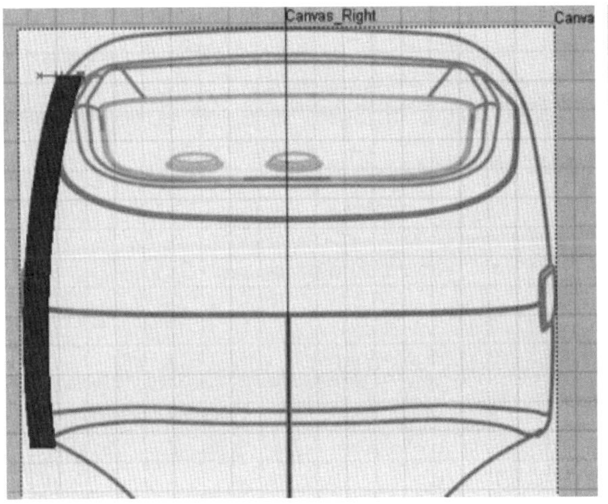

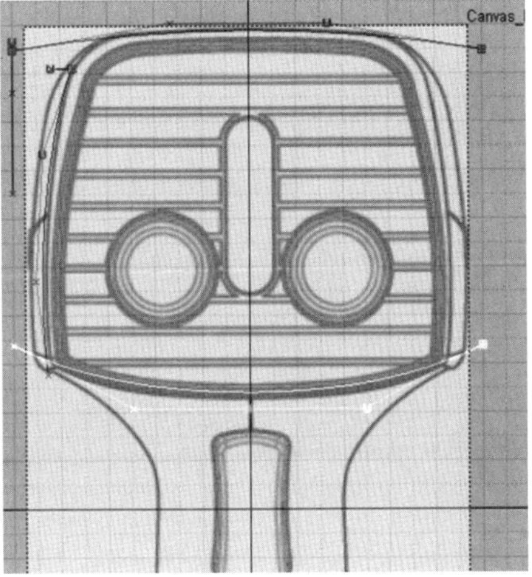

图7-8（左）　选择曲线

图7-9（右）　调节CV点

图7-10　绘制曲线

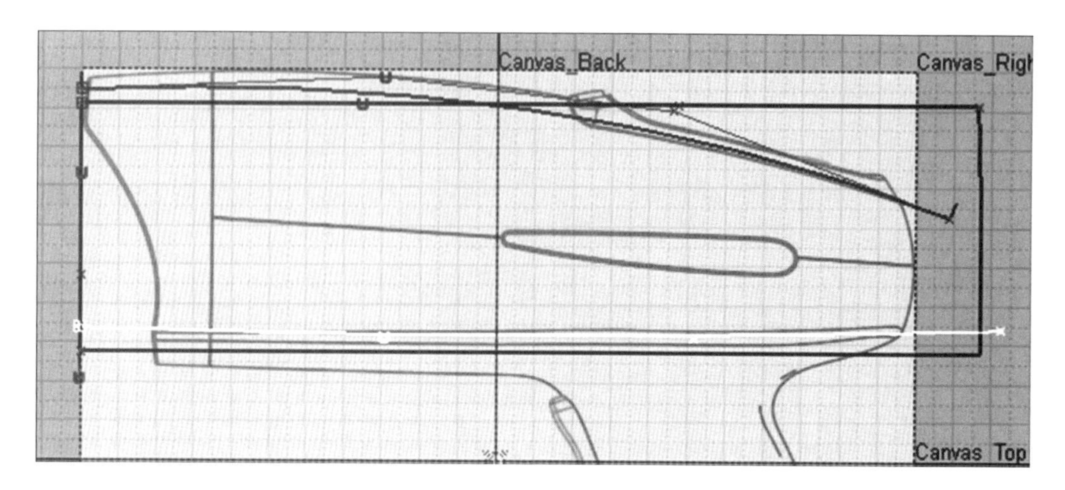

图7-11　选择曲线

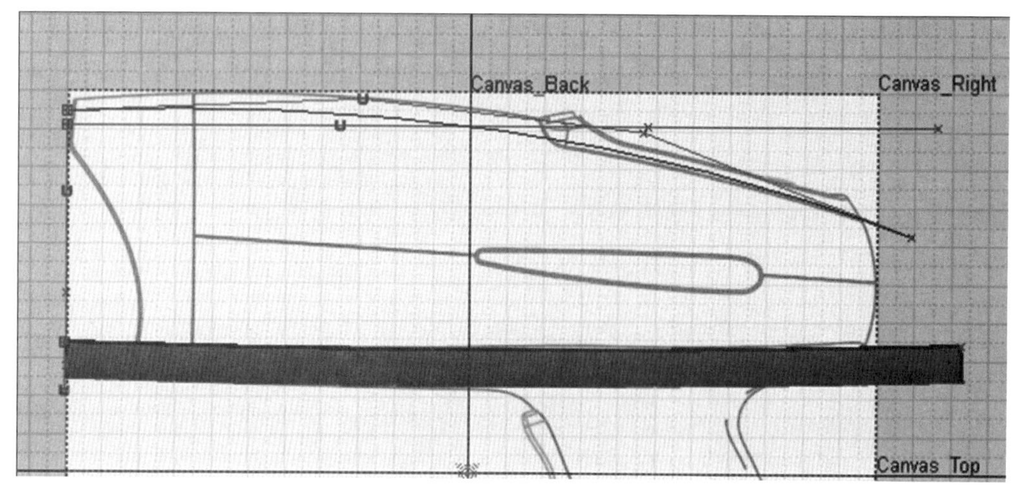

②在工具箱中选择“Curves”>“New curve”(edit point)，保持其Curve Degree仍为3，在左视图中绘制一条曲线，注意第一个CV点捕捉到上一条曲线的起点（按住Ctrl键），并且所有CV点在同一水平高度（绘制曲线时使用鼠标中键），调节CV点，使其尽量平行于外轮廓线，效果如图7-10所示。

图7-12　底面大面

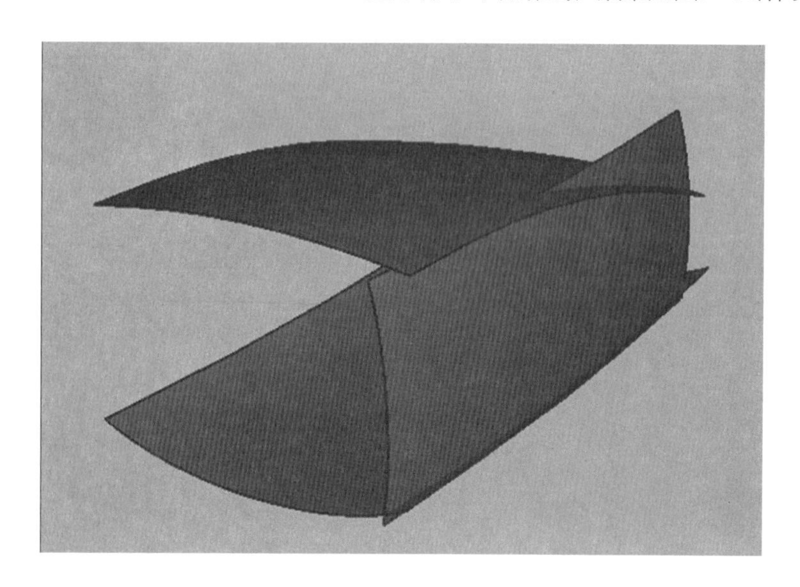

③在工具箱中选择“Surfaces”>“Rail surface”，双击打开，保持其数据设置不变（Generation Curves为1，Rail Curves为1）依次选择绘制的两条曲线，所建曲面在左视图中如图7-11所示。

新建一个名为body的图层，将所有Surface标记到该图层。

新建一个名为curves的图层，将所有Curves标记到该图层，并隐藏该图层。

所建曲面在透视图中的效果如图7-12所示。

（4）主体上部大面的切割

选中所有surface，在菜单栏中选择“Delete”>“Delete construction history”，删除其构建历史。在外形确定的情况下，应及时删除构建历史，避免计算机计算出错。

①在工具箱中选择“Object Edit”>“Detach”，选中顶面的侧边，按住Alt键（保证分割线绝对平分面），将分割线移到中间位置，点击GO。再选中底面的侧边，按住Alt键，将分割线移到中间位置，点击GO。

删除内侧不要的那块面，最终效果如图7-13所示。

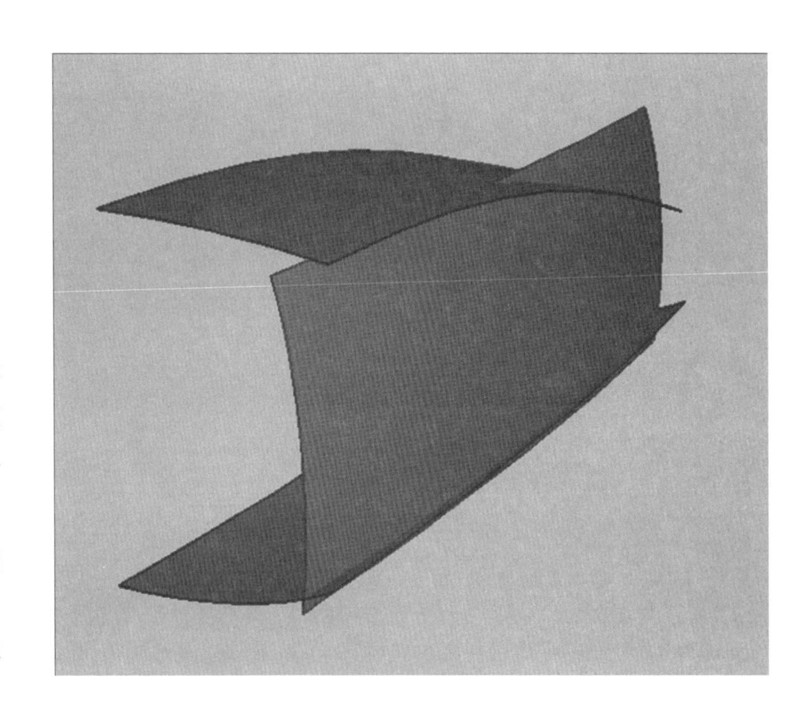

图7-13　切割面

②以顶视图为参考，在Top视窗中画投影线。

在工具箱中选择“Curves”>“New curve”（edit point），保持其Curve Degree仍为3，利用网格捕捉工具在大致分割位置画出所需曲线，并用Move工具移动到所需位置，调节CV点，效果如图7-14所示。

③在工具箱中选择“Surface Edit”>“Project”工具，在Top视窗中依次选择对应的曲面和曲线，将其投影（其中，上面一条曲线投影到顶面上，下面一条曲线投影到底面上）。

④以左视图为参考，在Left视窗中画投影线。

在工具箱中选择“Curves”>“New curve”（edit point），保持其Curve Degree

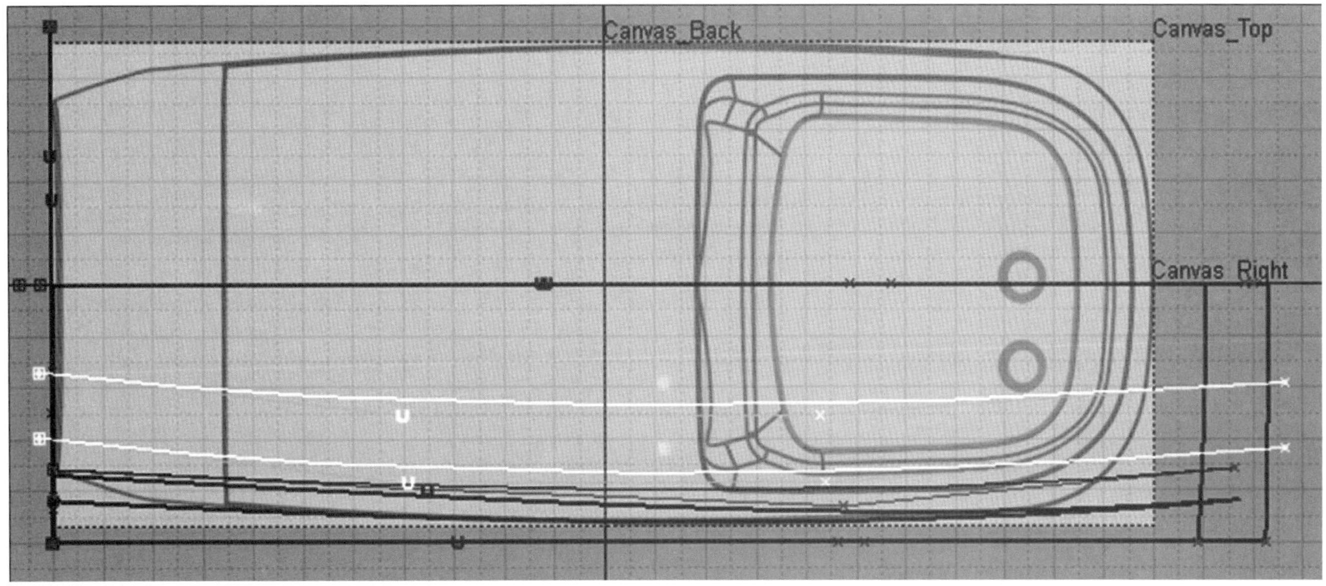

图7-14　移动曲线

图7-15 移动曲线

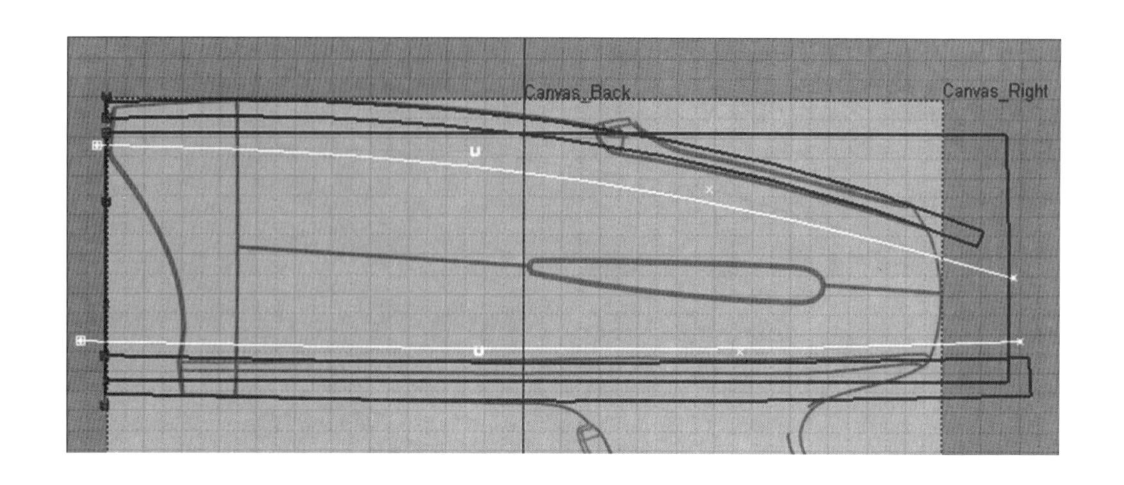

仍为3，利用网格捕捉工具在大致分割位置画出所需曲线，并用Move工具移动到所需位置，调节CV点，效果如图7-15所示。

⑤在工具箱中选择“Surface Edit”>“Project”工具，在Left视窗中选择对应的曲面和曲线，将其投影。

⑥在工具箱中选择“Surface Edit”>“Trim”，选择要剪切的曲面，把十字符号点击到要删除的部分，点击右下角的Discard ，对三个面进行剪切，最终效果如图7-16所示。

⑦以顶视图为参考，在Top视窗中画投影线。

在工具箱中选择“Curves”>“New curve”(edit point)，保持其Curve Degree为1，用网格捕捉工具在大致分割位置画出所需曲线，并用Move工具移动到所需位置，效果如图7-17所示。

⑧在工具箱中选择“Surface Edit”>“Project”工具，在Top视窗中依次选择所有的曲面和三条曲线，将其投影。

⑨在工具箱中选择“Surface Edit”>“Trim”，选择要剪切的曲面，把十字符

图7-16(左) 剪切面

图7-17(右) 绘制曲线

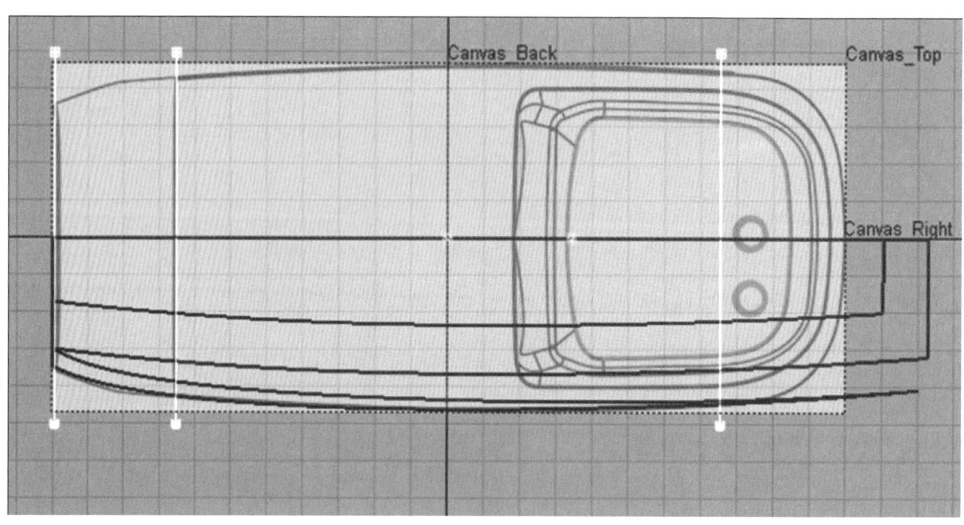

号点击到要删除的部分，两边的投影线产生的碎面要删除，点击右下角的Discard，对所选面进行剪切，中间的投影线只是对面进行分割，点击右下角的Divide，最终效果如图7-18所示。

图7-18 最终效果

（5）创建主体上部的过渡面

因为主体前面的开口部分曲面的走势有所变化，所以我们将每一个过渡面分成两部分来建，先建后半部分。

①在工具箱中选择“Curves”>“Blend curve toolbox”，在弹出的窗口中，选择“Create blend curve”，并将曲线连续性设为G2。运用曲线捕捉（Alt键+ Ctrl 键），沿着顶面和侧面后半部分的边界，画出一条blend曲线。

选择曲线的两个控制点（Blend Point），点击操纵手柄，可调节曲线的形状，使其与曲面的过渡更加自然，虚线表示的扇形平面不建议改动，因为会影响曲线和曲面间的连续性（图7-19）。

②用同样的方法画出过渡面所需的另外一条曲线，在后视图中调节曲线，如图所示（图7-20）。

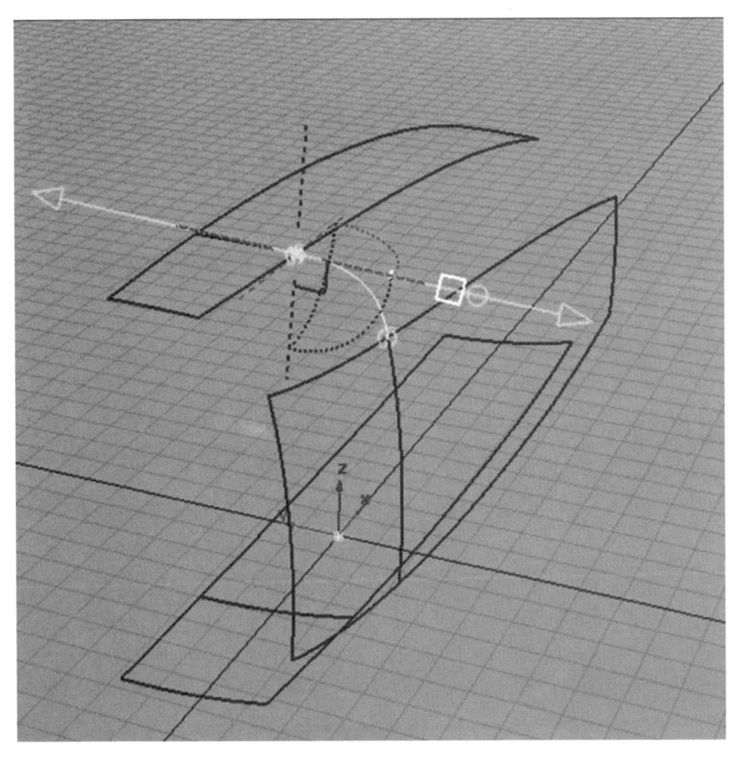

图7-19 调节曲线

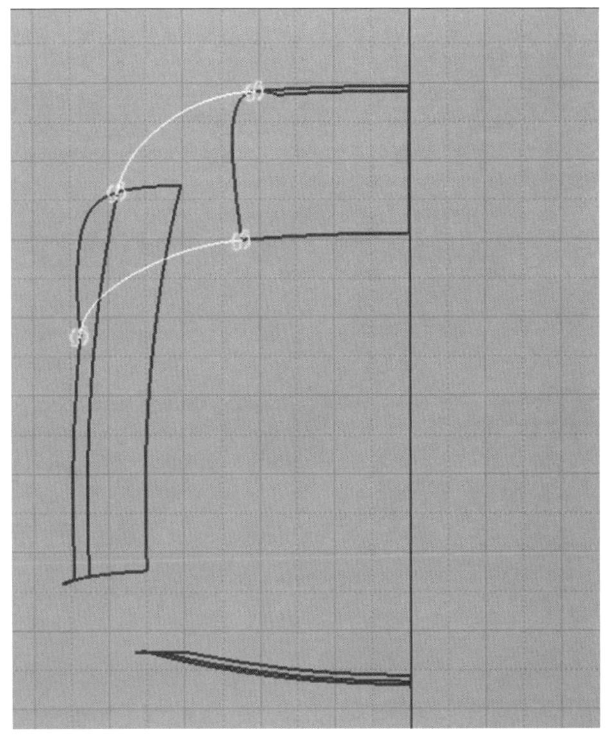

图7-20 另一条曲线

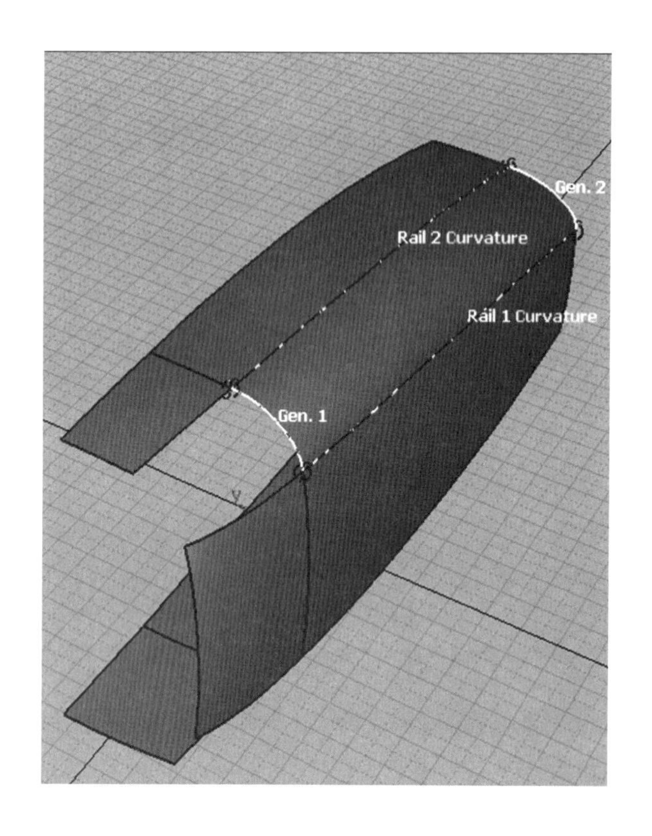

图7-21　设置曲线

调节曲线时，可以灵活在三个视图中多做尝试，以获得最佳效果。

③ 在工具箱中选择"Surfaces" > "Rail surface" ，双击打开，将Generation Curves 设置为2、Rail Curves 设置为2，选择两条Blend曲线为Gen线，曲面边界为Rail线，所建曲面在左视图中如图7-21所示。

提示：如果对曲面连续性要求较高，可以打开Rail surface的窗口设置，选择Advanced，在界面中定义曲线边界的连续性。还可以激活Explicit Control，在里面编辑曲线的阶数和曲面的Span数，使其更加精简，连续性更强（图7-22）。

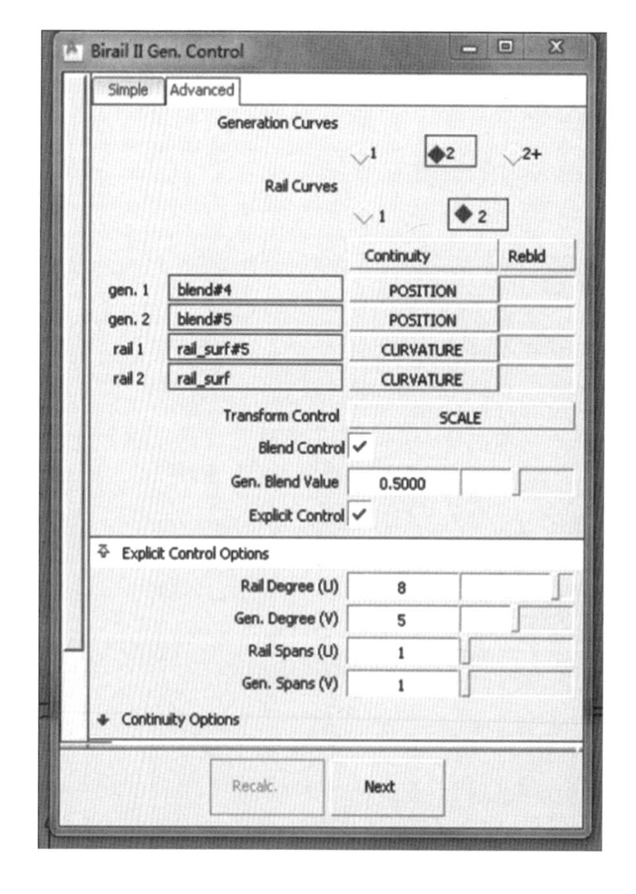

图7-22　设置参数

④选择Create blend curve，运用曲线捕捉（Alt键+ Ctrl 键），沿着顶面和侧面前半部分的边界，画出一条blend曲线。调节曲线的形状，使其与曲面的过渡更加自然；并用Rail surface工具（Generation Curves 为2，Rail Curves为2）建立过渡面，最终效果如图7-23所示。

⑤用同样的方法在侧面和地面之间画两条Blend曲线，用Rail surface工具（Generation Curves 为2，Rail Curves为2）建立过渡面，最终效果如图7-24所示。

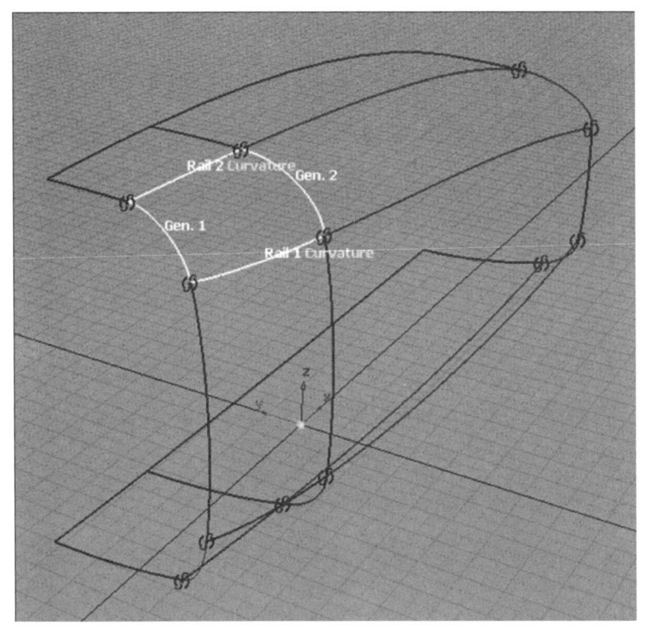

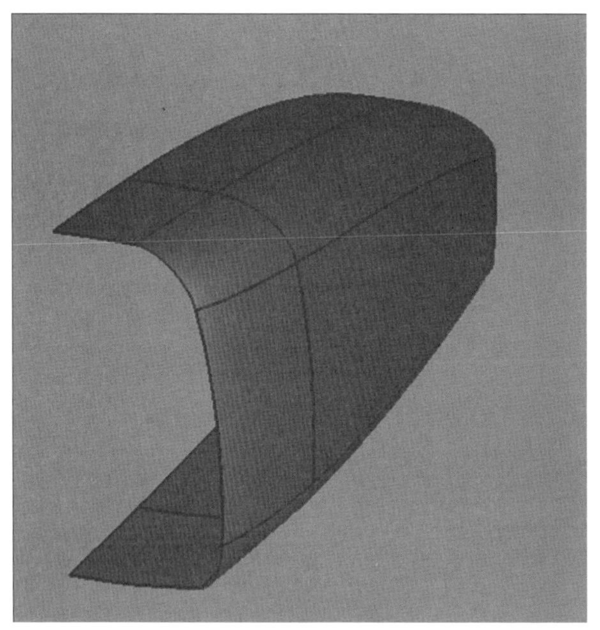

图7-23（左） 调整曲线

图7-24（右） 最终效果

7.1.3 创建主体上部的后半部分

主要建模思路仍旧是先建一个主要面，再建一些过渡面。所以我们的介绍将会简练一些。

①在工具箱中选择“Curves” > “New curve”（edit point），将其Curve Degree设为3，结合轮廓线，在顶视图中绘制如图7-25所示曲线。

保持中间两个CV点在同一竖直线上并上下对称，两边两个CV点在同一竖直线上并上下对称，具体实现方式已在前面的内容中讲过。

②在工具箱中选择“Curves” > “New curve”（edit point），Curve Degree仍为3，结合轮廓线，在左视图中绘制如图所示曲线，注意第一个CV点捕捉到上一条曲线的

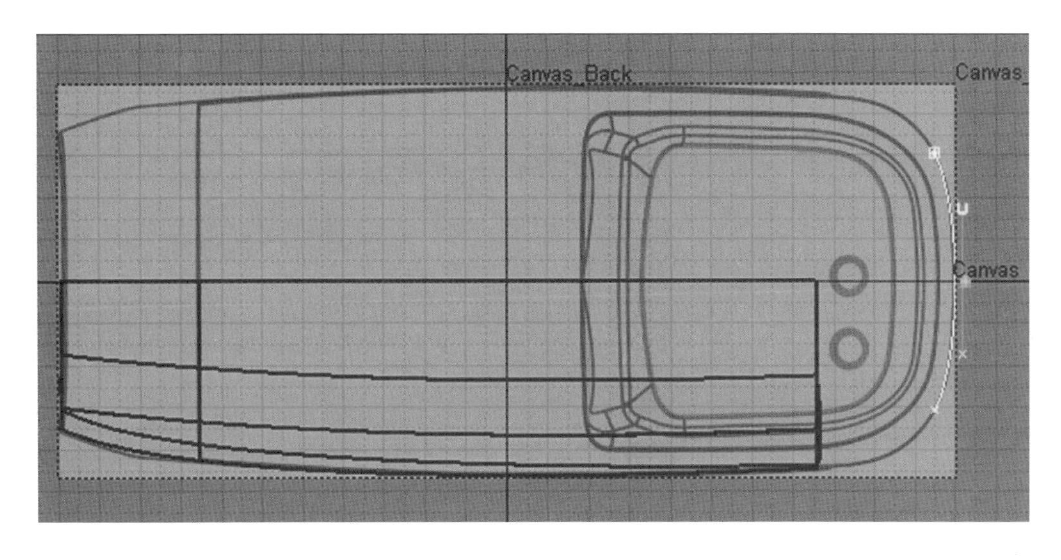

图7-25 绘制曲线

起点（按住Ctrl键）（图7-26）。

③在工具箱中选择“Surfaces”>“Rail surface”，双击打开，将Generation Curves设置为1，Rail Curves设置为1，依次选择绘制的两条曲线，所建曲面在左视图中如图7-27所示。

④选择Create blend curve，运用曲线捕捉（Alt 键+Ctrl键），沿着需要连接的两块面的边界，画blend曲线并调节曲线的形状（图7-28）。

注意所画的blend曲线是用于Rail Surface工具双轨扫掠创建曲面的，所以画曲线时要尽量避免三边面的出现。

⑤在工具箱中选择“Surfaces”>“Rail surface”，双击打开，将Generation Curves 设置为2，Rail Curves设置为2，所建曲面如图7-29所示。

图7-26（上左） 绘制曲线

图7-27（上右） 制作曲面

图7-28（下左） 绘制blend曲线

图7-29（下右） 创建曲面

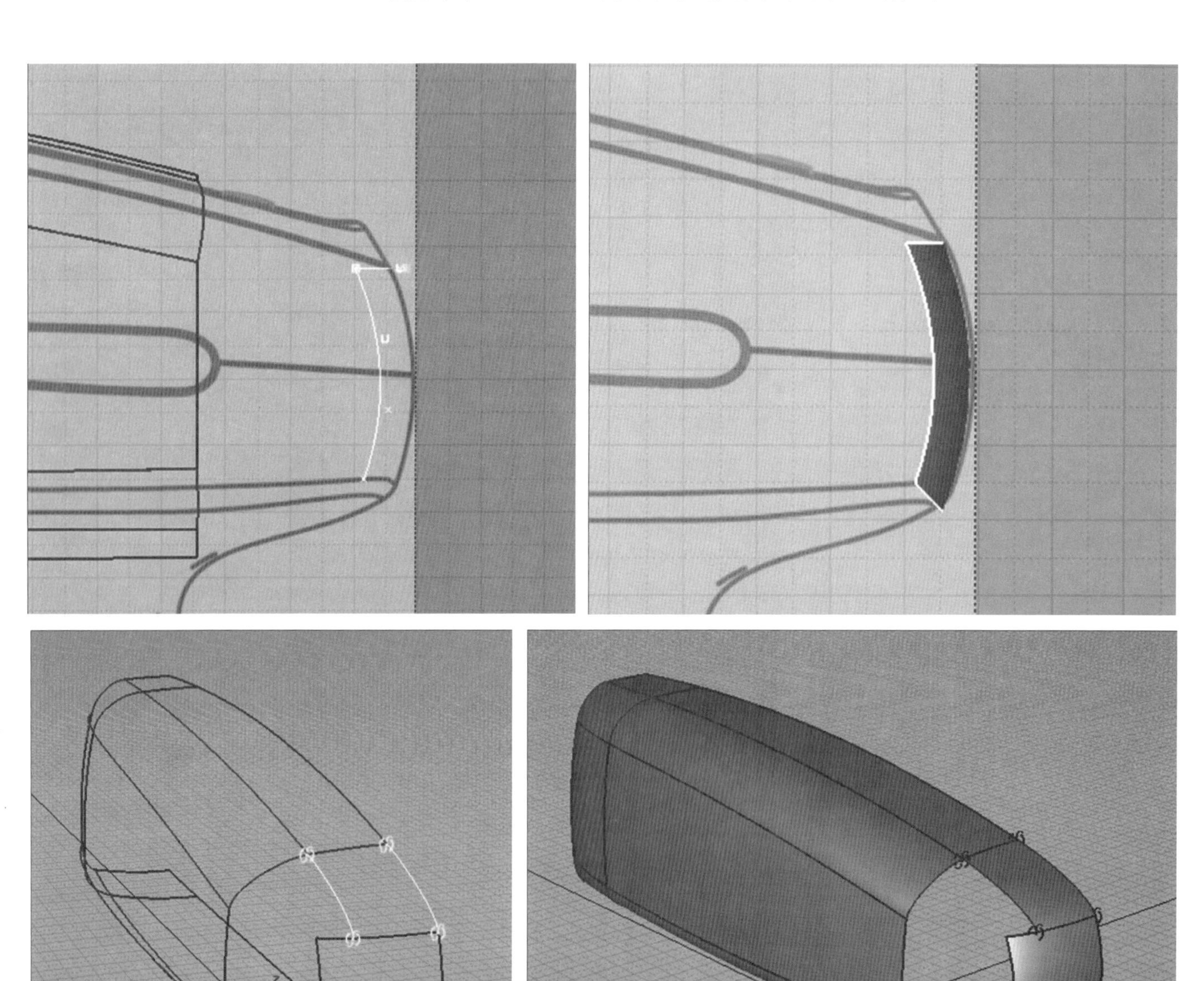

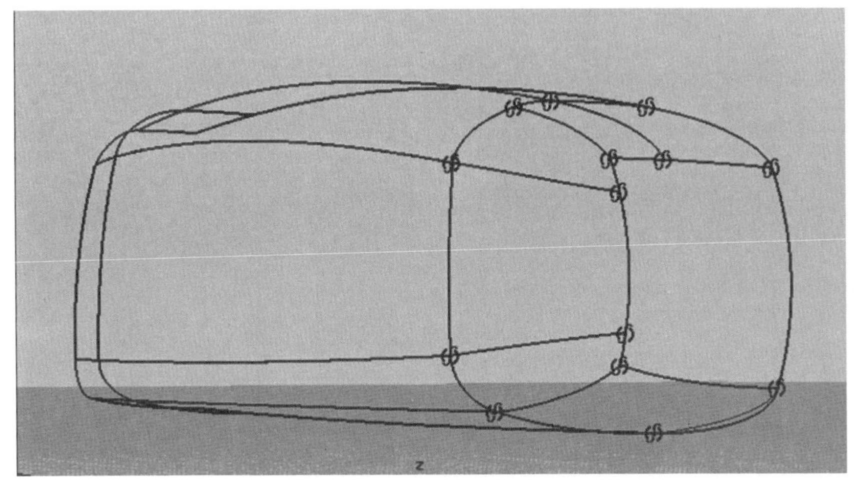

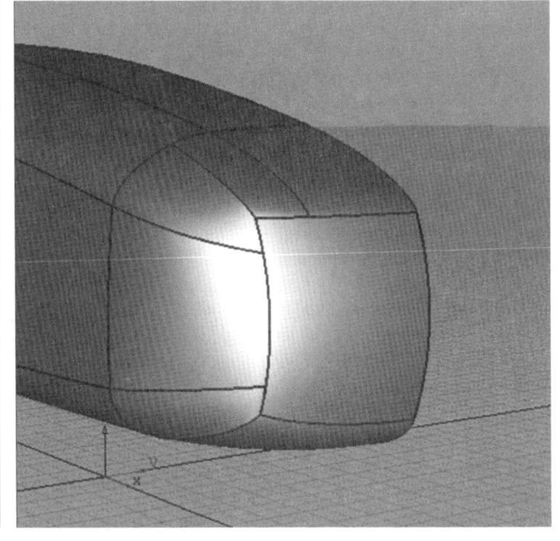

图7-30（左） 绘制曲线

图7-31（右） 创建过渡面

如果对曲面要求较高，可以对大面进行剪切，避免尖角，但会增加操作难度，此处不作介绍。

⑥利用同样的方法画出所需的blend曲线，不要画太多，尽量精简曲面（图7-30）。

⑦在工具箱中选择“Surfaces”>“Rail surface”，保持其数据设置不变，依次建立过渡面，最终效果如图7-31所示。

模型上部的建立就告一段落，删除模型的构建历史，将所有曲线标记到curves图层里，所有曲面标记到body图层里，并将图层隐藏。下一小节开始建立模型的把手部分。

7.1.4 创建模型把手部分

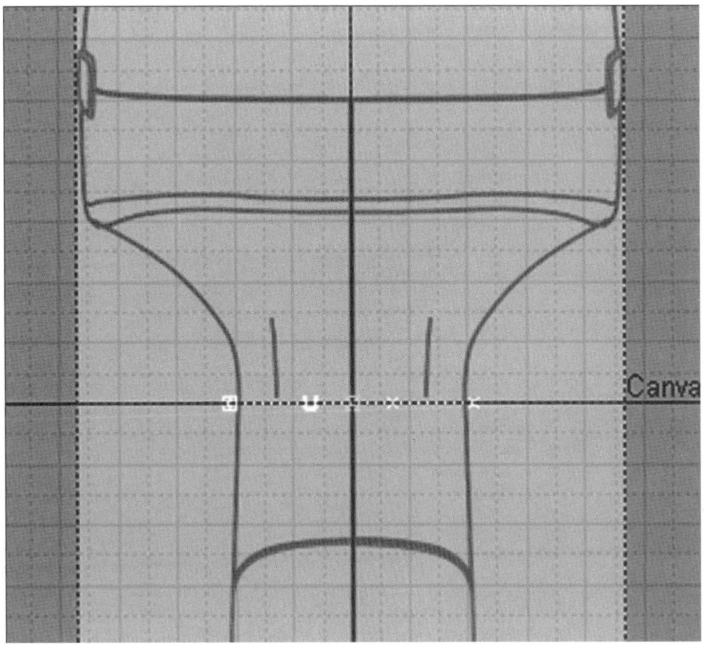

模型的把手部分建模思路和模型上部类似，我们的介绍将会比较简练。

（1）模型把手中部的建立

①在工具箱中选择“Curves”>“New curve”（edit point），将其Curve Degree设为3，在后视图中绘制如图7-32所示曲线。

调节曲线CV点，在三视图中不易调节时可到透视图中调节，注意保持中间两个CV点处于同一水平高度并左右对称，两边两个CV点处于同一水平高度并左右对称。

②在工具箱中选择“Curves”>“New curve”（edit point），保持其Curve Degree仍为3，在左视图中绘制一条曲线，注意第一

图7-32 绘制曲线

个CV点捕捉到上一条曲线的起点（按住Ctrl键），结合外轮廓线调整曲线（图7-33）。

③在工具箱中选择“Surfaces”>“Rail surface”，将Generation Curves设置为1，Rail Curves设置为1，依次选择绘制的两条曲线，所建曲面如图7-34所示。

④用同样的方法建侧面和前面的大面（图7-35、图7-36）。

⑤在工具箱中选择“Object Edit”>“Detach”，选中前面的侧边，按住Alt键，将分割线移到中间位置，点击GO；再选中后面的侧边，按住Alt键，将分割线移到中间位置，点击GO；最后删除不要的面。

图7-33（左） 绘制曲线

图7-34（右） 创建曲面

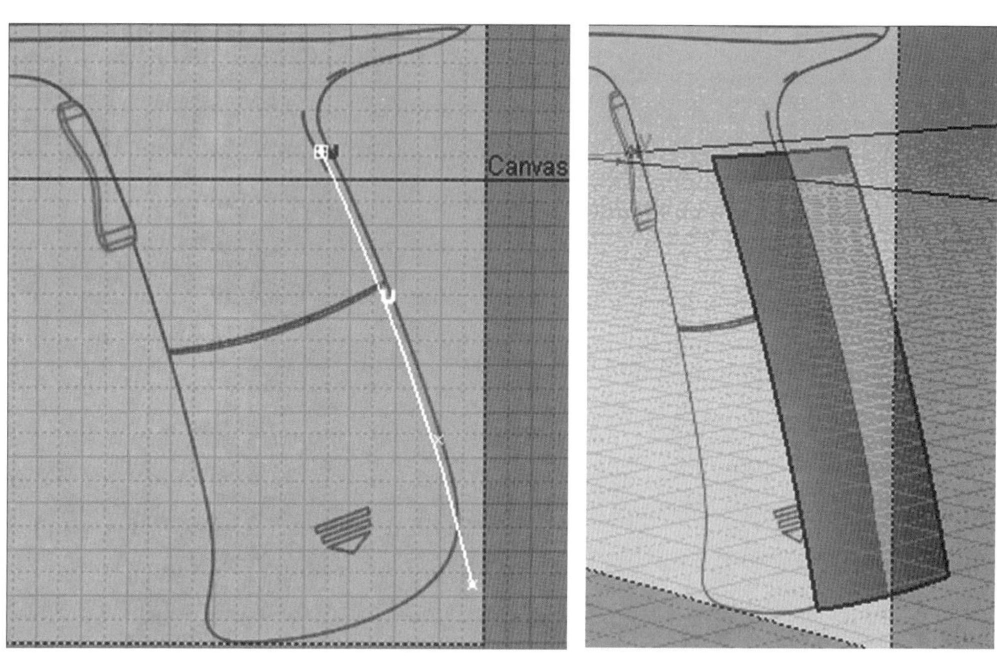

图7-35（左） 创建前面及侧面

图7-36（右） 创建前面及侧面

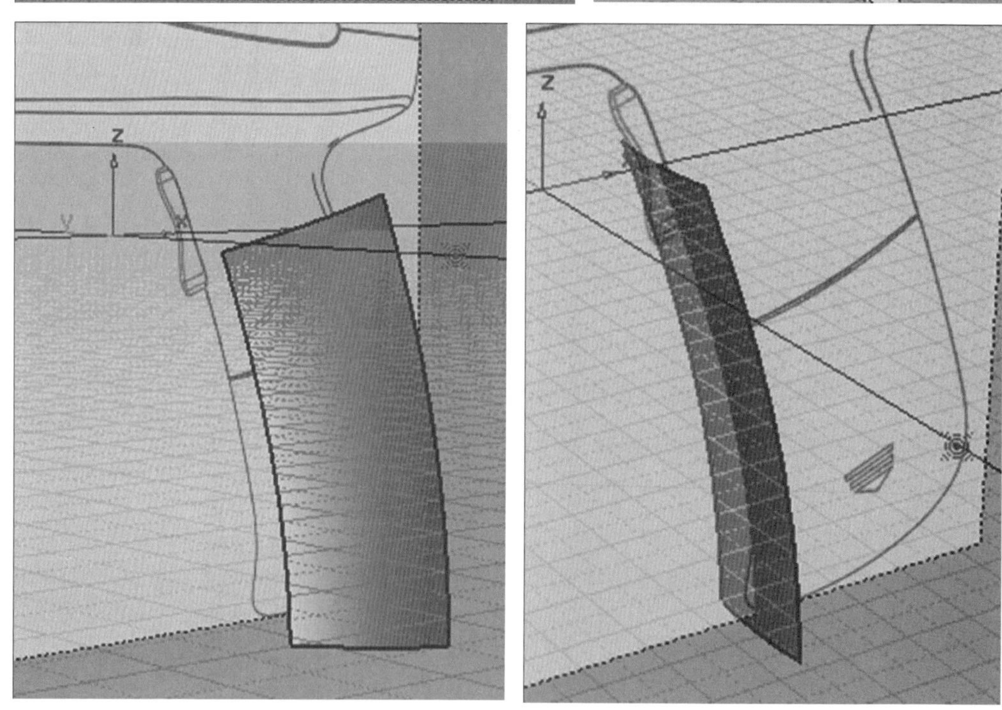

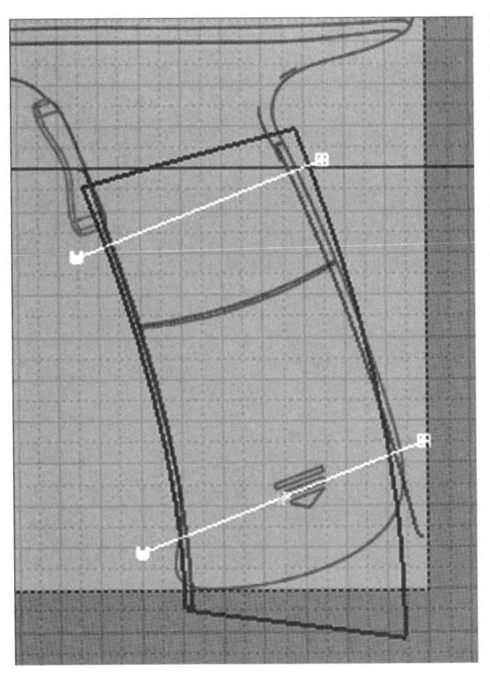

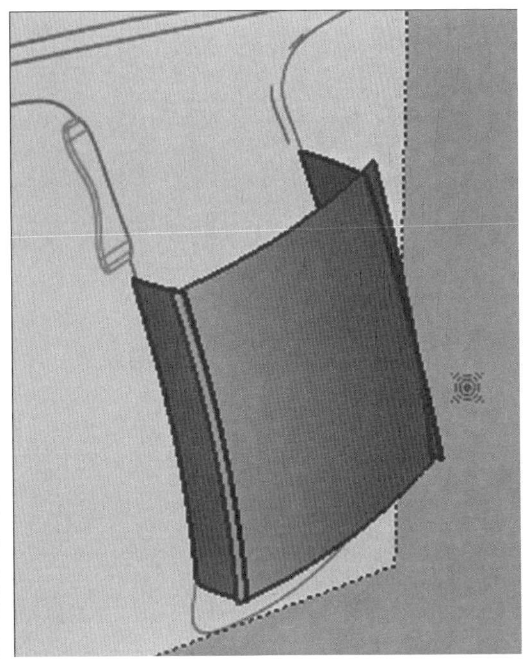

图7-37（左） 画出投影线

图7-38（右） 编辑曲面

⑥切割把手的大面。

以左视图为参考，在Left视窗中画投影线。

在工具箱中选择“Curves”>“New curve”（edit point），保持Curve Degree为1，结合外轮廓线，画出两条投影线（图7-37）。

使用“Surface Edit”>“Project”工具，在Left视窗中依次选择所有的曲面和两条曲线，将其投影，并用“Surface Edit”>“Trim”工具将不要的面剪切掉，效果如图7-38所示。

⑦按照需要将所建的大面进行剪切，为建立过渡面做准备。在后视图中画出如图所示两条曲线，将左边的曲线投影到后面那块面，右边的曲线投影到前面那块面，利用剪切工具中的Discard 按钮，删掉不要的面；再将右边的曲线投影到后面那块面，利用剪切工具中的Divide按钮将其分割成两块面（图7-39）（建立过渡面时需要用到这个面的边界）。

⑧在左视图中依照轮廓线绘制两条投影线，投影到侧面；并利用剪切工具对侧面的面进行修剪，最终效果如图7-40所示。

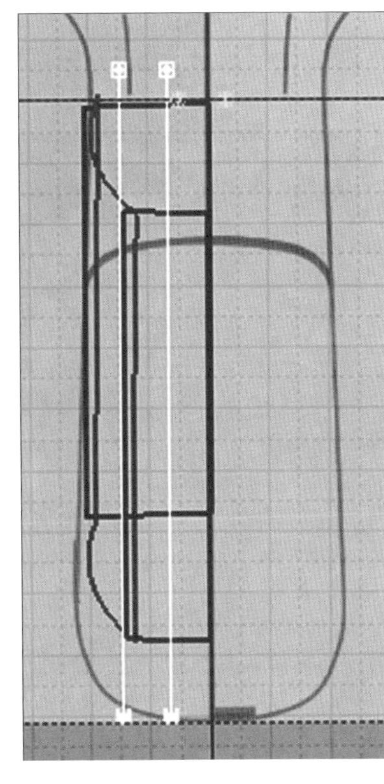

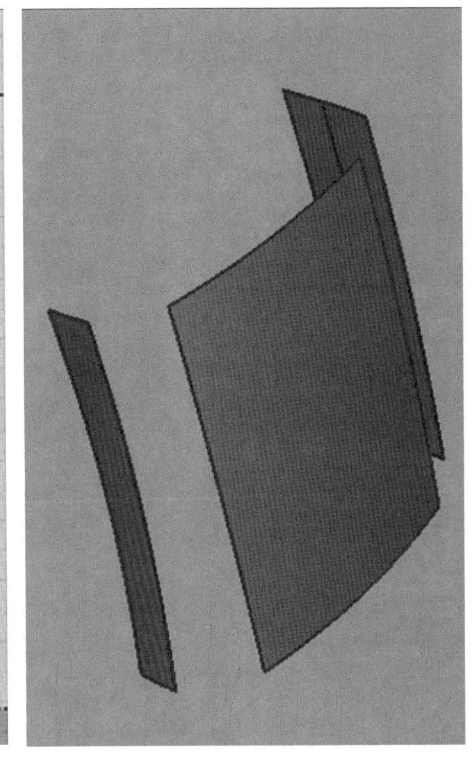

图7-39（左） 编辑曲面

图7-40（右） 绘制投影线

图7-41 建立过渡面

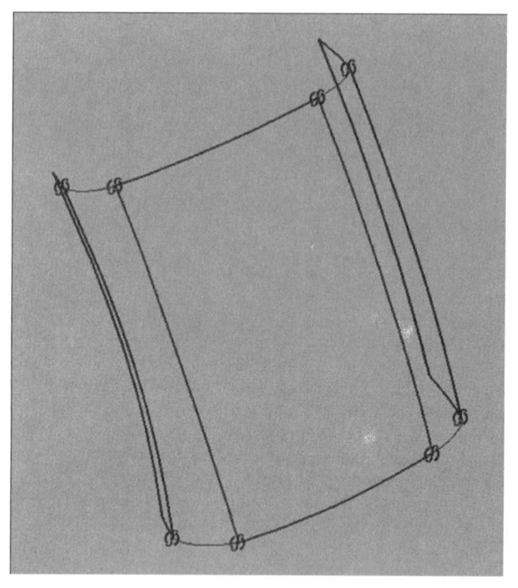

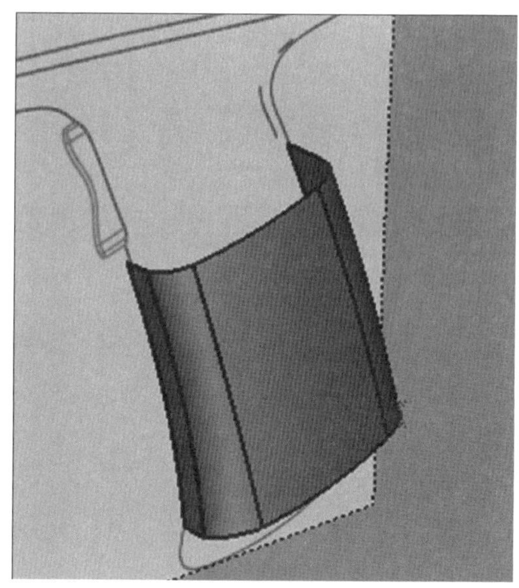

⑨利用blend曲线和Rail Surface工具给这三个面建立过渡面（图7-41）。

（2）模型把手下部的建立

①在工具箱中选择“Curves”＞“New curve”（edit point），将其Curve Degree设为3，利用曲线捕捉工具（Ctrl键+Alt键）沿着后面曲面的边界，在左视图中绘制一条曲线，并在右边的工具栏中将曲线阶数改为4（图7-42）。

如果对曲面要求较高，可以在工具箱中选择“Object Edit”＞“Align”，双击打开设置，将其Continuity改为Curvature，在这个状态下调节曲线的CV点（图7-43）。

②在工具箱中选择“Surfaces”＞“Rail surface”，将Generation Curves设置

图7-42（左） 绘制曲线

图7-43（右） 设置曲面

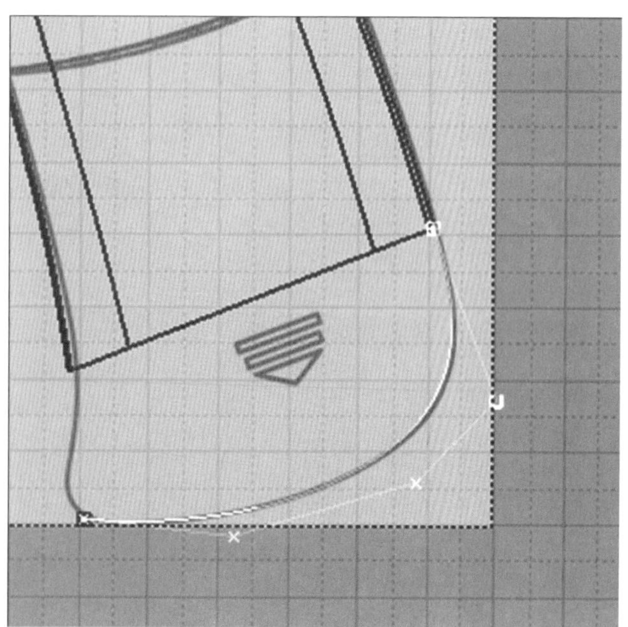

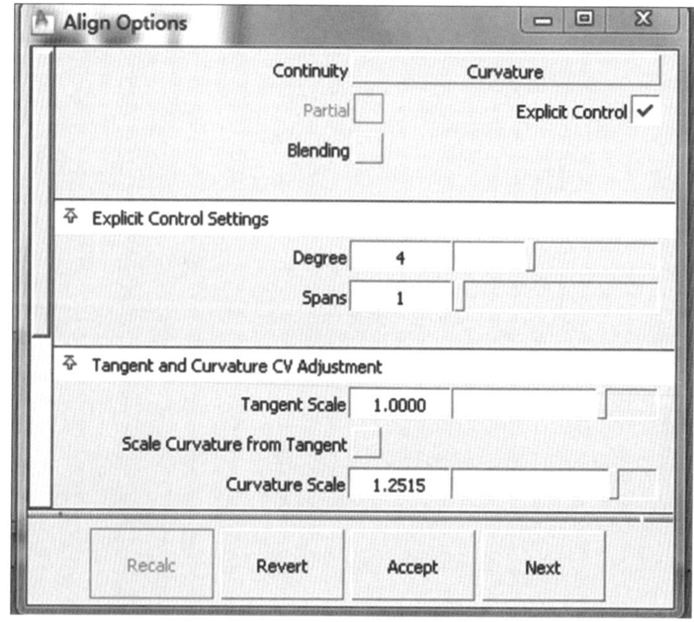

为1，Rail Curves设置为1，依次选择后面大面的边界和所绘制的曲线，所建曲面如图7-44所示。

③在工具箱中选择“Curves”>“New curve”(edit point)，将Curve Degree设为3，利用曲线捕捉工具（Ctrl键+Alt键）沿着所建过渡面的边界和前面原始面的边界，在左视图中绘制两条曲线，并在右边的工具栏中将曲线阶数改为4，调节曲线CV点，在透视图中的效果如图7-45所示。

④利用“Surface”>“Rail Surface”建立曲面，如图7-46所示。

⑤在需要连接的面间绘制blend曲线，由于这里的过渡面形态有些复杂，最好分几次来建立过渡面，搭建的blend曲线如图7-47所示。

⑥在搭建的blend曲线基础上，使用Rail Surface工具建立曲面（图7-48）。

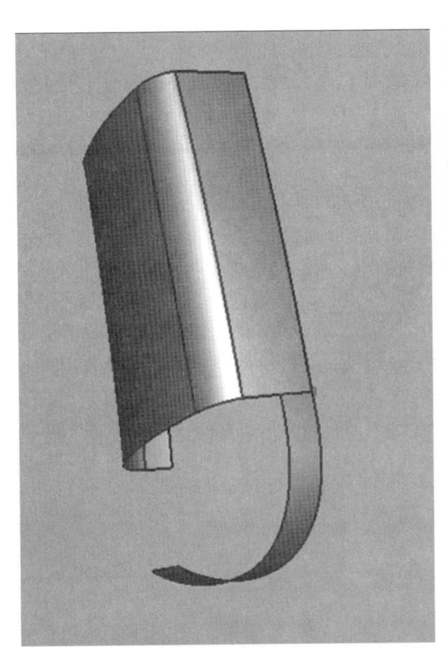

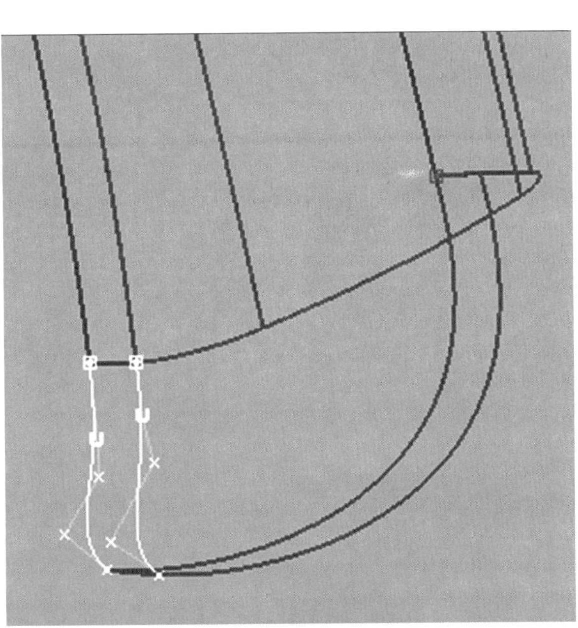

图7-44（左） 创建曲面

图7-45（右） 绘制曲线

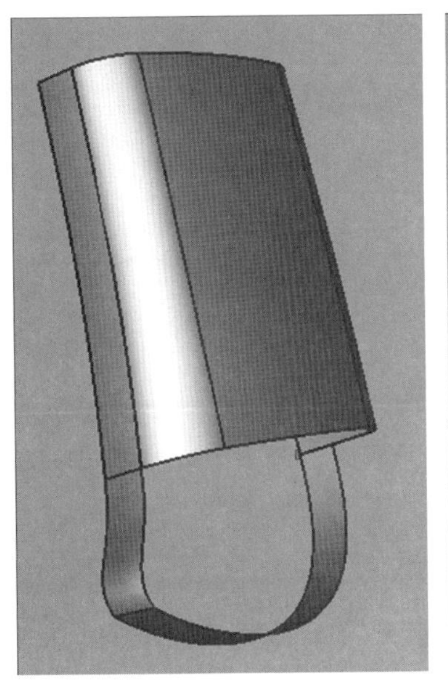

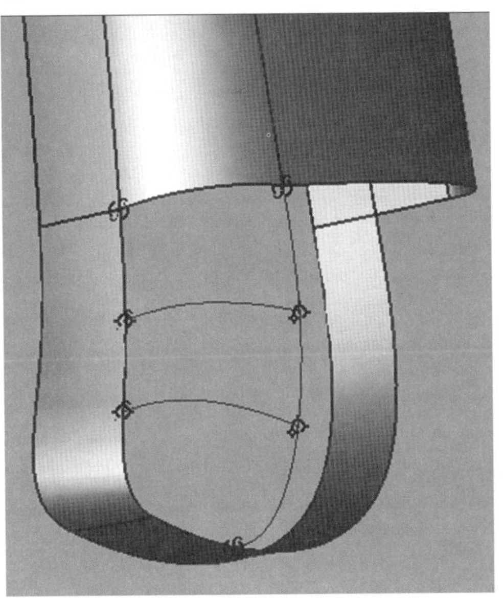

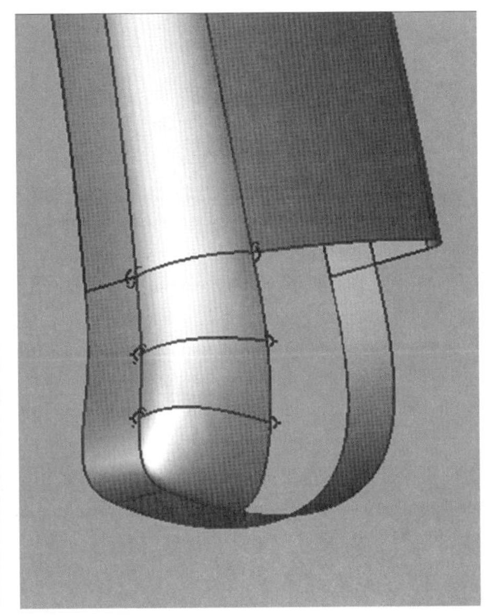

图7-46（左） 创建曲面

图7-47（中） 绘制blend曲线

图7-48（右） 创建曲面

图7-49 创建曲面

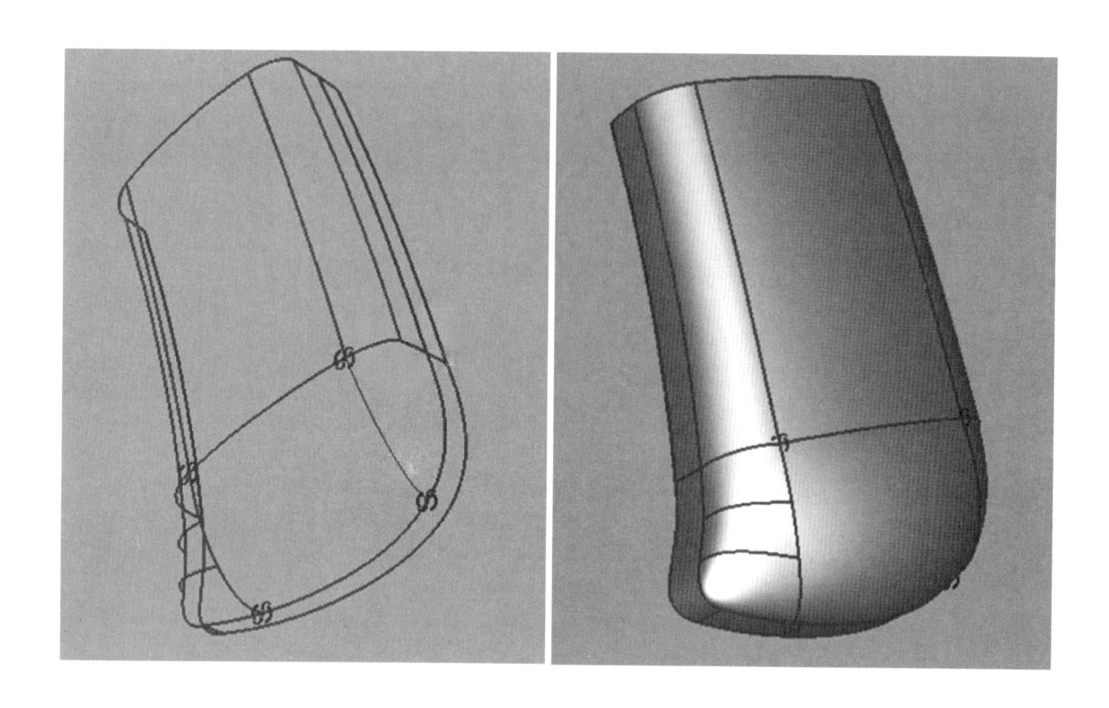

⑦继续搭建blend曲线，并使用Rail Surface工具建立曲面（图4-49）。

（3）模型把手上部的建立

①在工具箱中选择“Curves”>“New curve”(edit point)，将Curve Degree设为3，绘制如图7-50所示曲线。

图7-50（右） 绘制曲线

图7-51（左） 设置数值

在工具箱中选择“Curves Edit”>“Fillet curves”，双击打开，按图示设置数据（图7-51）。

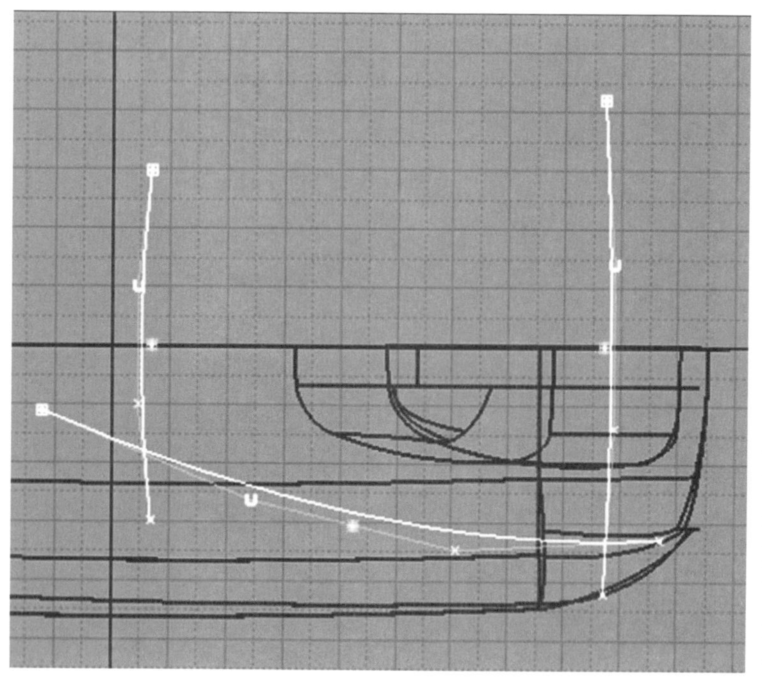

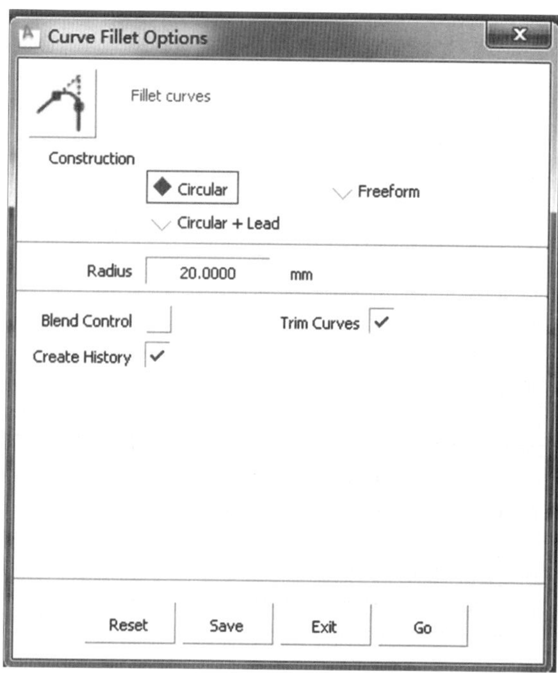

利用这个工具给这三条曲线倒角，所得的曲线如图7-52所示。

②利用“Surface Edit”>“Project”，在Top视窗将曲线投影到模型的底面上，再利用“Surface Edit”>“Trim”，把中间不需要的面剪切掉（图7-53）。

③创建blend曲线，运用曲线捕捉（Alt 键+ Ctrl 键），沿着要连接的两块面的边界，根据需要构建blend曲线并调节曲线的形状，如图7-54所示。

④选择“Surfaces”>“Rail surface”，将Generation Curves设置为2，Rail Curves设置为2，依次选择曲面的边界和所绘制的blend曲线，搭建过渡面，如图7-55所示。

图7-52（上左） 倒角曲线

图7-53（上右） 剪切面

图7-54（下左） 创建blend曲线

图7-55（下右） 创建过渡面

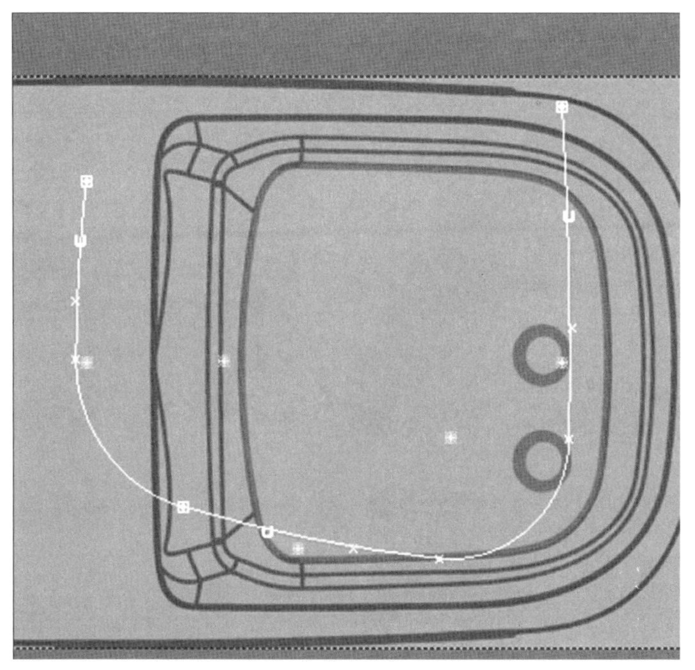

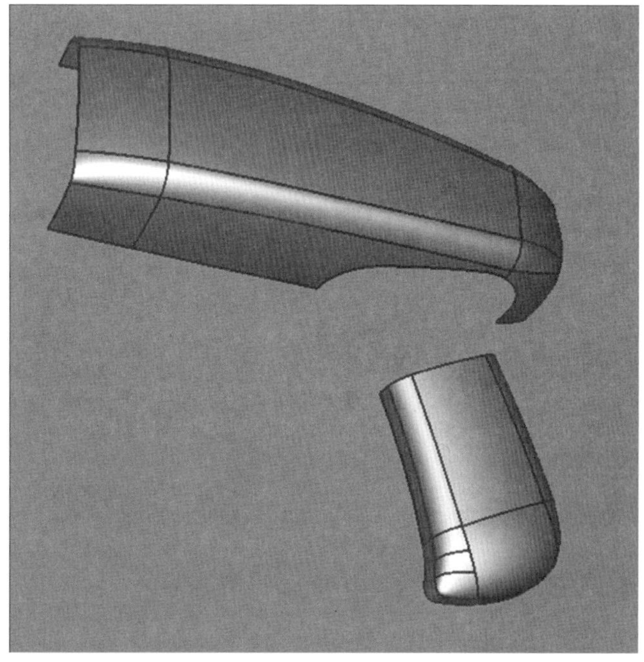

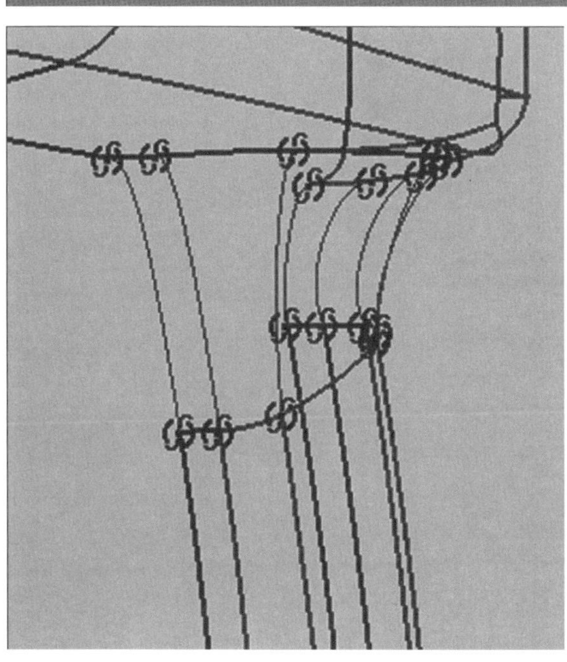

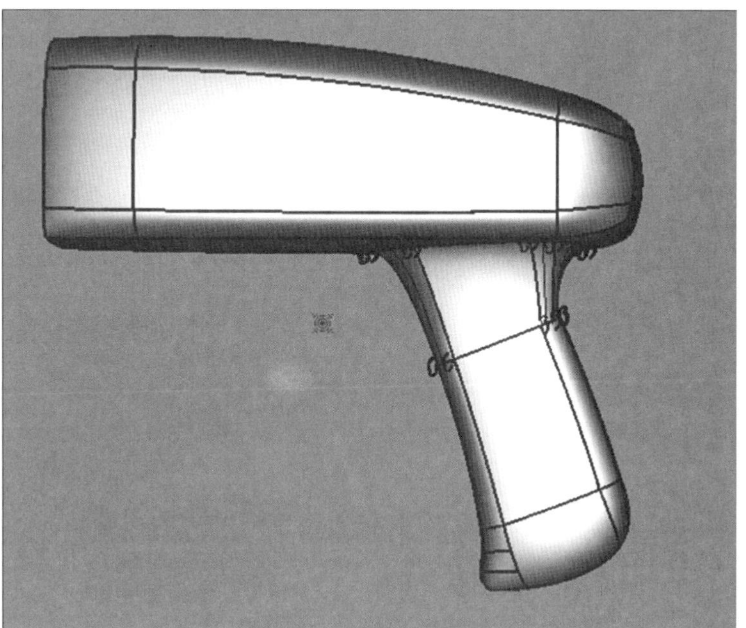

7.1.5　创建模型细节

（1）模型嘴部的建立

①在工具箱中选择“Curves”>“New curve”（edit point），将Curve Degree设为3，在左视图中绘制一条曲线，注意各曲线首尾相接。结合外轮廓线调整曲线（图7-56）。

②利用“Surface Edit”>“Project”，在Left视窗中将曲线投影到模型的地面上，再利用“Surface Edit”>“Trim”，把不需要的面剪切掉（图7-57）。

③选择“Object Edit”>“Offset”，双击打开，其数据设置如图7-58所示。

点击模型嘴部的面，将其向内偏移（如果偏移的方向不对，只需在数值前加个负号即可），并用“Surfaces”>“Skin surface”，建立一系列平面，将偏移的面和原始面连接起来（图7-59）。

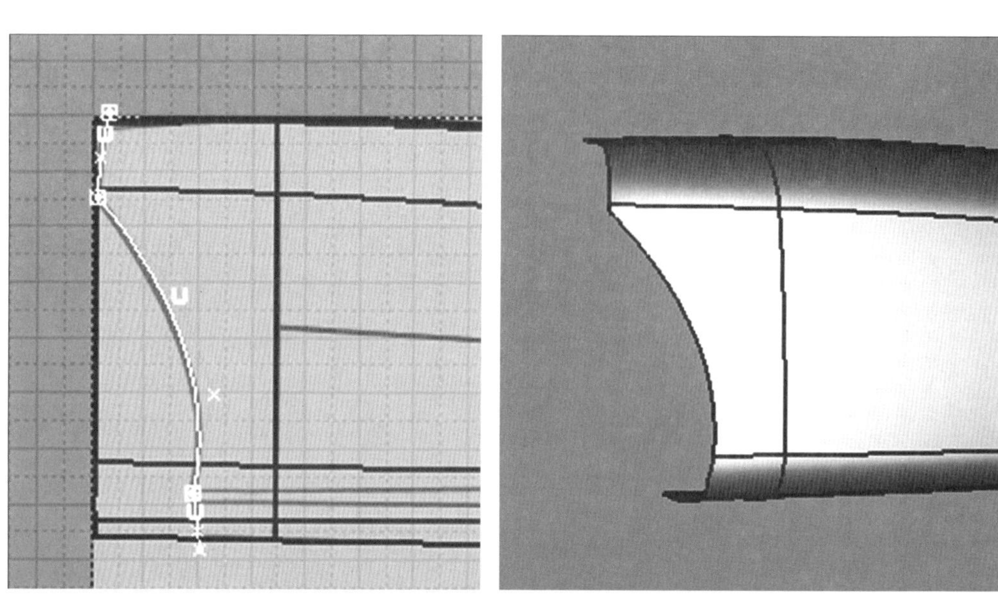

图7-56（左）　绘制曲线

图7-57（右）　剪切面

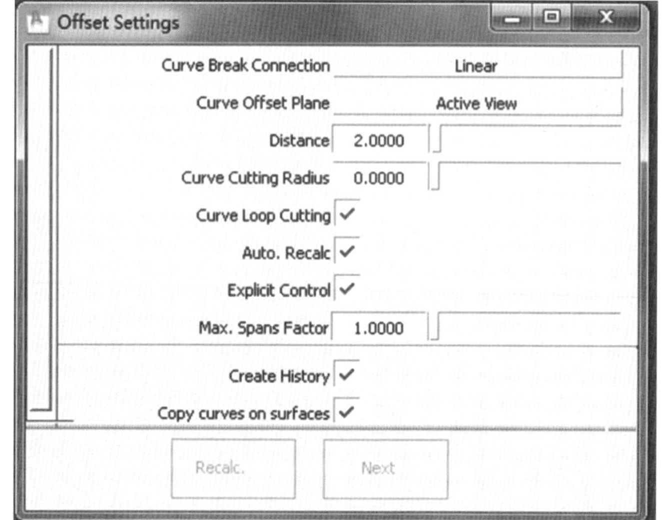

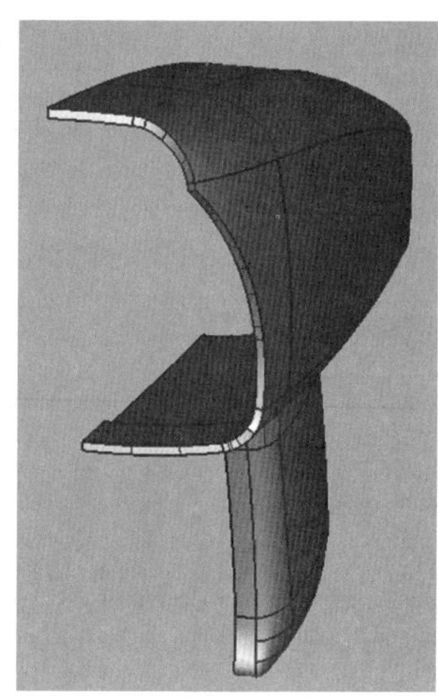

图7-58（左）　设置offset

图7-59（右）　连接面

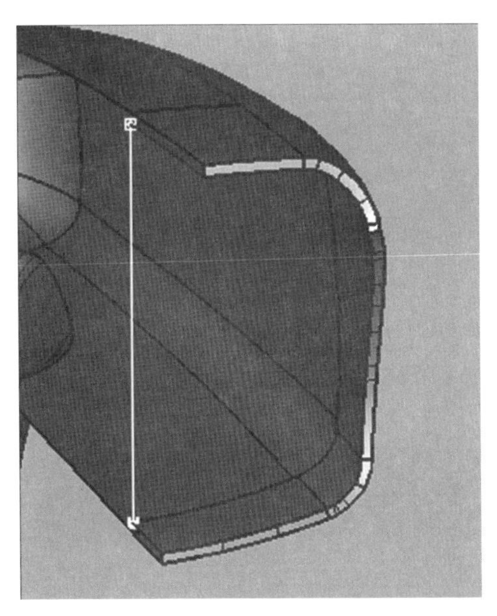

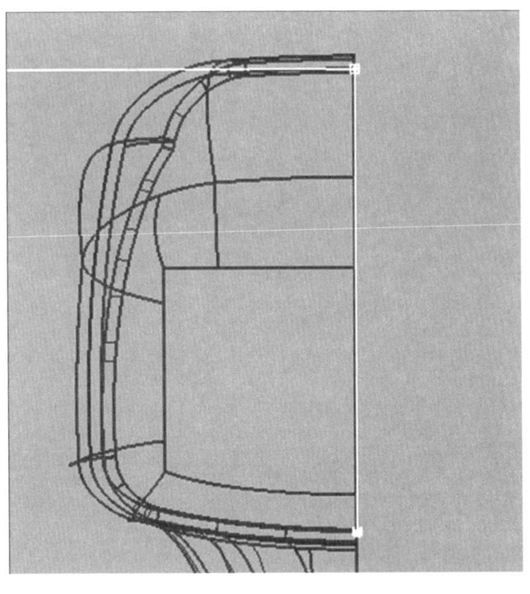

图7-60（左） 绘制曲线

图7-61（右） 绘制曲线

④在工具箱中选择“Curves”>“New curve”（edit point），将Curve Degree设为1，利用曲线捕捉工具（Ctrl键+Alt键），捕捉到偏移面的边界，绘制一条曲线（图7-60）。

再利用New curve(edit point)将Curve Degree设为1，利用曲线捕捉工具（Ctrl键+Alt键），从刚刚所绘曲线的端点，绘制一条水平曲线（图7-61）。

利用“Surfaces”>“Rail surface”，将Generation Curves设置为1，Rail Curves设置为1，依次选择曲面的边界和所绘制的blend曲线，搭建过渡面（图7-62）。

⑤在工具箱中选择“Surface Edit”>“Intersect”，依次选择所建平面和偏移面，使其在平面上形成交线，再利用“Surface Edit”>“Trim”，把不需要的面剪切掉，如图7-63所示。

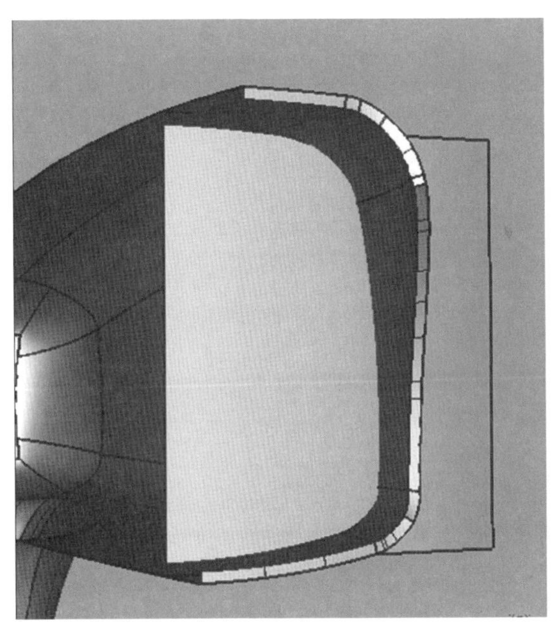

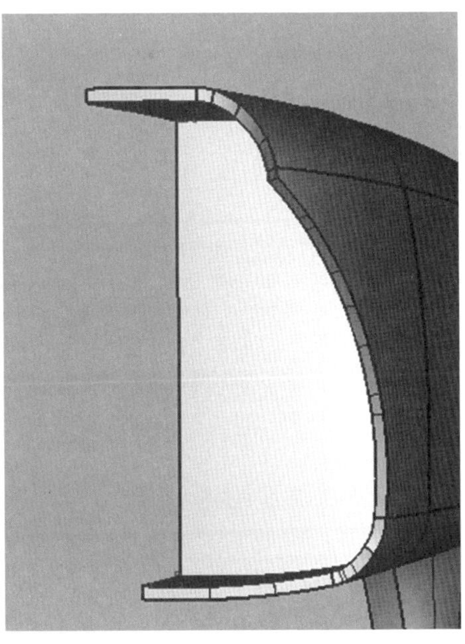

图7-62（左） 创建过渡面

图7-63（右） 剪切面

切换到Back视窗，显示前视图，绘制所需投影线，其中圆形用“Curves”>“Circle”工具绘制，结合“Transform”>“scale”工具进行缩放调节到合适大小，槽形用New curve(edit point)，结合“Curves Edit”>“Fillet curves”绘制，在Back视窗中将所绘曲线投影到平面上，方法如前面所授，最终效果如图7-64所示。

⑥在工具箱中选择“Surfaces”>“Tubular offset”，双击打开设置，将Surface设置为None，将其数据更改为图7-65所示。

选中投影所得的面上线，将其向内向外各偏置1.5mm（图7-66）。

删除槽形成的面上线中间的线，得到所需的环形面上线，运用“Surface Edit”>“Trim”，结合Divide按钮，将平面进行分割。

选择圆形的面，使用Move工具，用键盘输入-1、0、0（三个数值代表x、y、z 坐标，数字之间用空格区分），使其向内移进1mm（如果方向不对，则将数值变成负值即可），用同样的方式，将小的一块环形面向外移出2mm，大的一块环形面向外移出1mm，并用“Surfaces”>“Skin surface”工具将面连接起来（图7-67）。

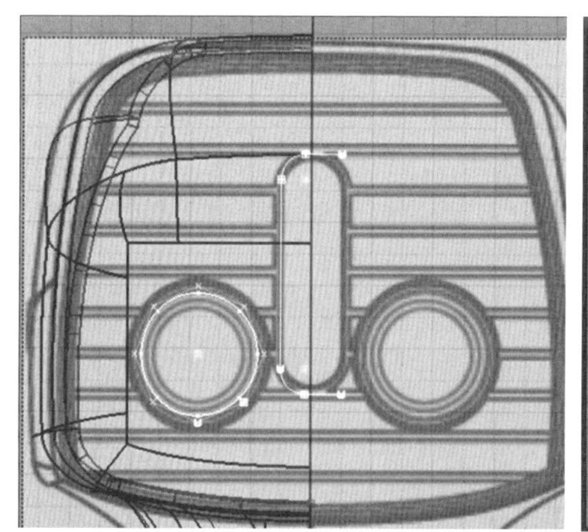

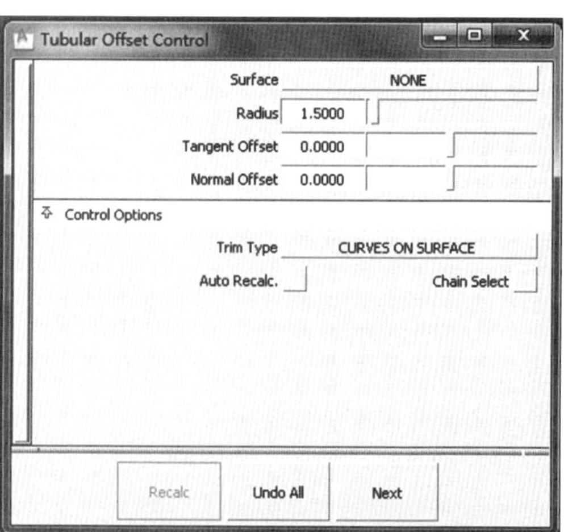

图7-64（左） 绘制投影线

图7-65（右） 设置数据

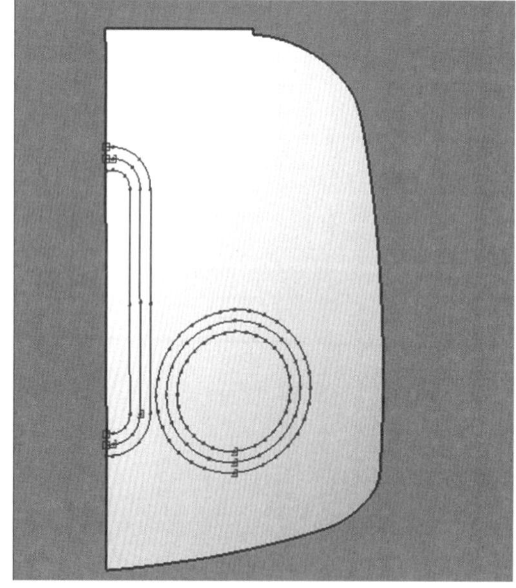

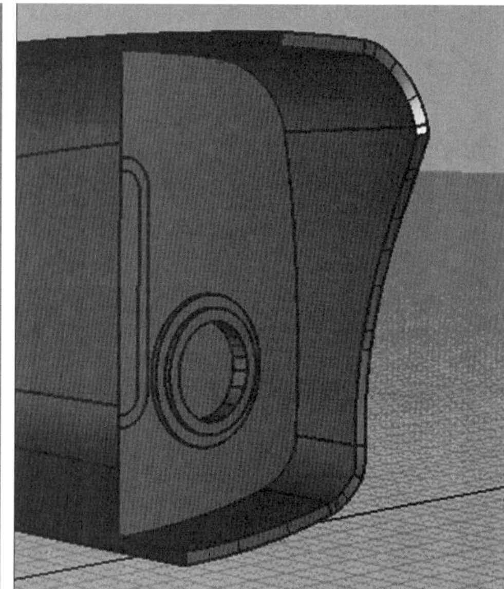

图7-66（左） 偏置投影线

图7-67（右） 连接曲面

用同样的方式将中间的槽所形成的环形面向外移出1mm。

⑦在工具箱中选择“New curve”（edit point），设置Curve Degree为1，在Back视窗中，利用网格捕捉绘制十条间距相等的曲线，复制后向下平移适量距离，形成如图所示曲线（图7-68）。

在菜单栏中选择“Edit”>“Group”，将这二十条曲线成组，在工具箱中选择“Transform”>“Center pivot”，使其pivot处于中心位置，运用工具箱中的“Transform”>“scale”，将其缩放至如图7-69所示效果。

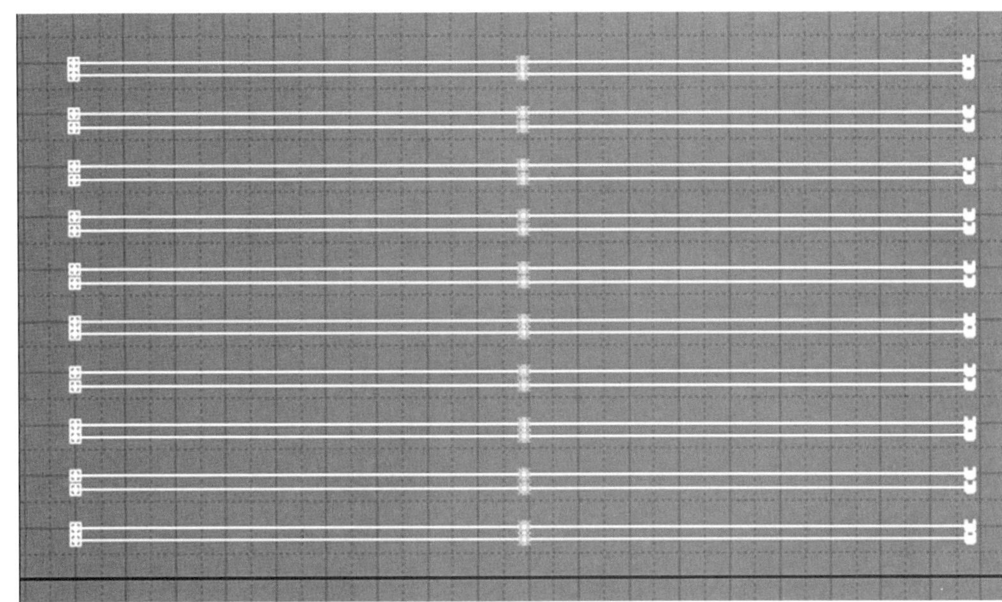

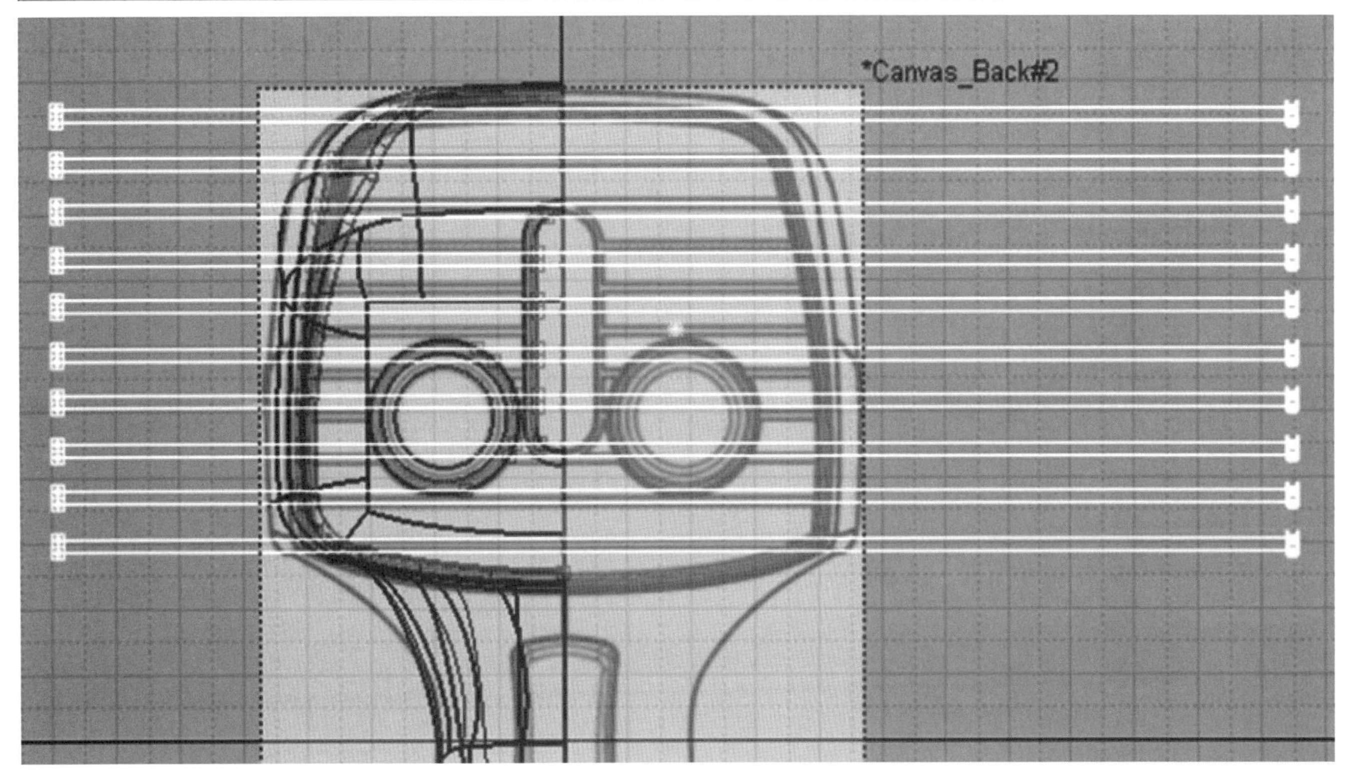

图7-68（上） 创建曲线

图7-69（下） 缩放曲线

图7-70（左） 分割平面

图7-71（右） 倒角

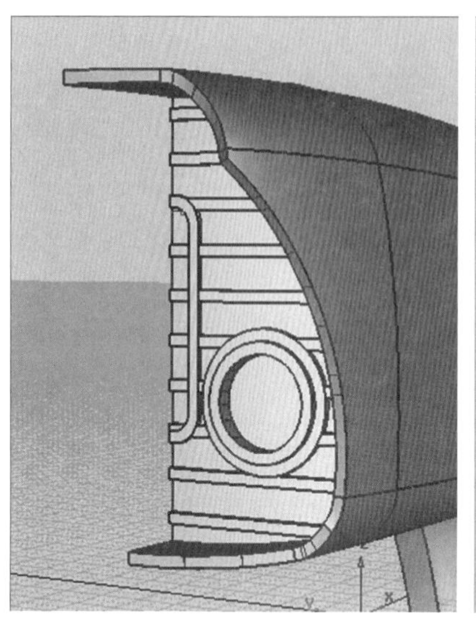

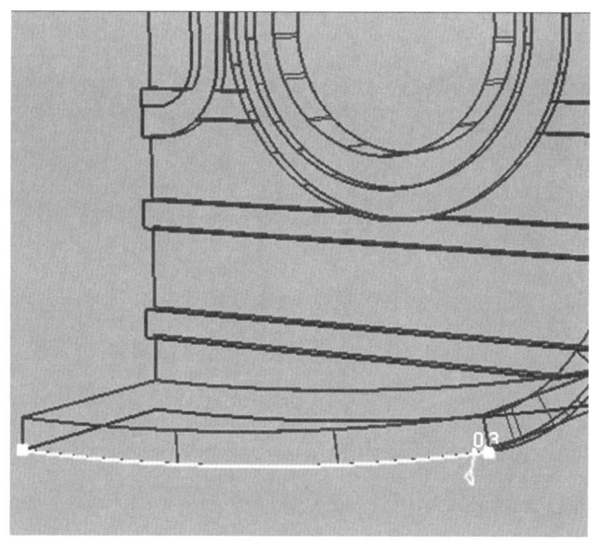

将这二十条曲线投影到平面上，运用“Surface Edit”>“Trim”，结合Divide按钮，将平面进行分割。将形成的条形面向外移出1mm，效果如图7-70所示。

运用“Surfaces”>“Skin surface”，将移出的面和原始面连接起来。

⑧选择工具箱中“Surfaces”>“Round”，对所有的边倒角，因为面都比较狭小，所以倒角的数值也不宜取太大，在此处取0.3（图7-71）。

（2）模型屏幕的建立

①在Top视窗中绘制如图7-72所示曲线。

②将其投影至顶面，并使用“Surfaces”>“Tubular offset”，将面上线偏移（图7-73）。

图7-72（左） 绘制曲线

图7-73（右） 偏移投影线

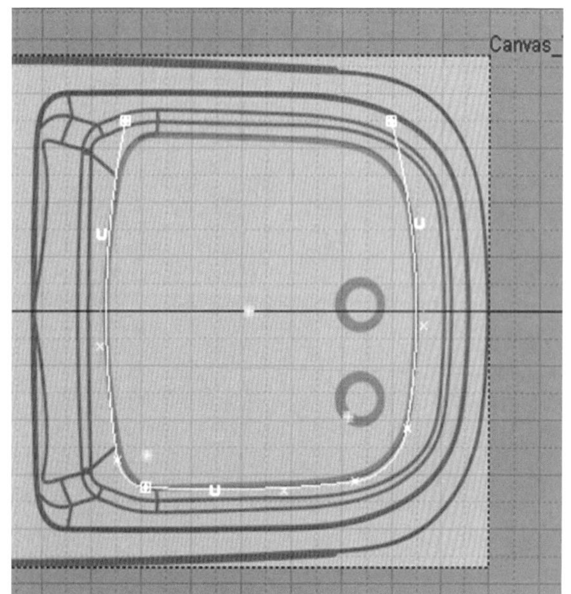

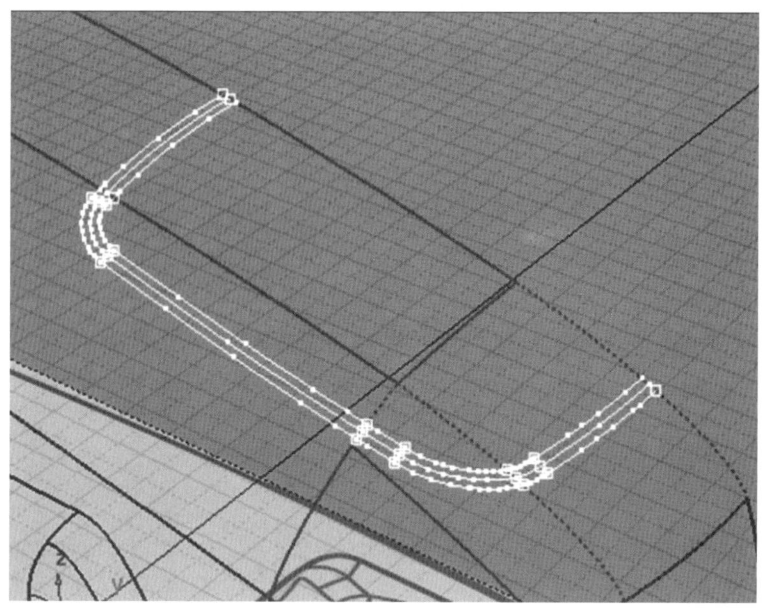

③将中间的面上线删除，运用“Surface Edit”>“Trim”，结合Divide按钮，将平面进行分割。将分割出的面向上偏移（图7-74）。

④选择Create blend curve，并将曲线连续性设为G0，搭建blend曲线（图7-75）。

⑤在工具箱中选择“Surfaces”>“Rail surface”，将Generation Curves 设置为1，Rail Curves设置为2，依次选择搭建的blend曲线和两个曲面的边界，所建曲面如图7-76所示。

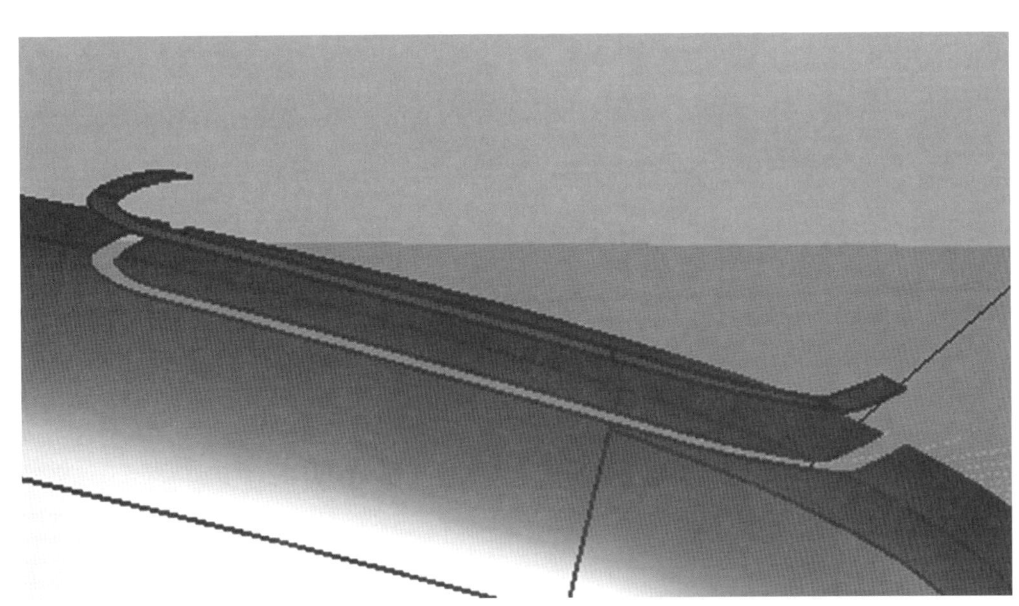

图7-74 分割平面

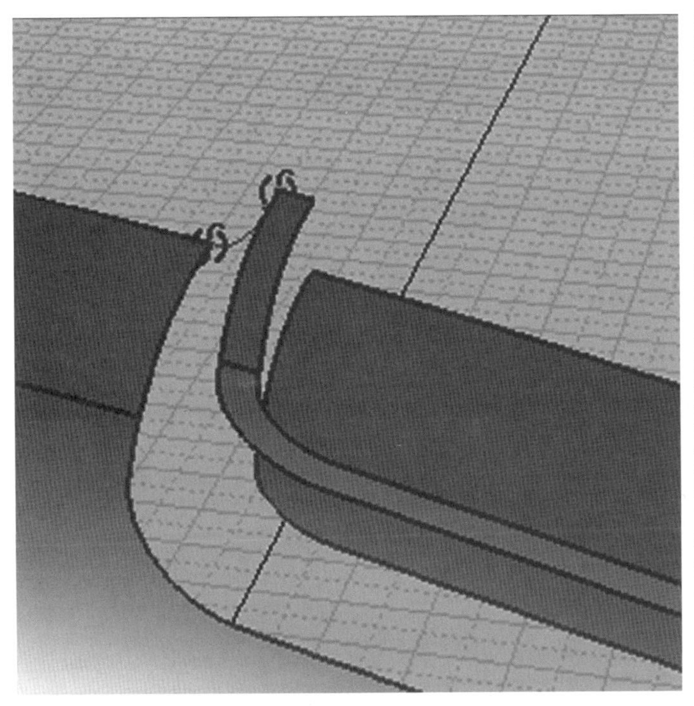

图7-75 创建blend曲线

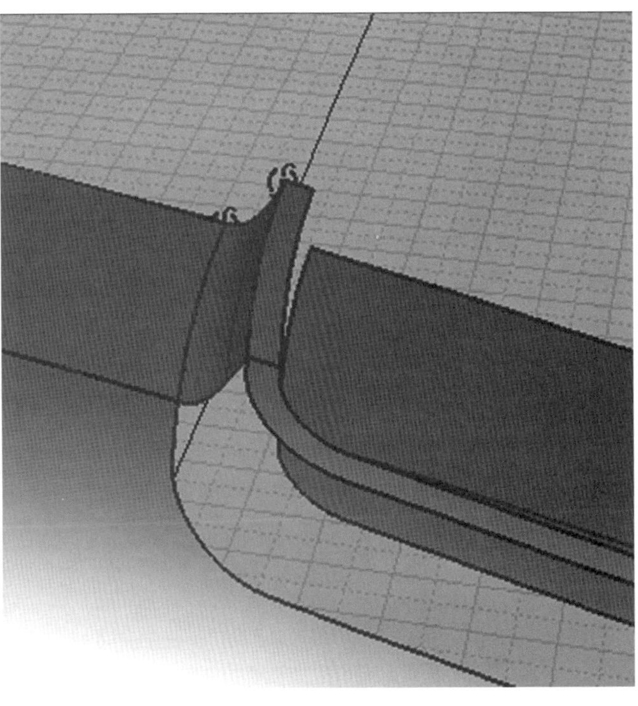

图7-76 选择边界

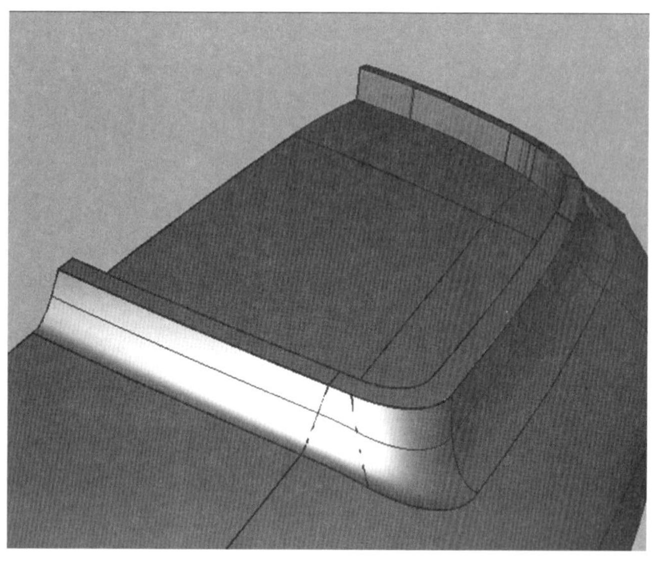

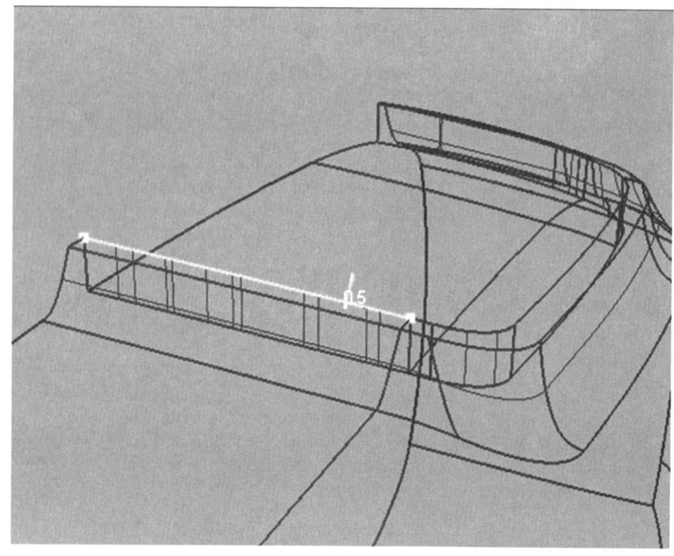

图7-77（左） 建立连接面

图7-78（右） 倒角

⑥继续搭建blend曲线，按同样的方法继续建立连接面，内侧的连接面则可以用Skin surface工具建立，最终效果如图7-77所示。

⑦选择工具箱中的“Surfaces”>“Round”，对所有的边倒角，在此处倒角数值取0.5（图7-78）。

至此，模型屏幕就建好了。

（3）模型按钮的建立

①选择“Object Edit”>“Offset”，双击打开，将其数据设置为如图7-79所示。

点击模型侧面大面和过渡面，将其向外偏移（如果偏移的方向不对，只需在去掉数值前的负号即可）（图7-80）。

图7-79（左） offset数值

图7-80（右） 偏移面

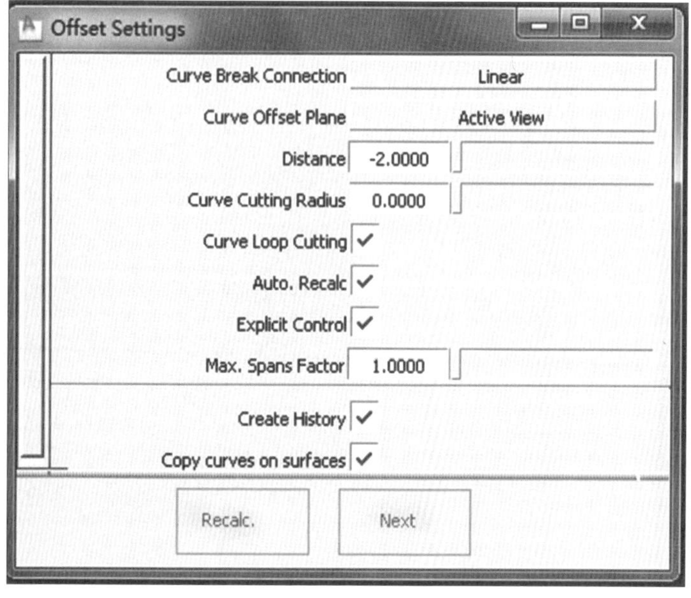

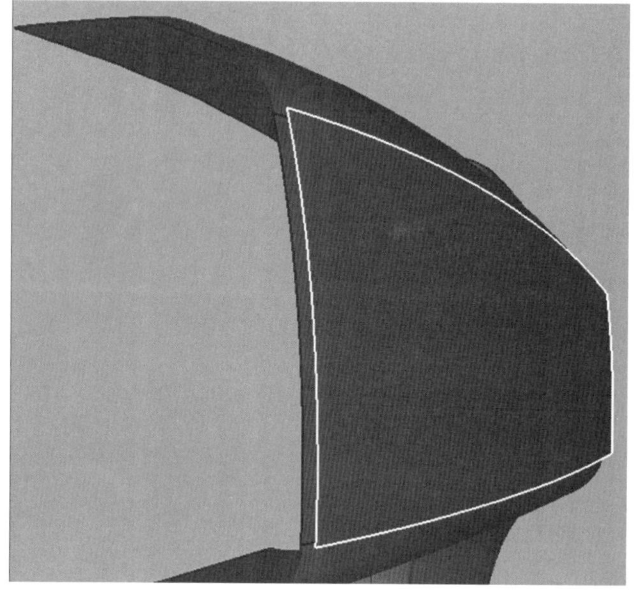

②在Left视窗中绘制如图7-81所示曲线。

③将曲线投影到偏移面上，并利用Trim工具将不需要的面剪切掉（图7-82）。

④选择工具箱中的“Surfaces”>“Draft”，双击打开，数据设置如图7-83所示。

⑤选择按钮边界，使其向内翻边，效果如图7-84所示。

如果翻边的方向不对，可以选中扇形虚线表示的平面，用箭头对方向进行调整。按钮形成的翻边应该是上小下大，如果翻边的角度不对，在Angle栏中的数值前加个负号即可。

⑥在工具箱中选择“Surface Edit”>“Intersect”，依次选择模型的侧面和Draft面，使其在模型上形成交线

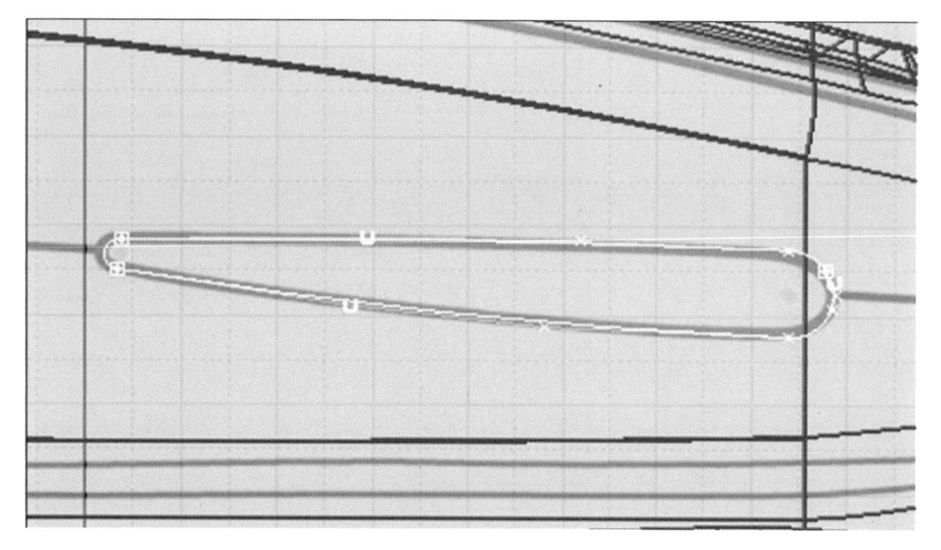

图7-81 绘制曲线

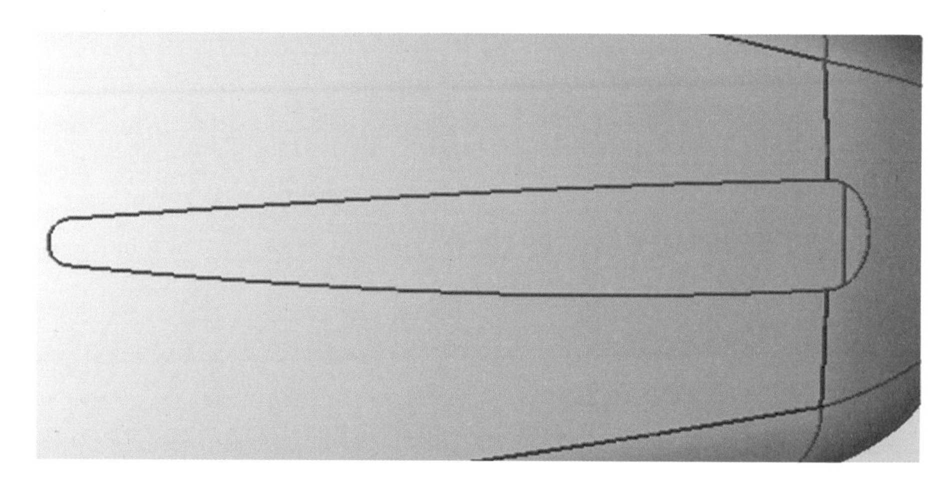

图7-82 剪切曲面

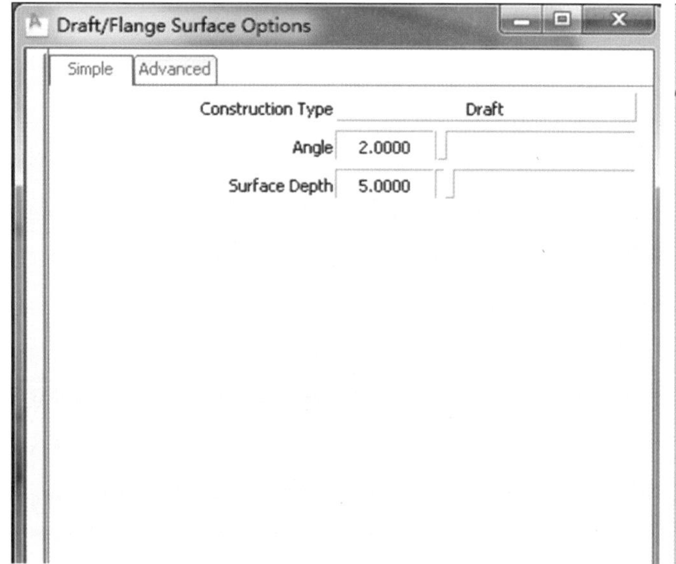

图7-83 设置数据

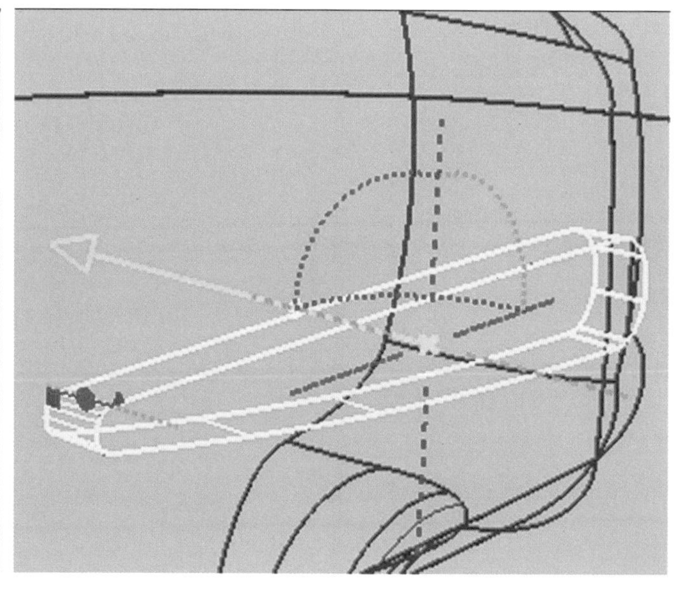

图7-84 翻边

图7-85 使其形成交线

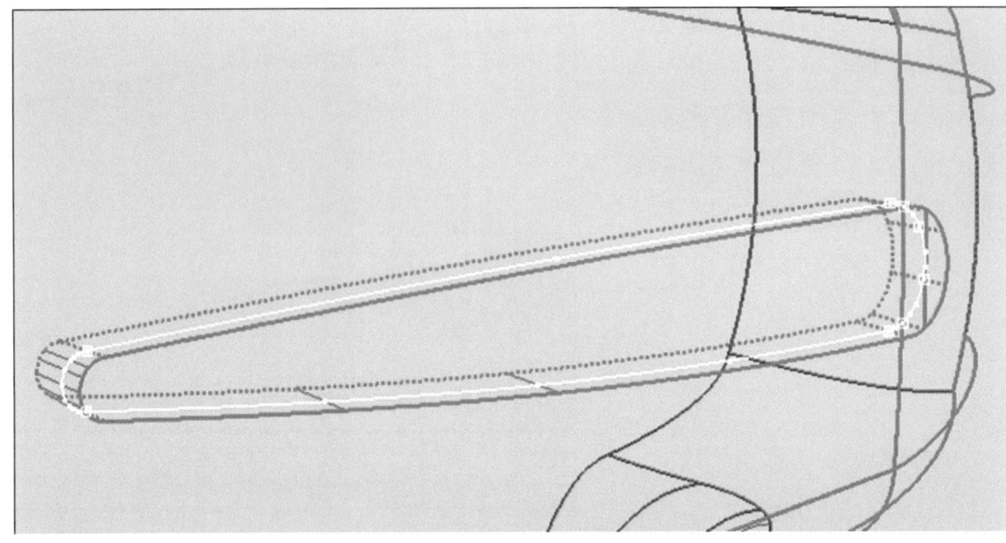

图7-86 偏移面上线

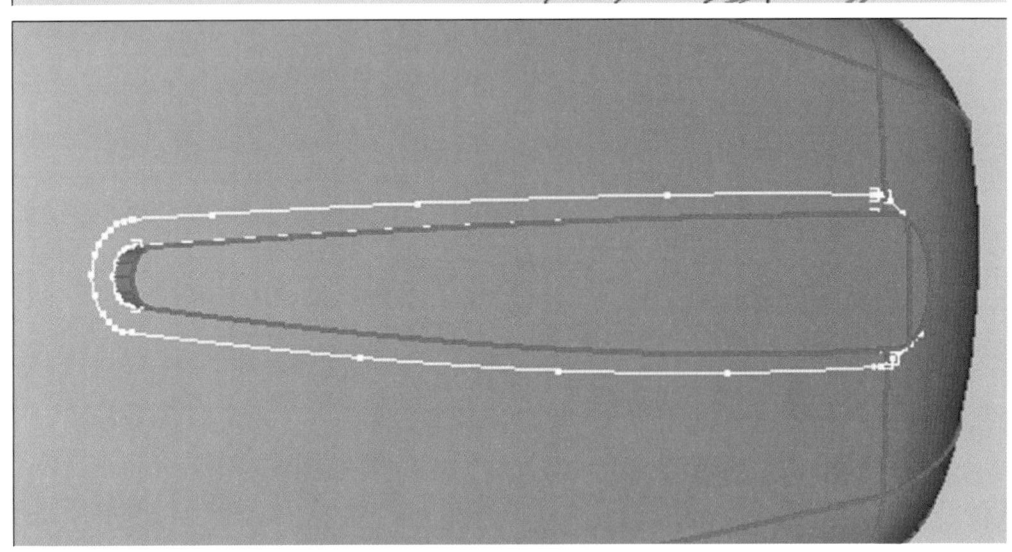

图7-87 设置数据

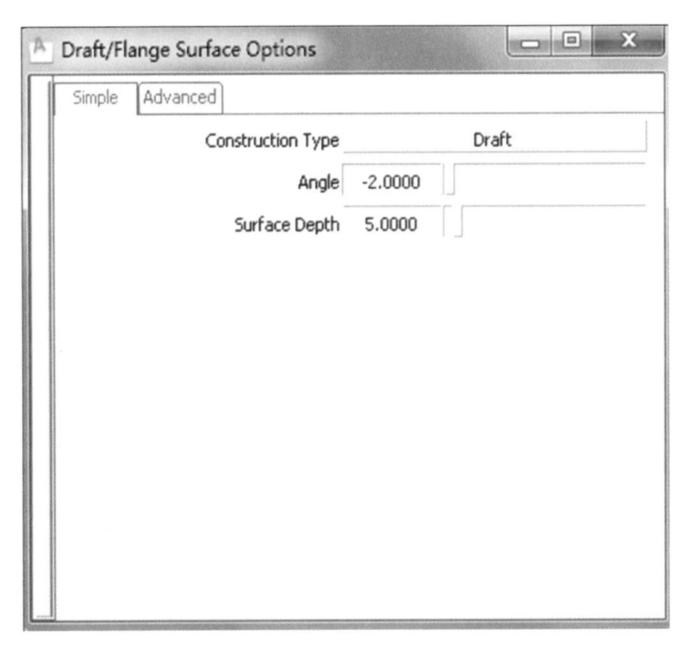

（图7-85）。

⑦在工具箱中选择"Surfaces" > "Tubular offset"，Surface设置为None，Radius 数值设为1，将面上线偏移（图7-86）。

删除里面的两条面上线，利用剪切工具修剪模型侧面，在修建的边界上使用"Surfaces" > "Draft"，数据设置如图7-87所示。

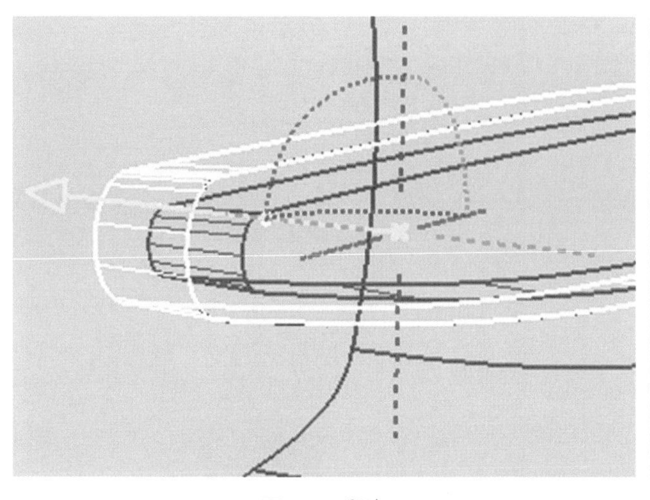

图7-88　翻边

7-89　倒角

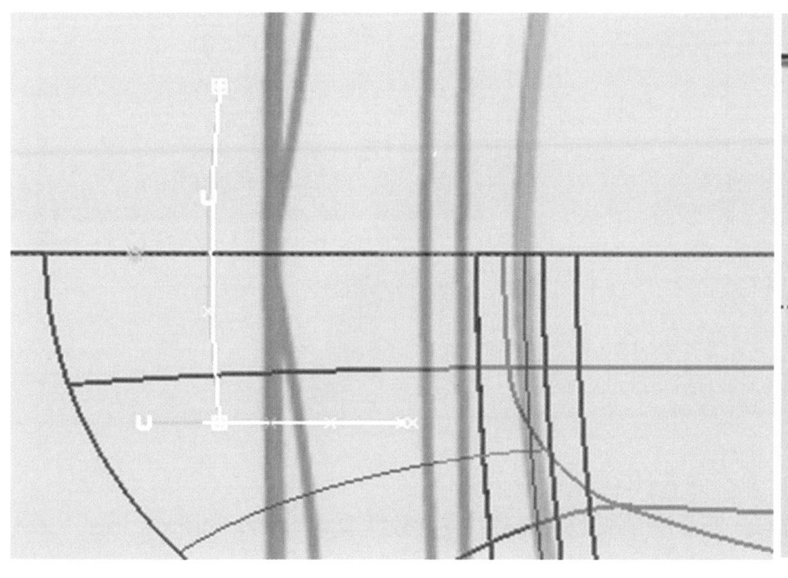

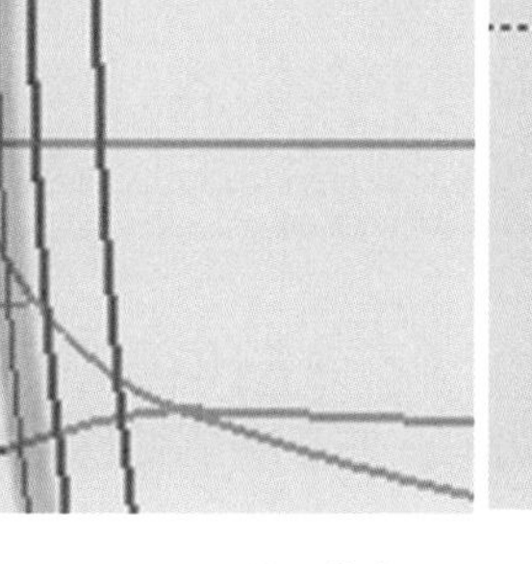

图7-90　绘制曲线

模型形成的翻边应该是上大下小。如果翻边的角度不对，将Angle栏中数值前的负号去掉即可，效果如图7-88所示。

⑧选择工具箱中的“Surfaces”>“Round”，对所有的边倒角，在此处倒角数值取0.3（图7-89）。

⑨对应顶视图和左视图，绘制如图所示两条曲线，第二条曲线的起点捕捉到第一条曲线的终点（图7-90）。

⑩在工具箱中选择“Surfaces”>“Rail surface”，将Generation Curves设置为1，Rail Curves设置为1，选择所绘的两条曲线，所建曲面如图7-91所示。

在工具箱中选择“Object Edit”>“Detach”，选中顶

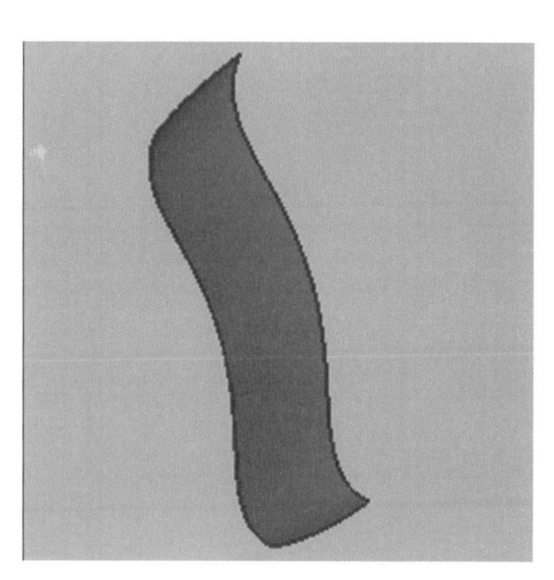

图7-91　创建曲面

图7-92（左） 绘制曲线

图7-93（右） 剪切面

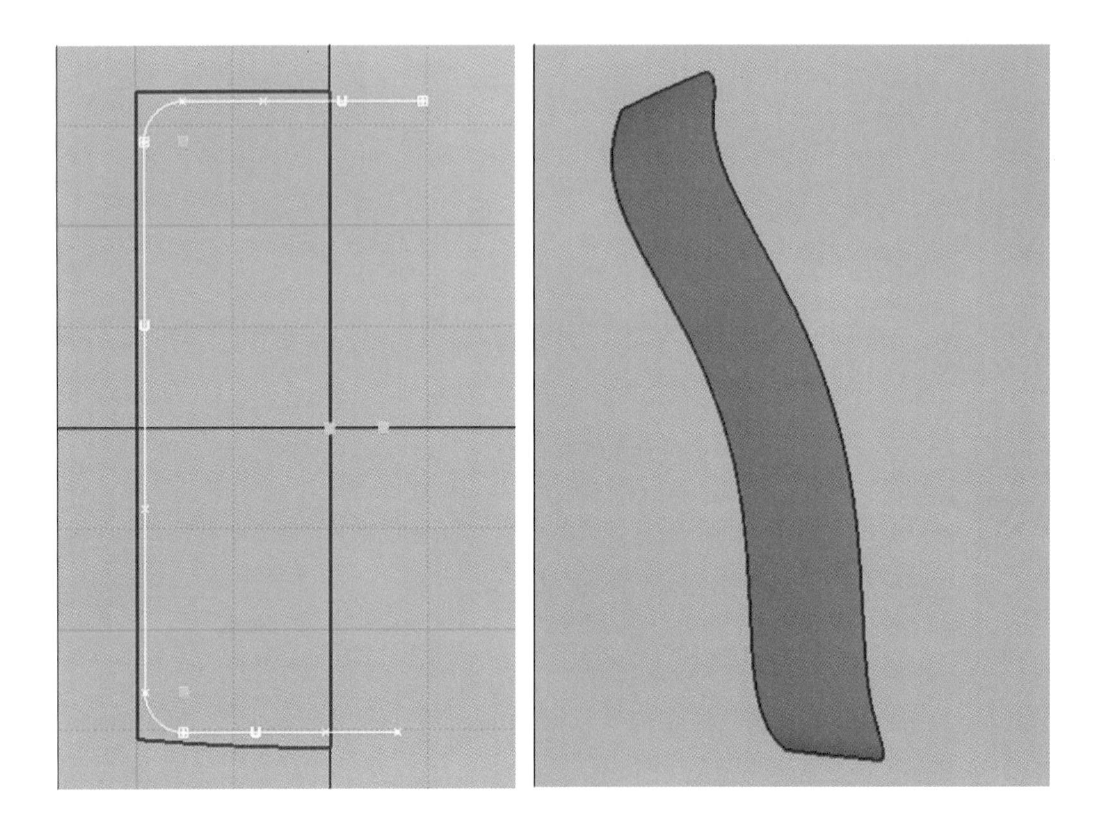

面的边界，按住Alt键将分割线移到中间位置，点击GO，删除内侧不要的面。

⑪在Back视窗中绘制曲线（图7-92）。

将其投影到所建立的按钮面上，使用剪切工具将不要的面剪切掉，效果如图7-93所示。

接下来的步骤跟刚才所建的按钮大同小异。

⑫在工具箱中选择“Surfaces”>“Draft”，数据设置如图7-94所示。

图7-94（左） 设置数据

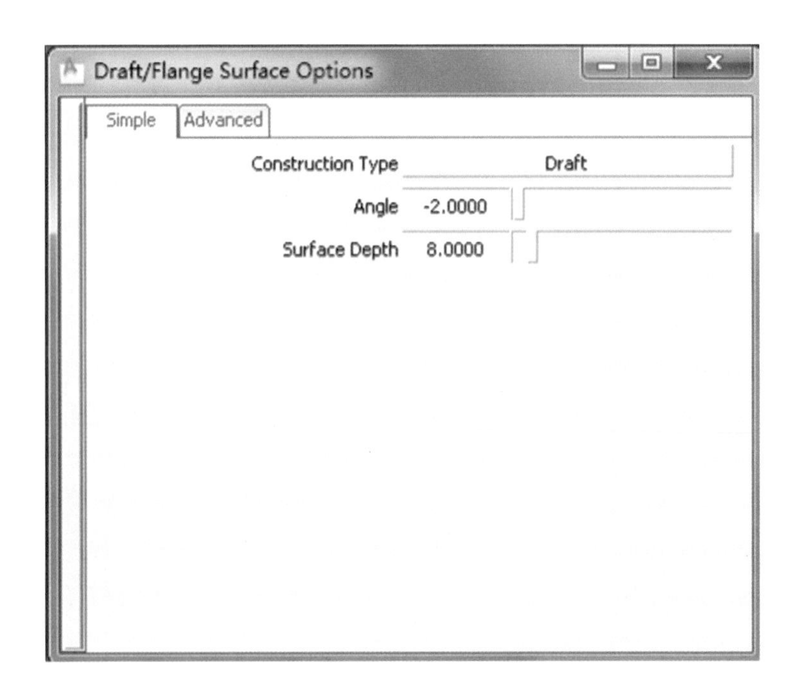

因为这个按钮有一定斜度，所以翻边长度比刚才稍长，将翻边角度略做调整，使其基本垂直于把手（图7-95）。

⑬使用Intersect工具让按钮和把手生成交线，使用Tubular offset工具偏置面上线，使用Trim工具修剪把手，使用Draft工具对把手翻边。最后，使用Round工具对所有的边进行倒角。

至此，模型的建立就全部结束了。将所有的曲面标记到body图层里，并选中Symmetry，对模型进行镜像。在菜单栏中，选择“Layers”>“Symmetry”>“Create geometry”，最终的模型效果如图7-96所示。

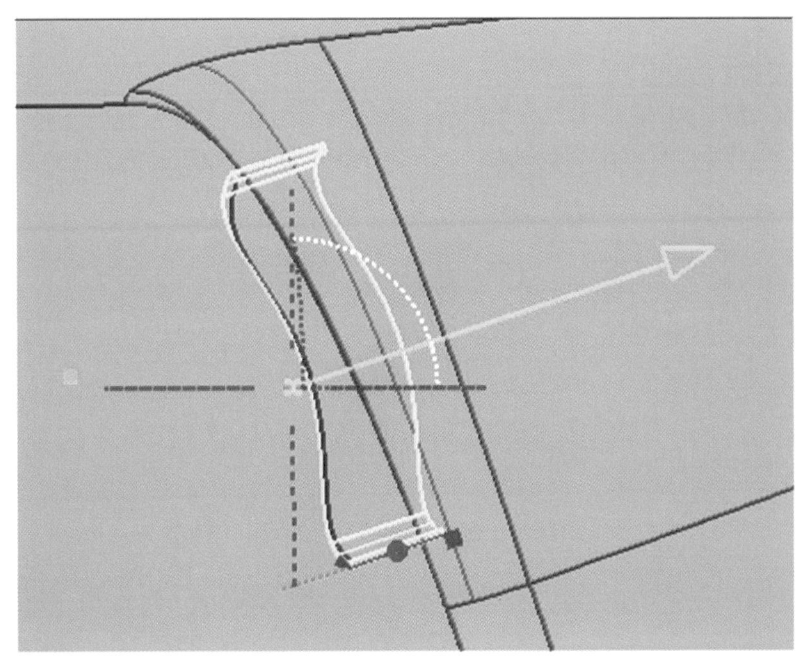

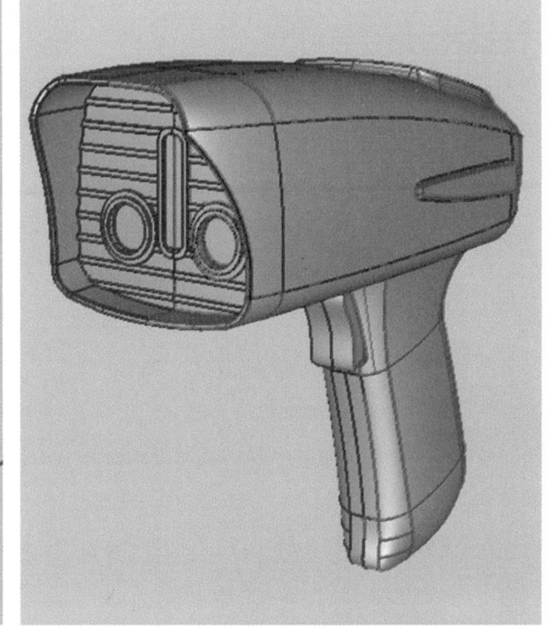

图7-95（左） 翻边效果

图7-96（右） 最终换型效果

7.2
Alias交通工具建模——概念游艇案例

7.2.1 建模准备

一般在建模开始前我们需要准备两样东西，一样是产品的三视图（图7-97），可以辅助我们建模；一样产品的透视效果图（图7-98），可以帮助我们更好地理解产品的形态。

图7-97（上） 三视图

图7-98（下） 透视效果图

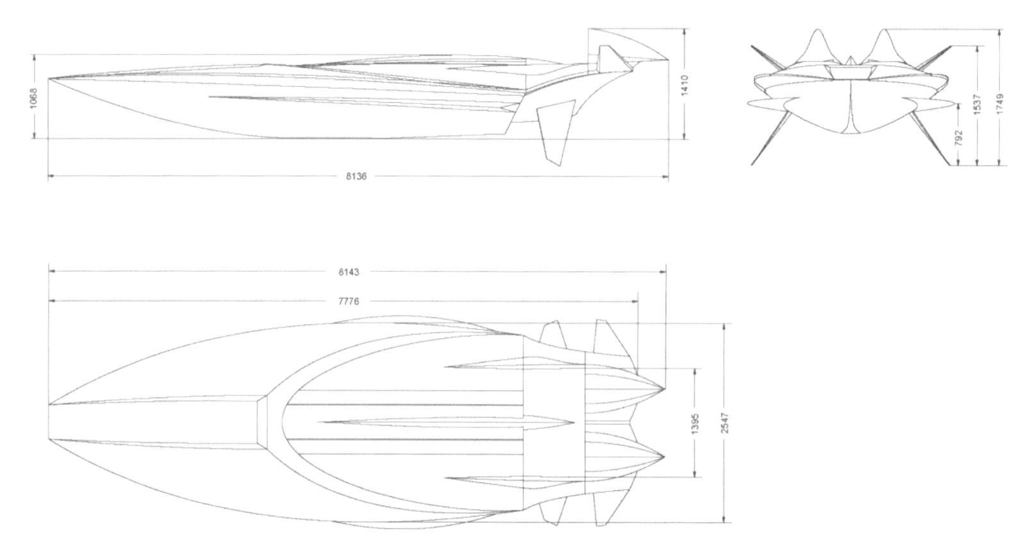

7.2.2 导入三视图

在英文路径的文件夹下可直接将图片拖曳至相应视图当中，然后对图片的位置和大小的进行适当地调整使其匹配（图7-99）。

图7-99 导入三视图

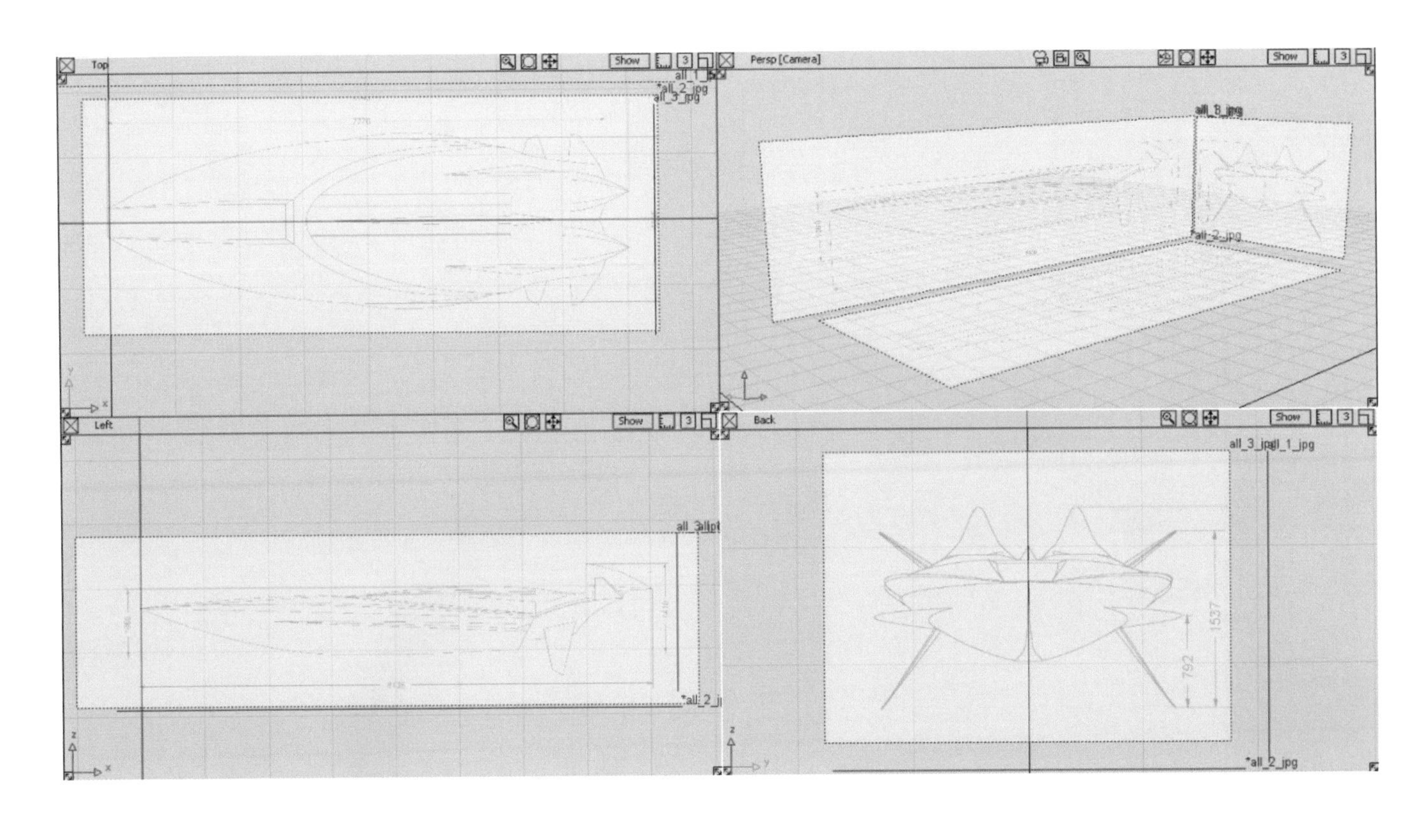

7.2.3 构建主要特征曲线

在概念建模中，最重要的是抓住特征线，体现设计的意图。如何用最少的CV点最准确地描述一条特征线，是建模中很重要的一点，因为CV点越少，所建出来的曲面就会越简单，曲面质量也会越高。笔者的习惯是，先生成一条Edit_Point_Curve，接着在控制菜单中将其设置成2阶曲线（图7-100），不断去拟合线稿。若二阶曲线实在无法拟合，那么再逐阶往上升。这样可以有效地保持以较少的CV点，建出高质量的曲面。

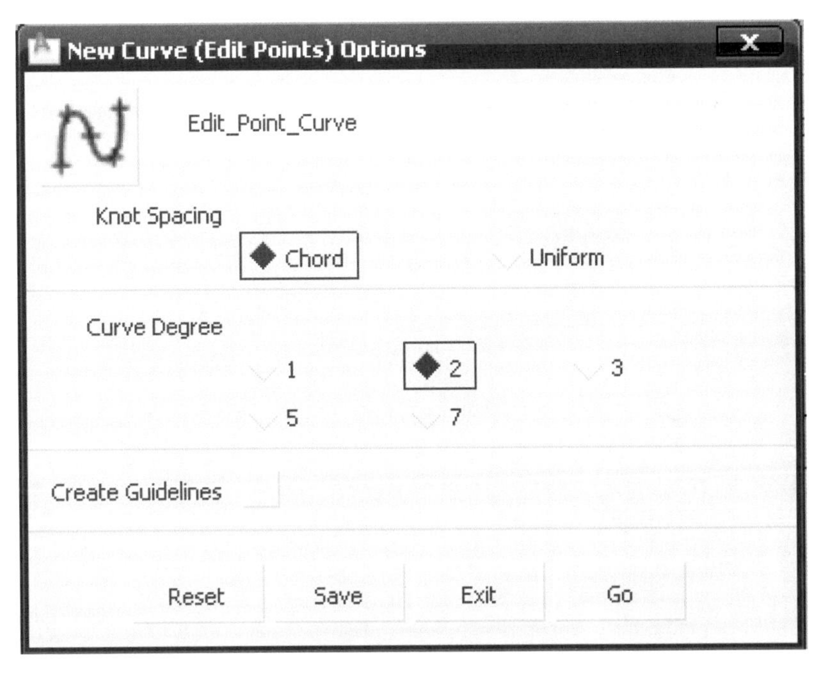

图7-100 曲线阶数设置

（1）侧身曲线

图7-101（上） 侧身曲线

图7-102（下） 上部侧身曲线

根据上述方法绘制侧身曲线（图7-101）。

再用同样的方法绘制出上部侧身曲线（图7-102）。

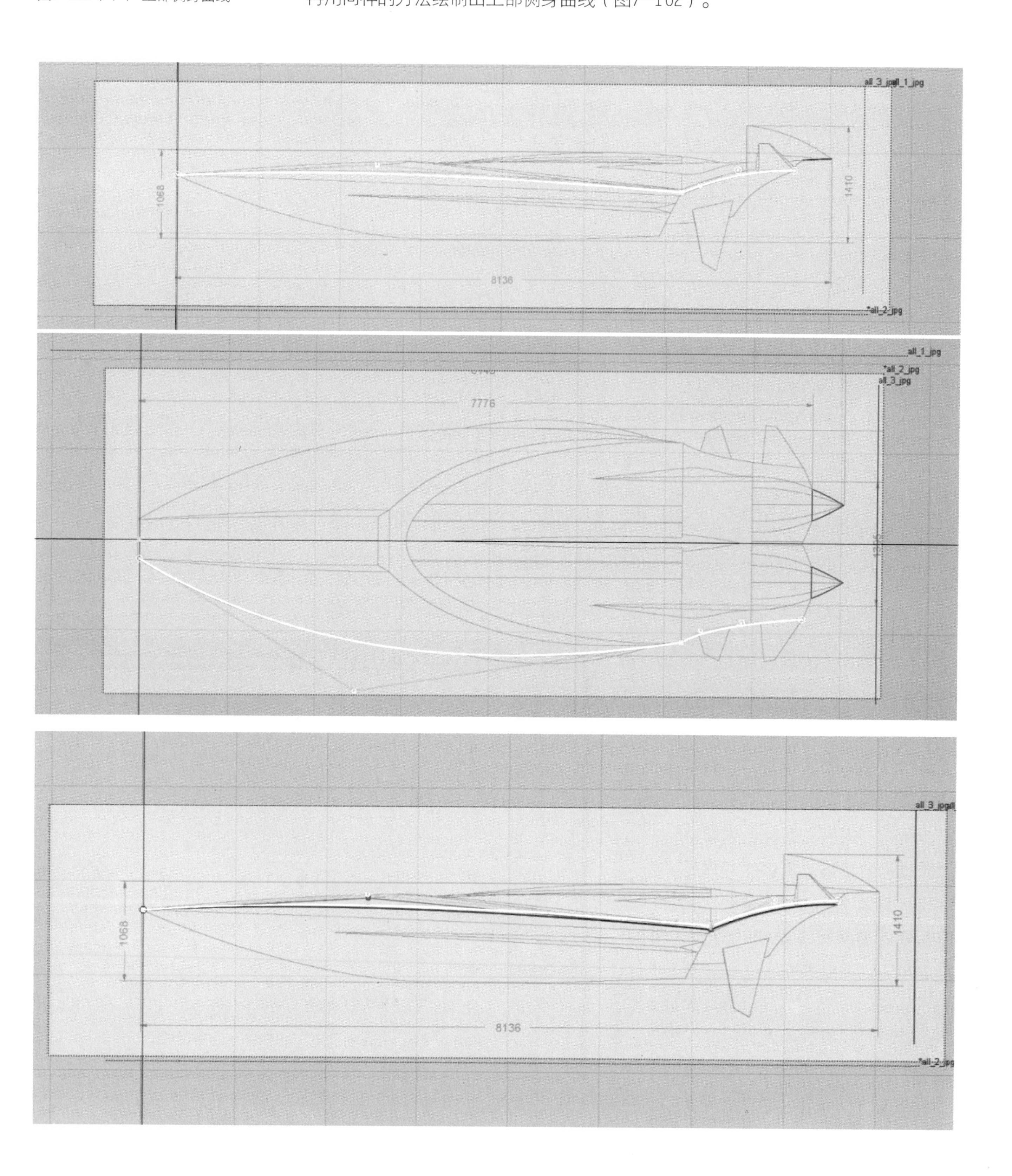

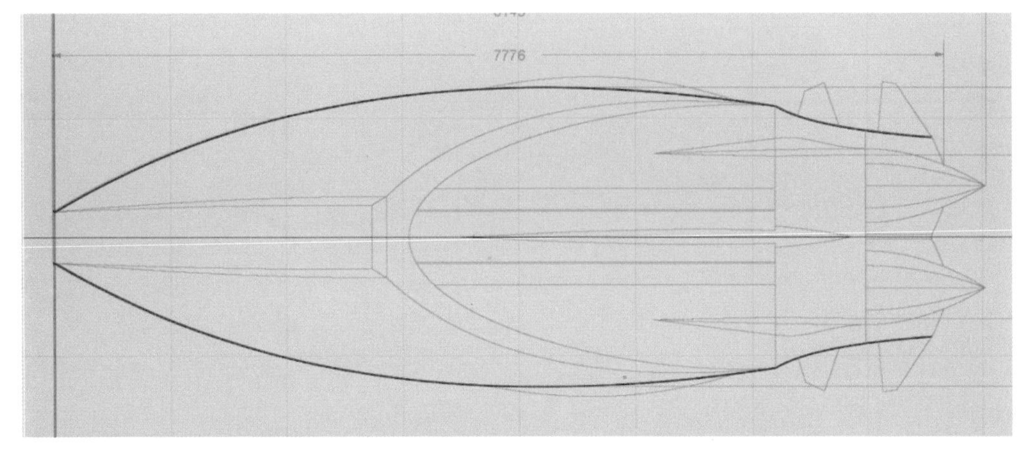

图7-103 镜像侧身曲线

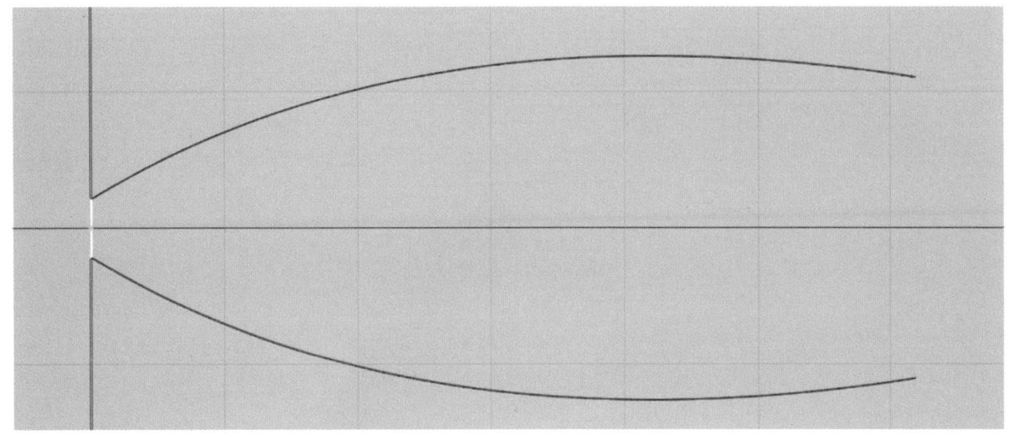

图7-104 连接船头的曲线

（2）镜像侧身曲线

选择镜像命令将侧身曲线对称过去（图7-103）。

连接船头的曲线（图7-104）。

（3）船底曲线的绘制

捕捉船头曲线中点，然后绘制船底曲线并作适当调整使之与视图匹配（图7-105）。

图7-105 船底曲线的绘制

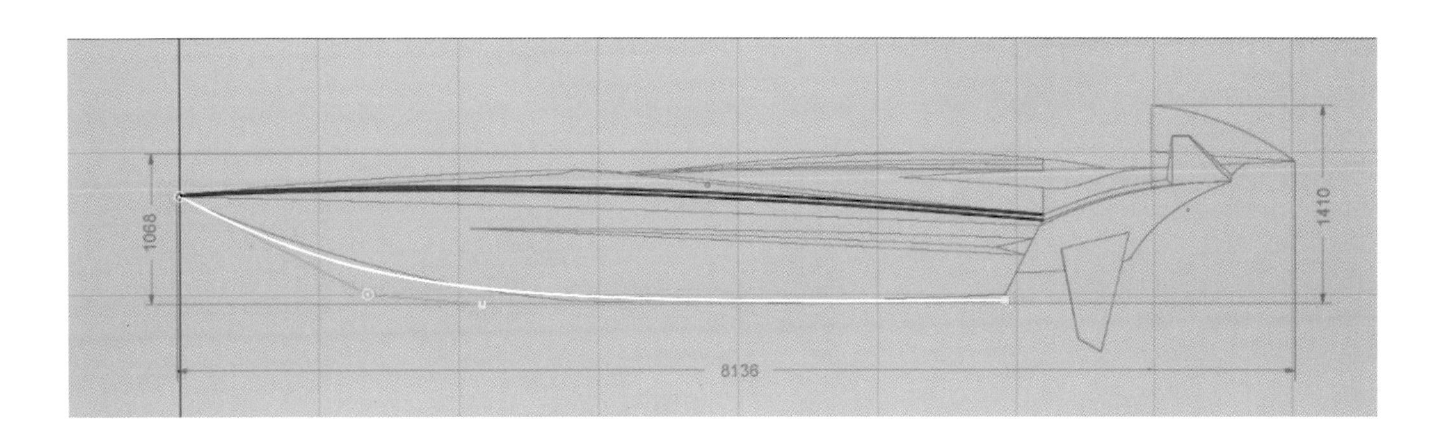

继续绘制船底曲线（图7-106）。

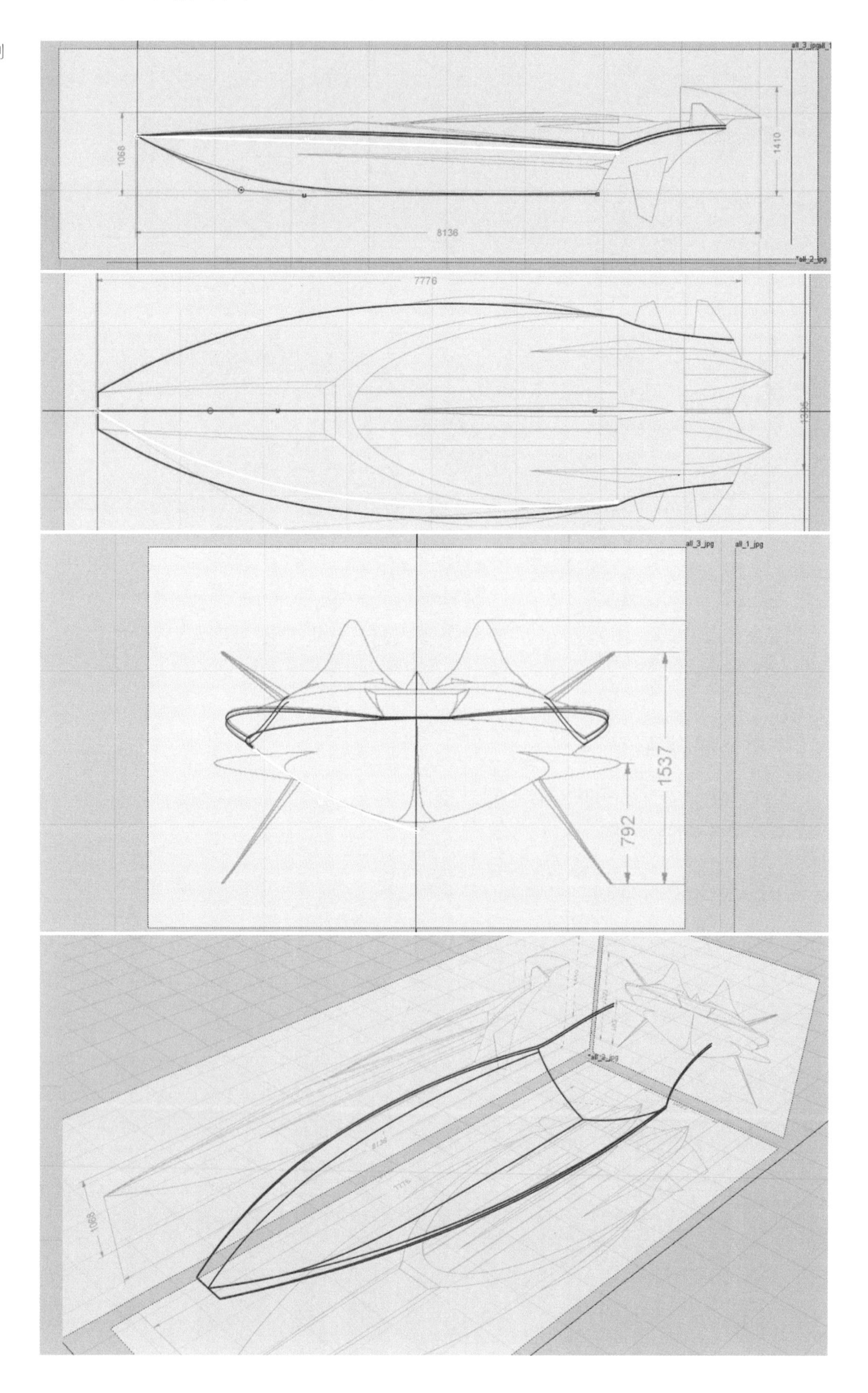

图7-106 船底其他曲线的绘制

船底后部曲线的绘制（图7-107）。

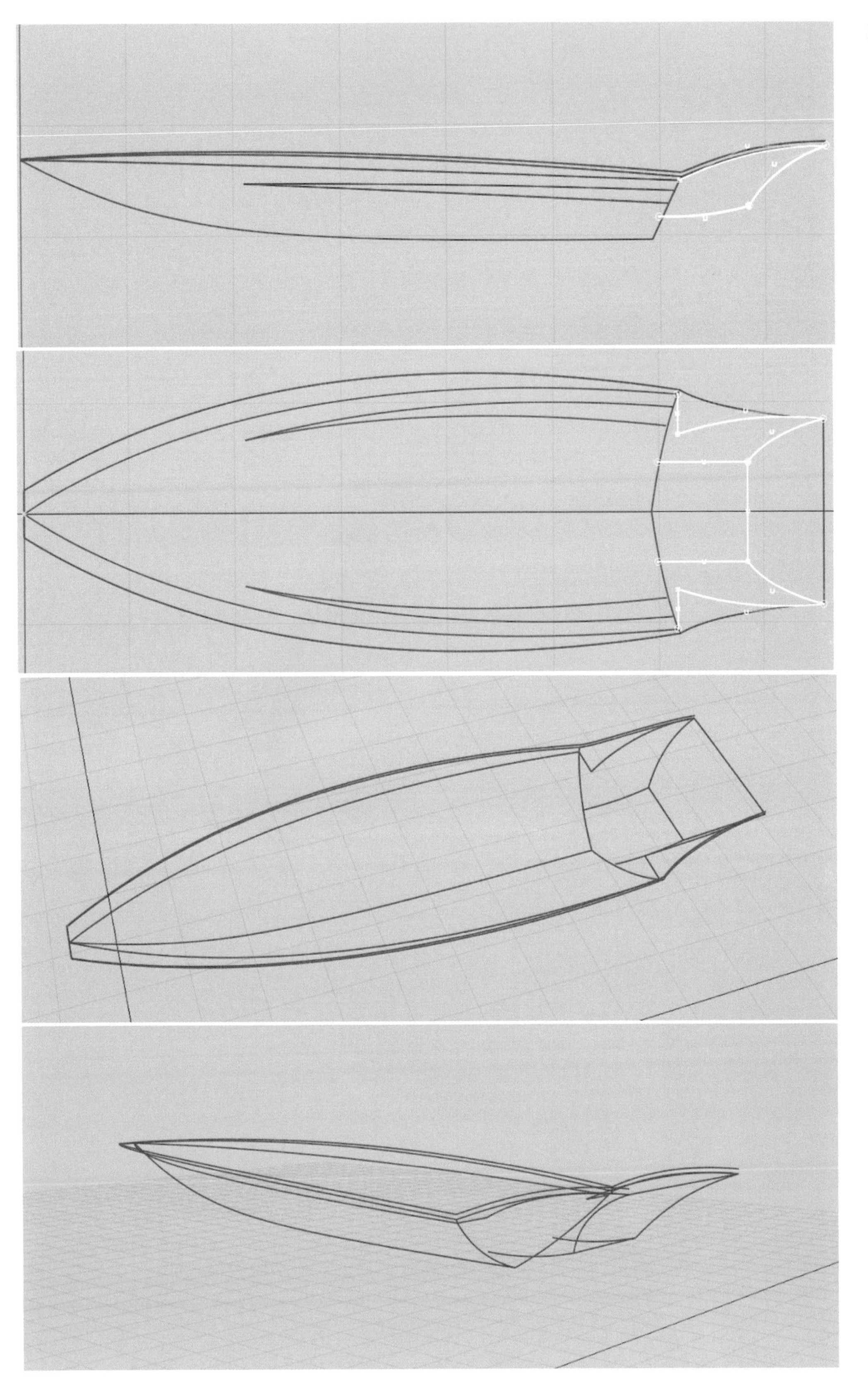

图7-107 船底后部曲线的绘制

（4）船身上层曲线的绘制

先绘制的是一些辅助曲线，主要用于后续曲面的一些剪裁（图7-108）。

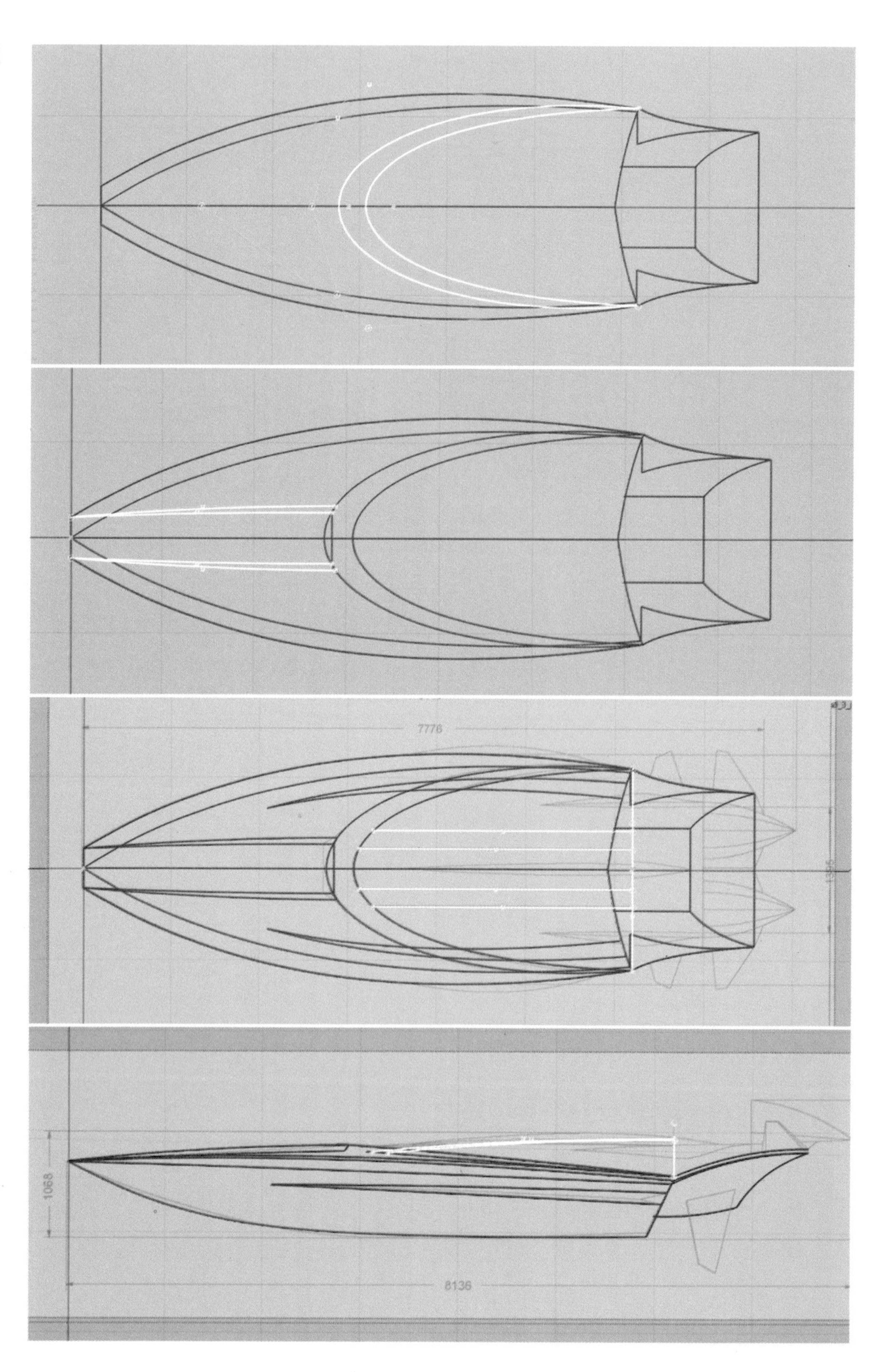

图7-108　船身上层曲线的绘制

（5）驾驶舱层曲线的绘制

驾驶舱的曲线绘制依然先选择二阶曲线，当二阶曲线无法准确描绘曲线时换成三阶，依此类推（图7-109）。

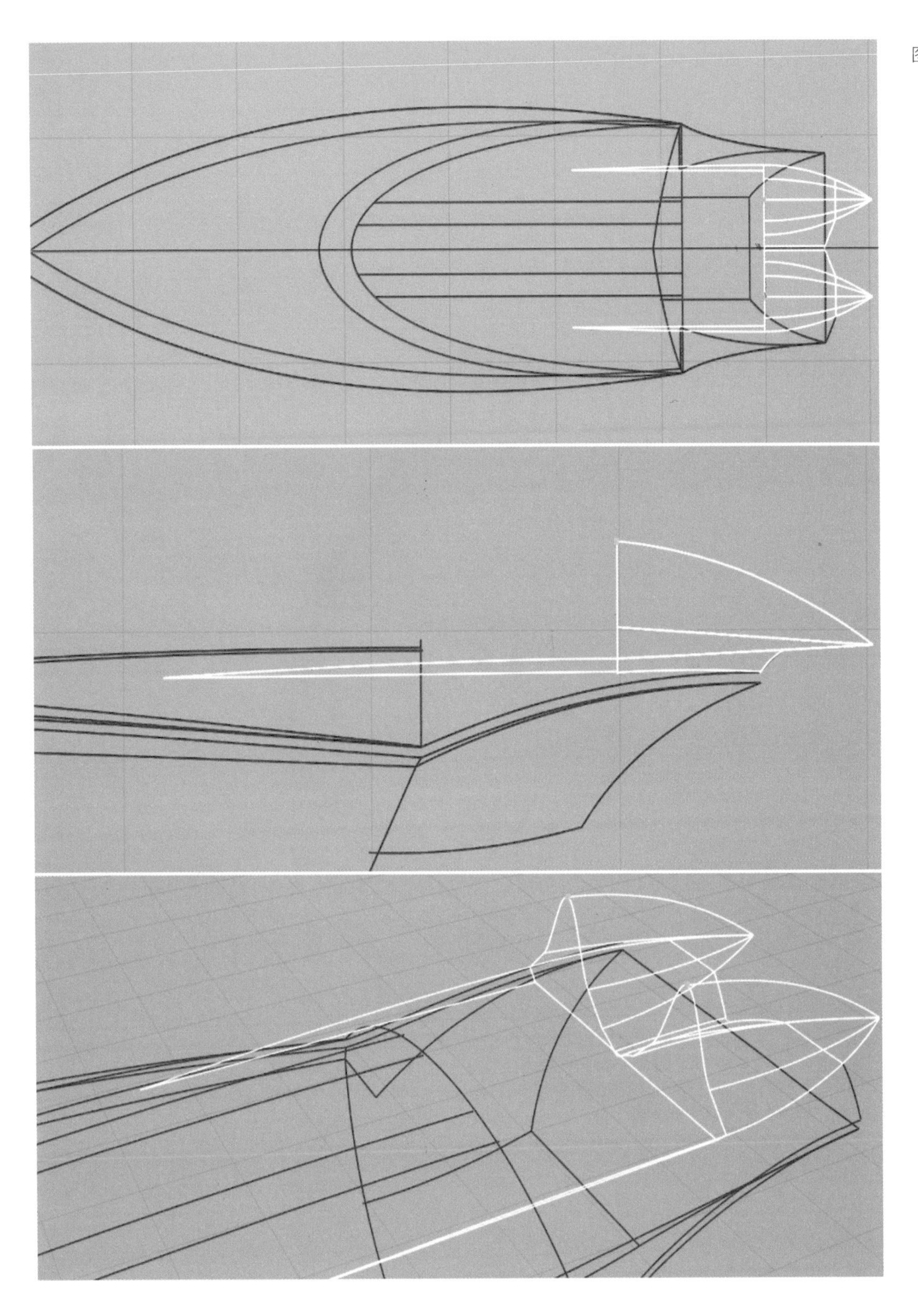

图7-109　驾驶舱曲线的绘制

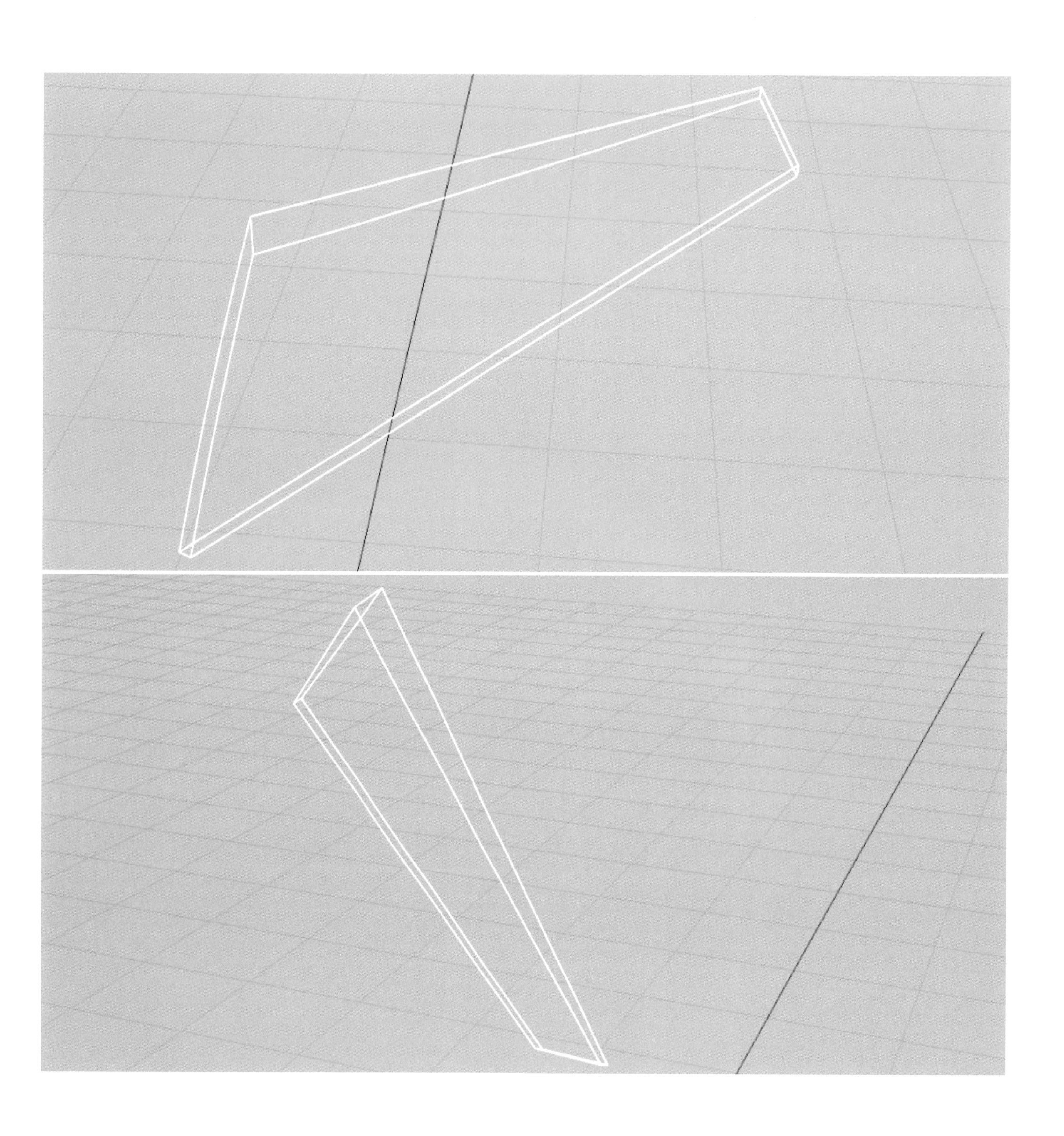

图7-110 尾翼曲线的绘制

(6)尾翼曲线的绘制

画尾翼曲线需要注意的是，尾翼前部比后部要窄，这样比较符合流体力学的要求（图7-110）。

(7)侧翼曲线的绘制

这一步所绘制的侧翼曲线主要用于后续曲面的剪裁，所以只要满足在各个视图中与图纸相匹配即可（图7-111）。

图7-111　侧翼辅助曲线的绘制

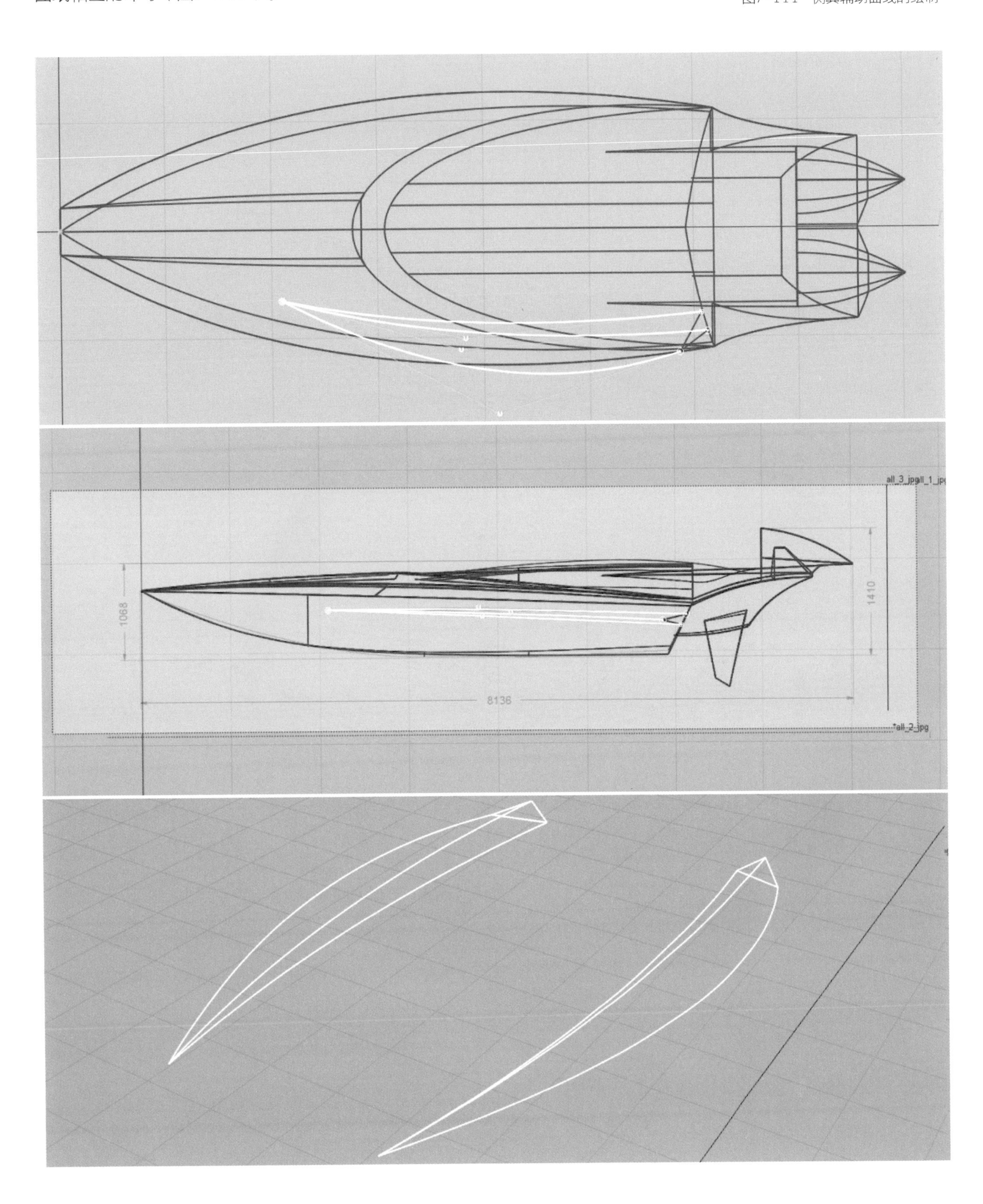

（8）主要特征线的绘制完成

通过三维线框图的绘制，我们能对船体的结构有了大致的了解，对后续曲面的建模有很大的指导作用（图7-112）。

图7-112 船体整体线框图

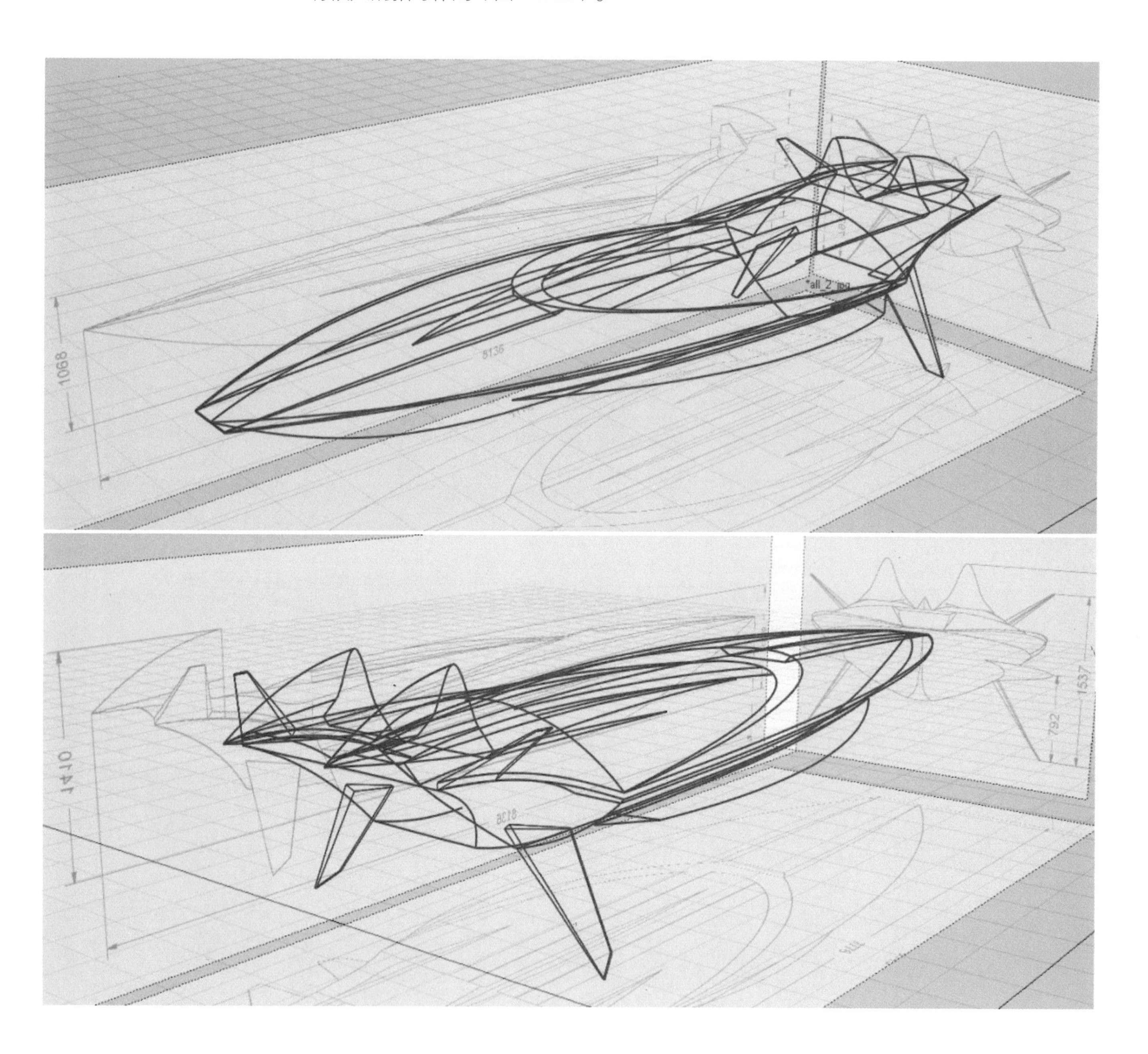

7.2.4 曲面的构建

（1）船底曲面的构建

①首先根据之前所绘制的船底曲线，使用Rail命令构建船底（图7-113）。

②使用Rail命令构建船底上沿突出部分（图7-114）。

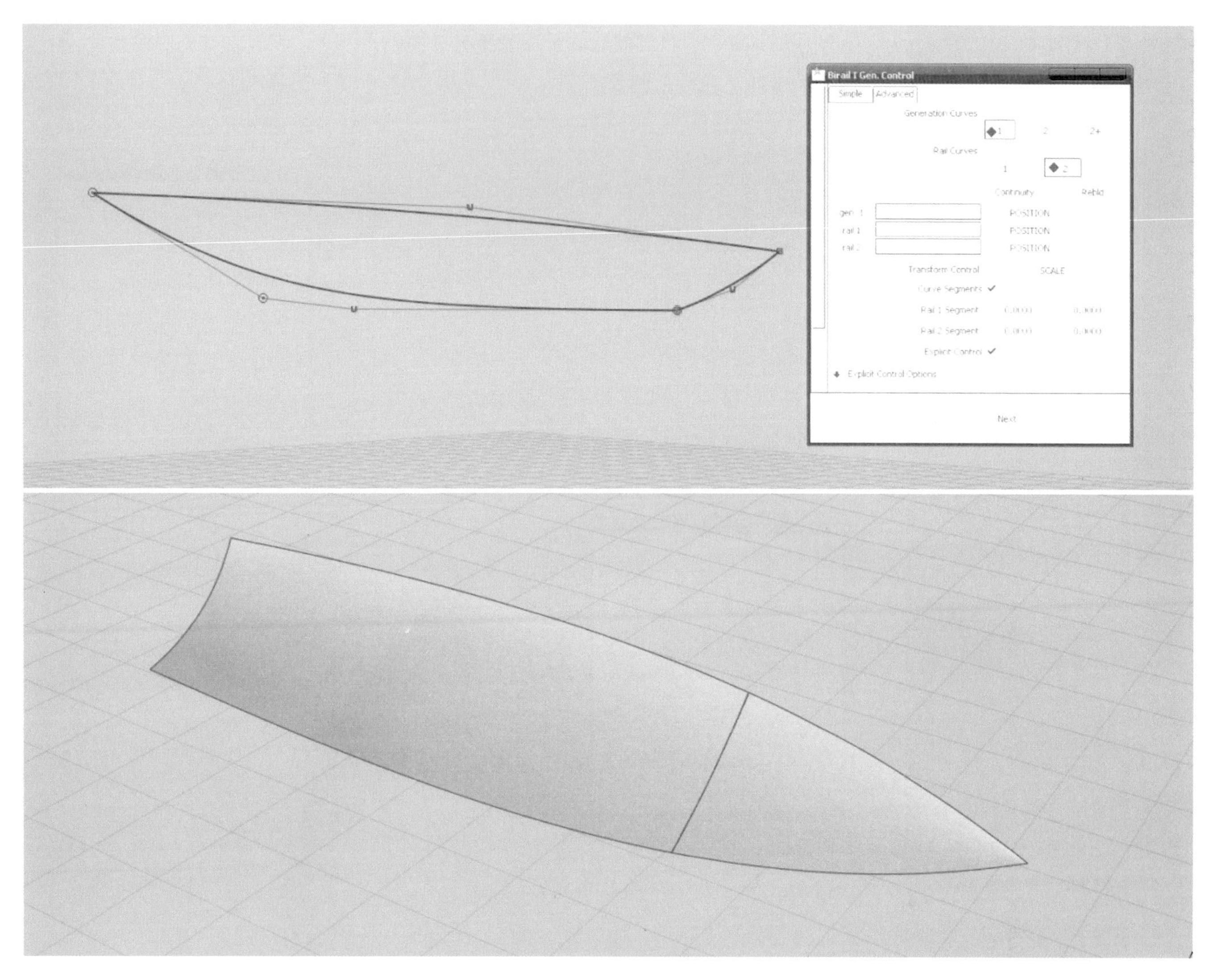

图7-113 船底曲面的构建

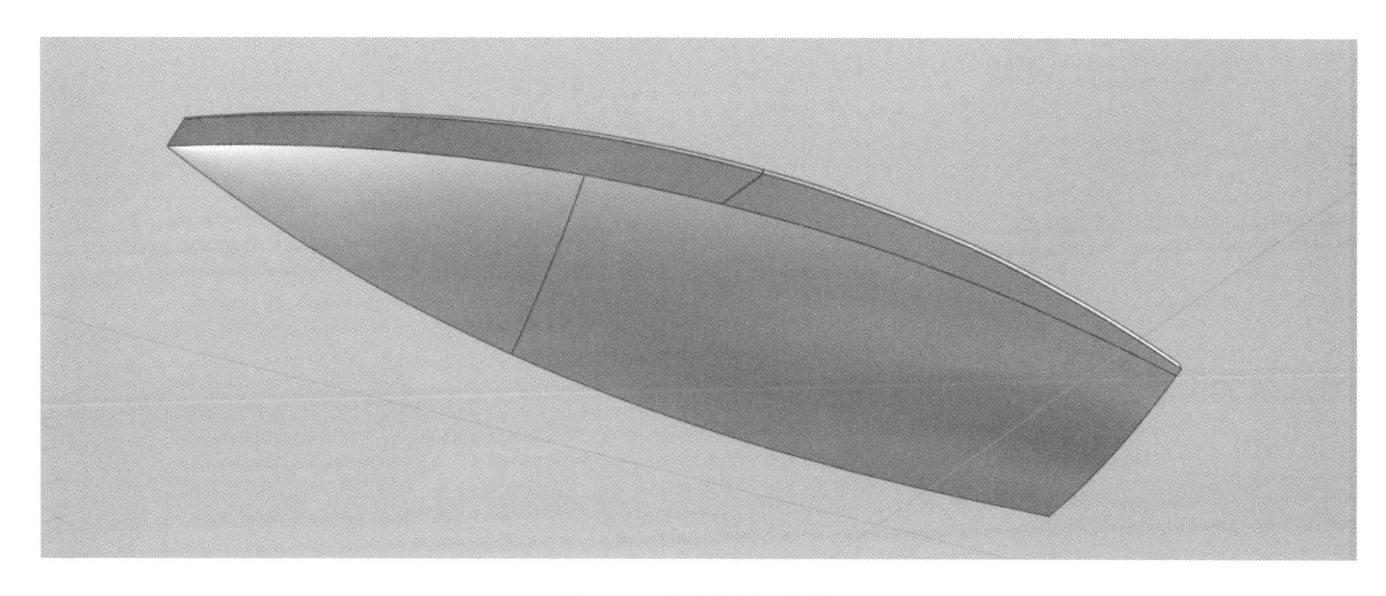

图7-114 船底上沿突出部分

③使用Rail命令构建驾驶舱后部船底部分（图7-115）。

曲面的剪裁（图7-116）。

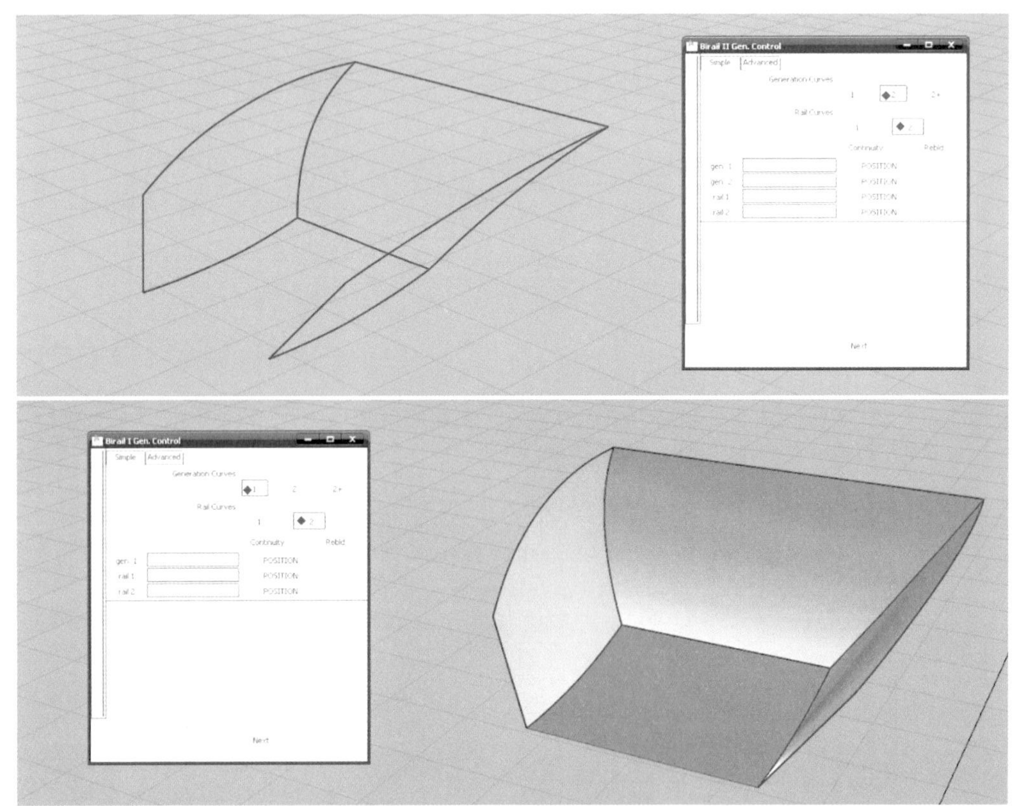

图7-115　驾驶舱底部曲面的构建

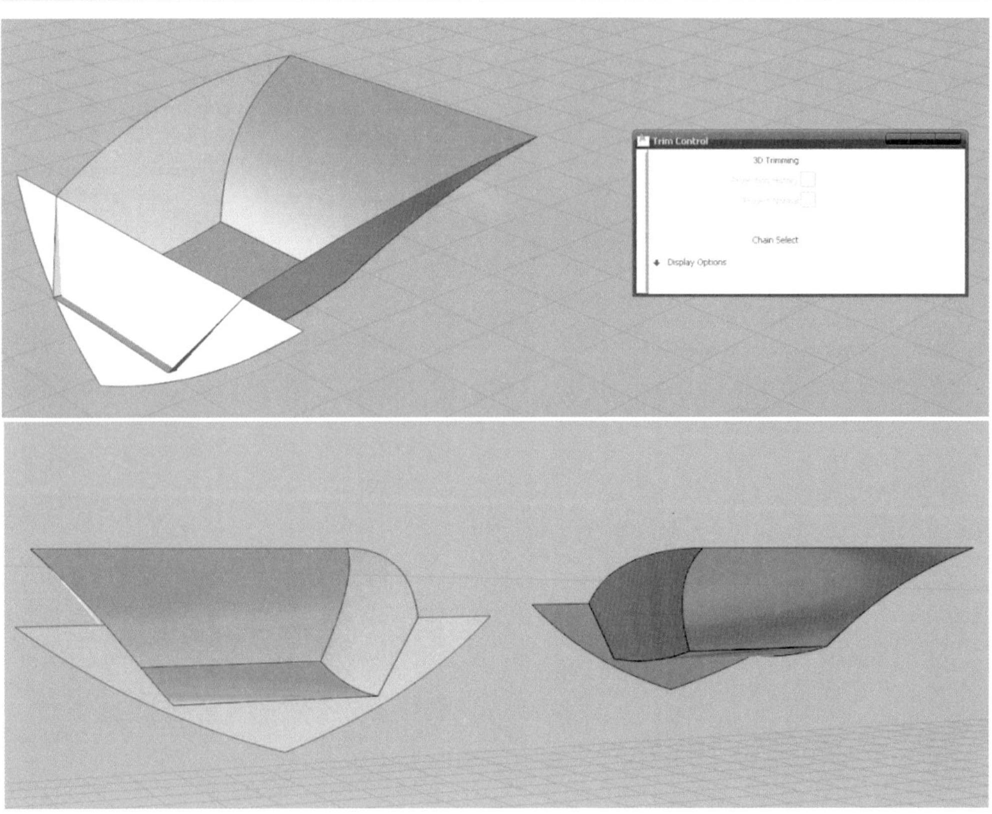

图7-116　驾驶舱底部曲面的剪裁

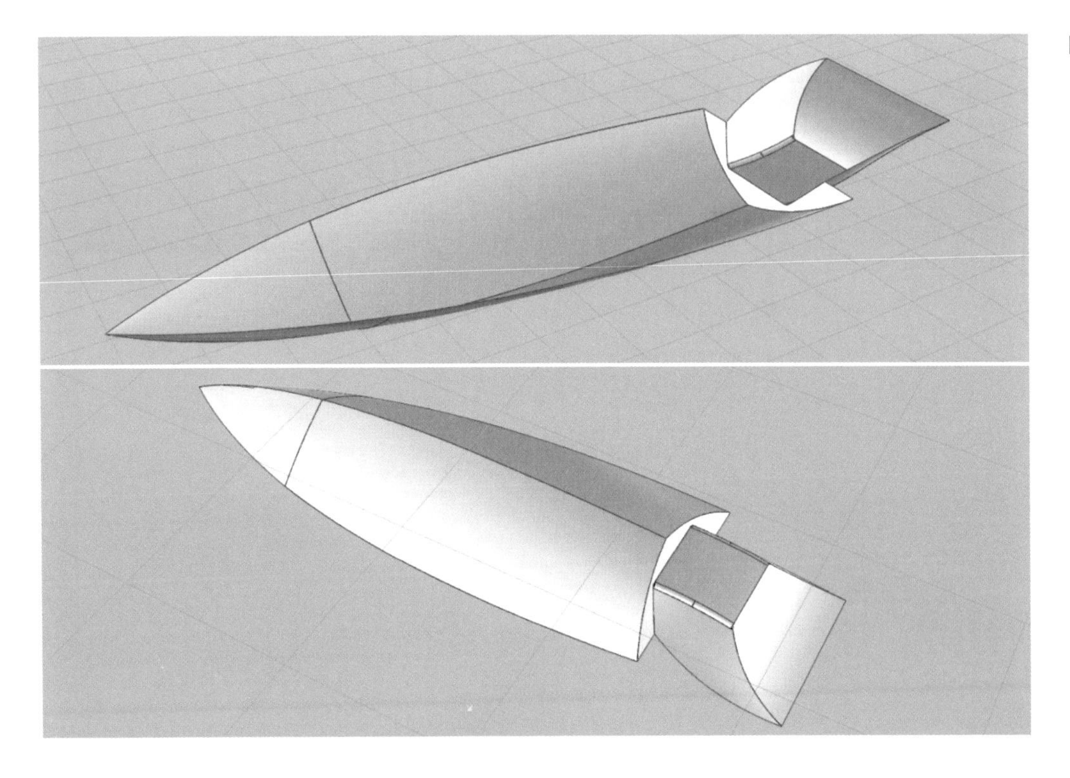

图7-117 船底基本曲面

船底基本曲面的完成（图7-117）。

（2）船体上层曲面的构建

绘制如图7-118所示曲线。

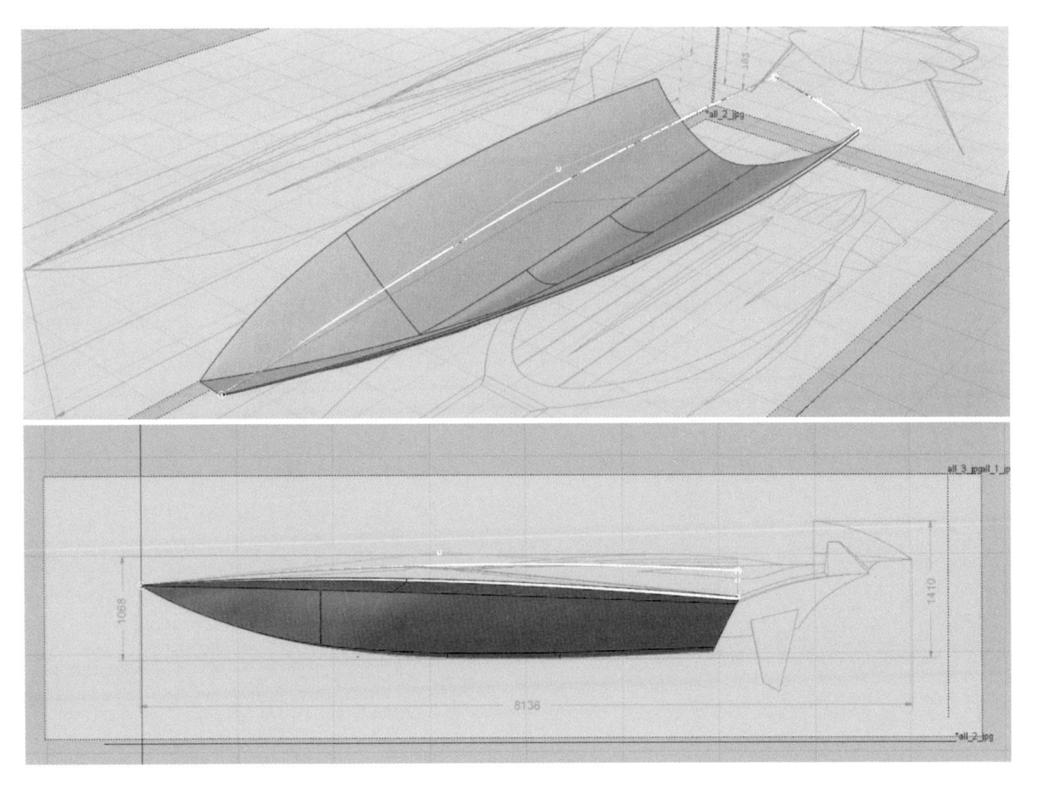

图7-118 绘制曲线

使用Rail工具构建前端曲面（图7-119），然后根据之前所画曲线投影剪裁（图7-120）。

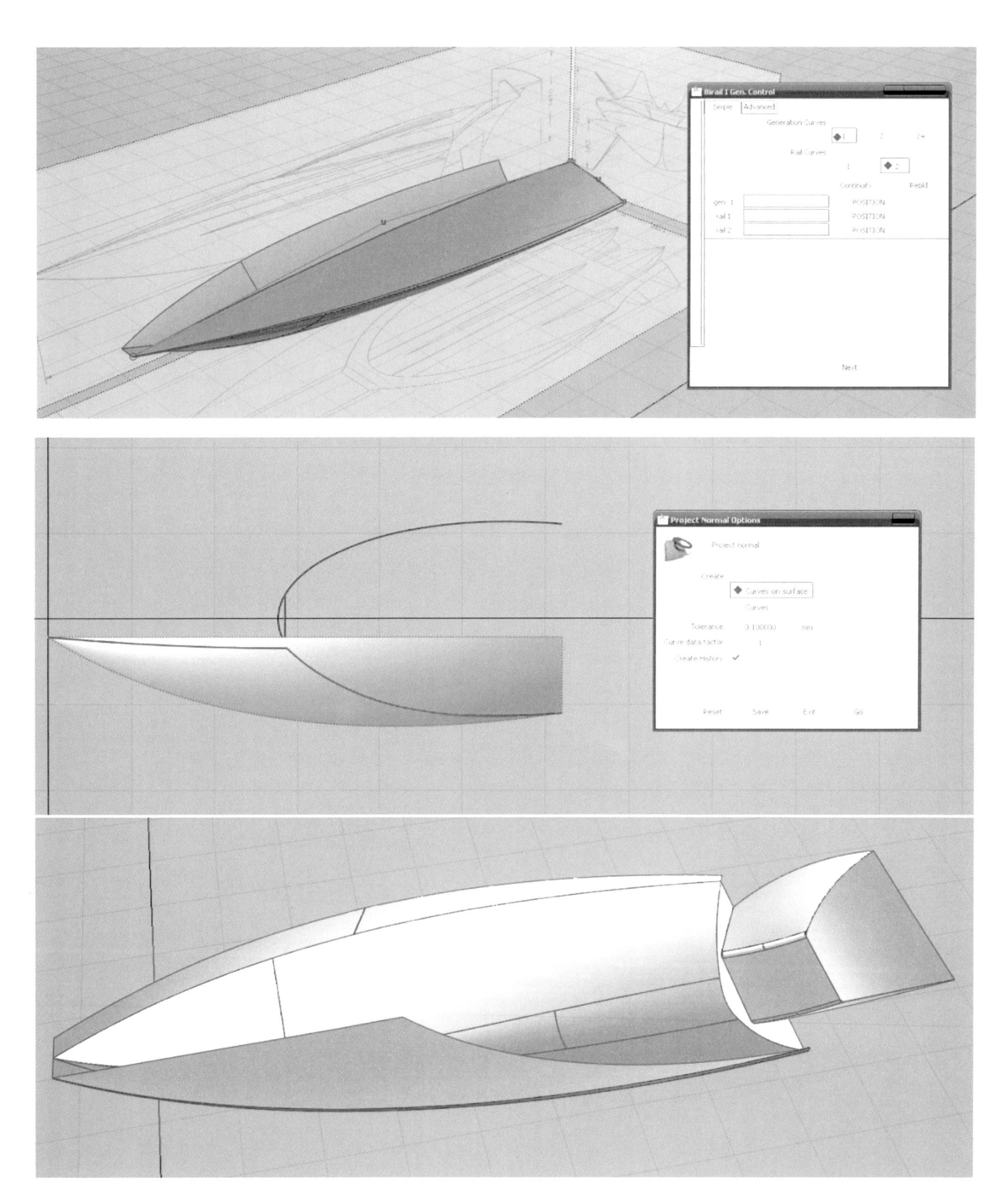

图7-119（上） 前端曲面构建

图7-120（下） 投影后剪裁曲面

使用Rail工具根据之前所画曲线构建曲面（图7-121）。

先绘制出如图7-122所示曲线，然后使用skin工具根据之前所画曲线构建顶部曲面

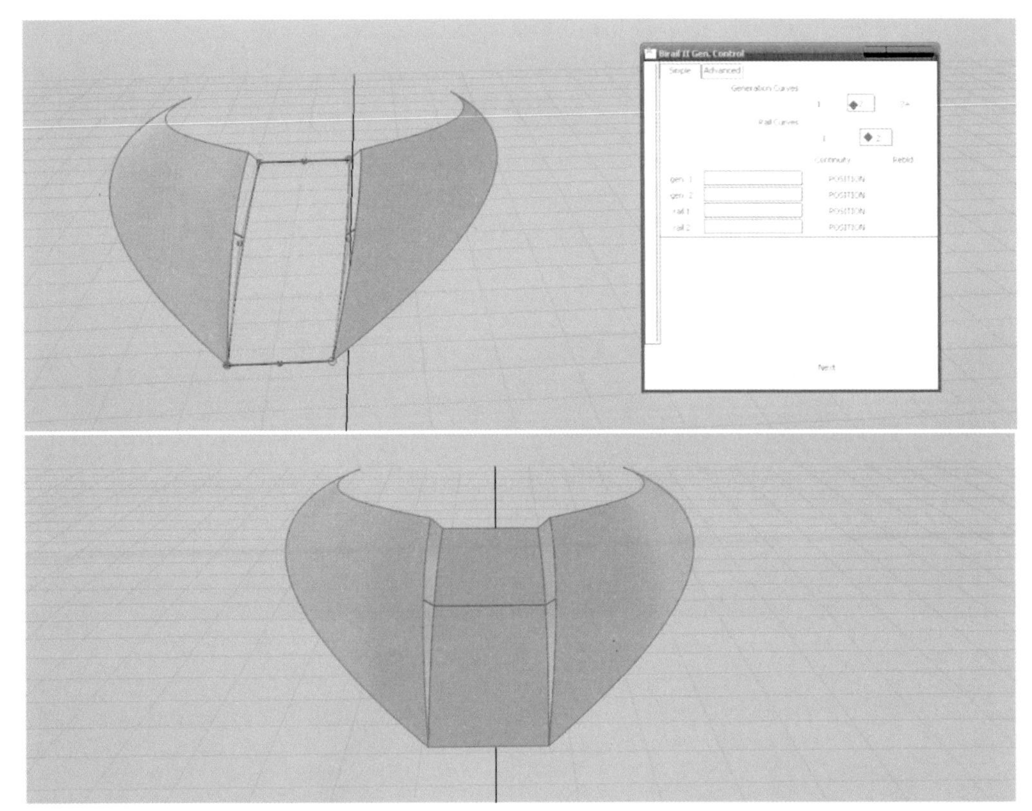

图7-121　前盖曲面

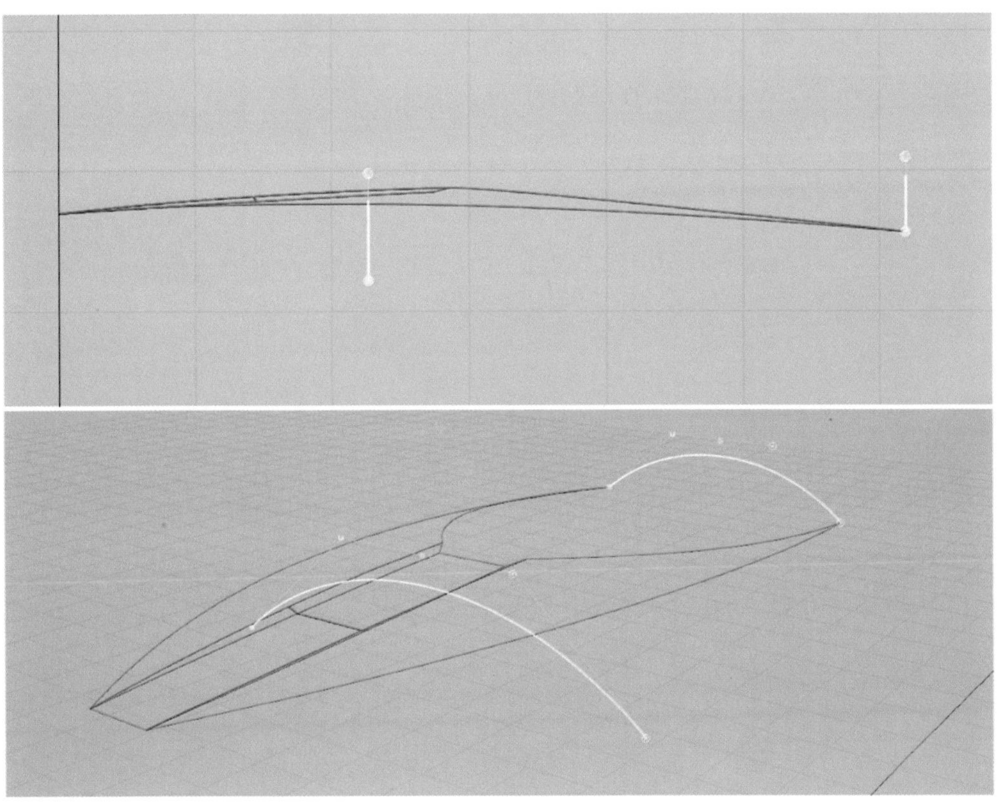

图7-122　曲线的位置

（图7-123）。

顶部曲面的投影（图7-124）及剪裁（图7-125）。

顶部曲面的台阶面的构建（图7-126）方法同上。

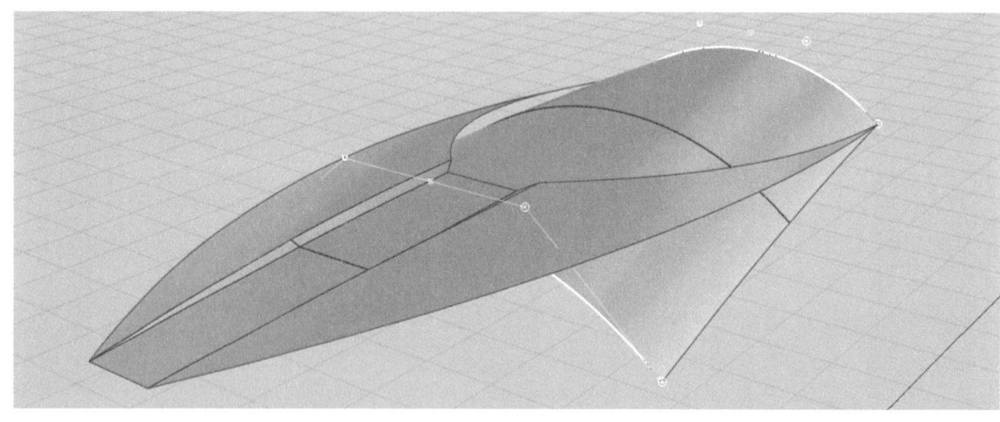

图7-123 顶部曲面

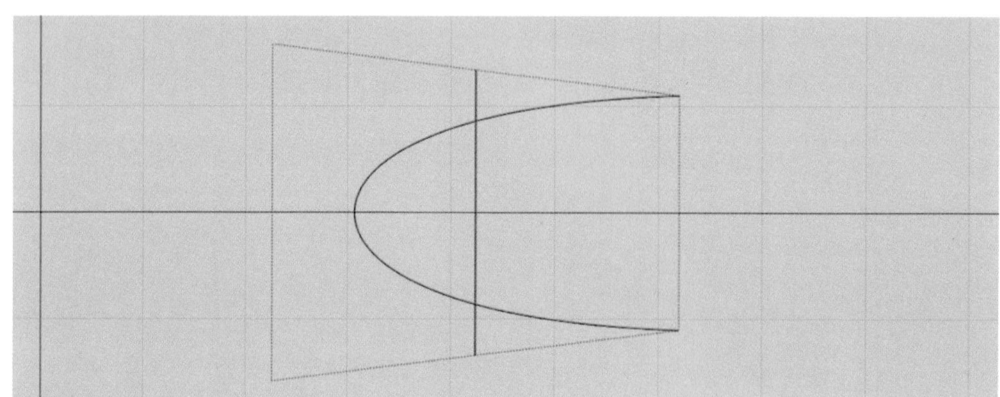

图7-124 顶部曲面的投影

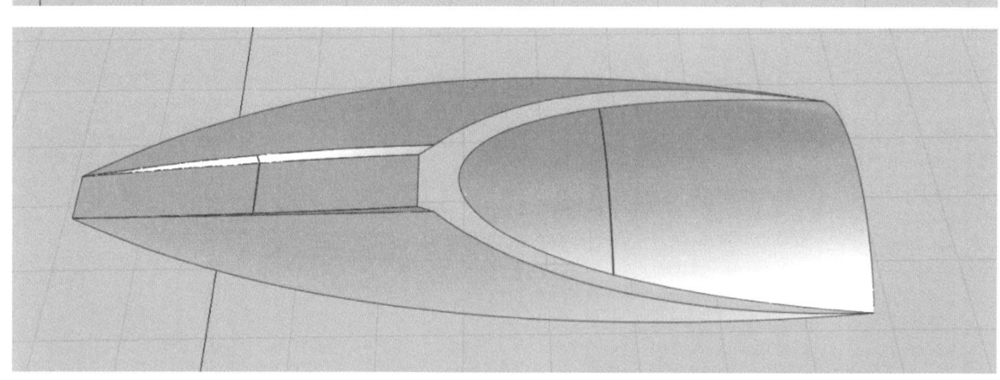

图7-125 顶部曲面的剪裁

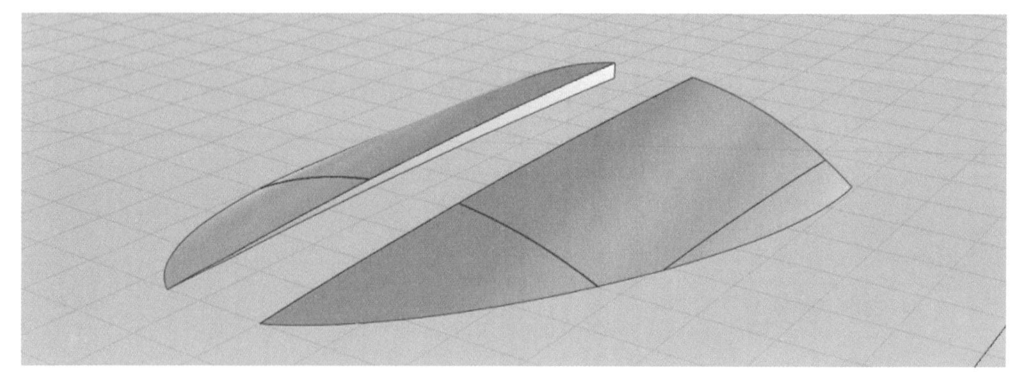

图7-126 台阶面

通过Blend curve工具绘制如图7-127所示曲线。

通过Rail工具生成如图7-128所示曲面。

通过Blend curve工具绘制如图7-129所示曲线。

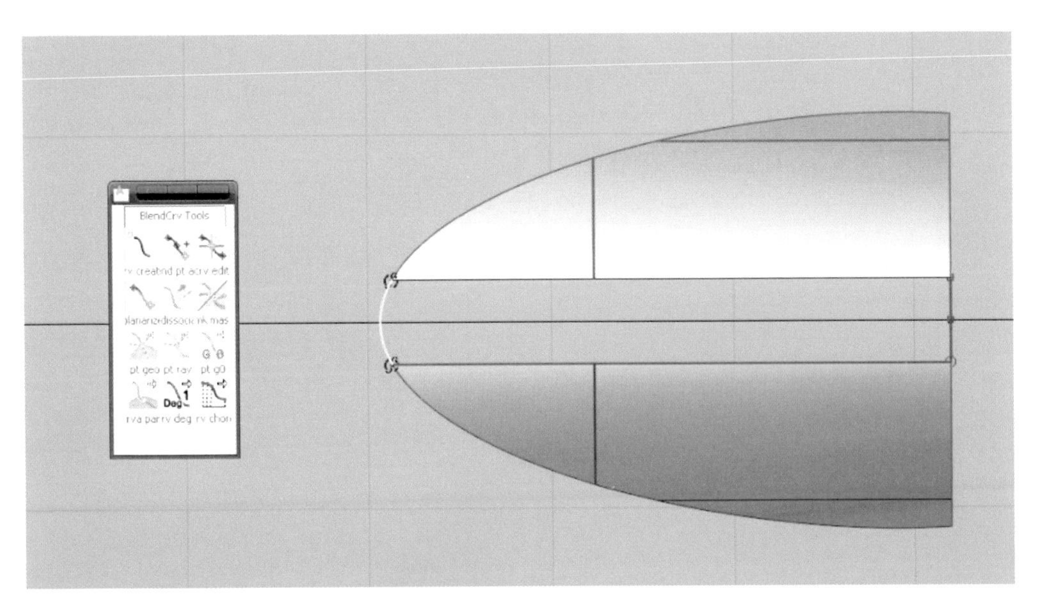

图 7-127 Blend Curve的绘制

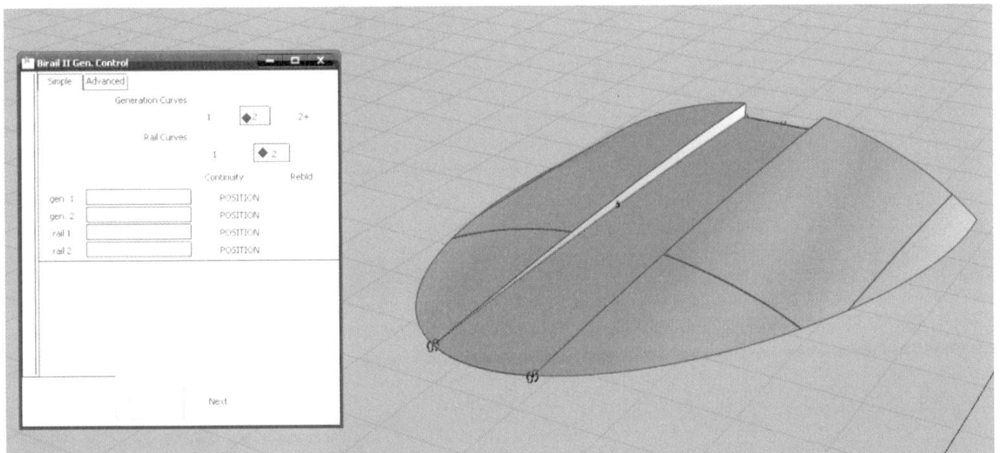

图7-128 Rail生成的曲面

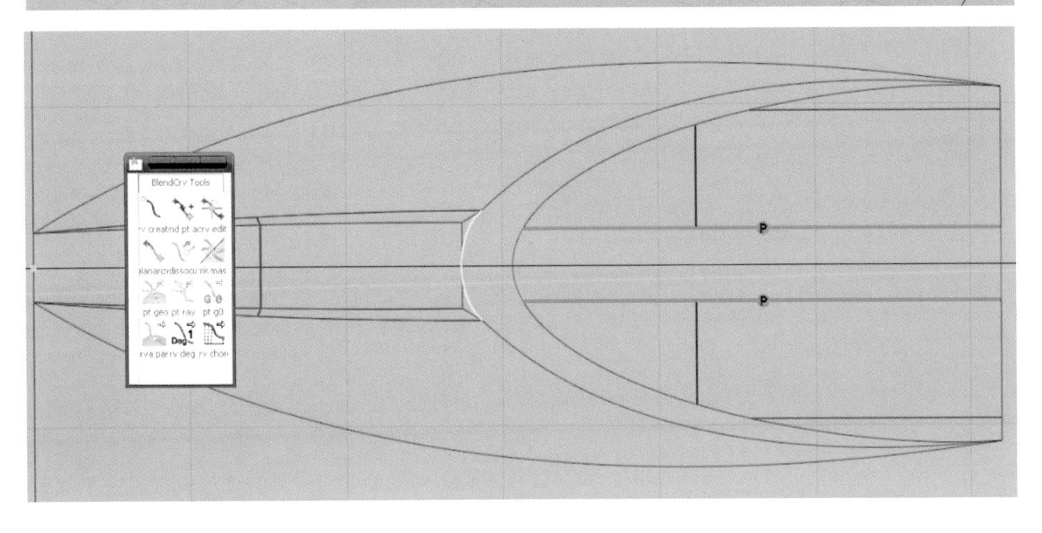

图7-129 Blend Curve的绘制

通过Skin工具生成如图7-130所示曲面。

驾驶舱侧边曲面，绘制如图7-131所示曲线。

通过Draft工具生成如图7-132所示曲面。

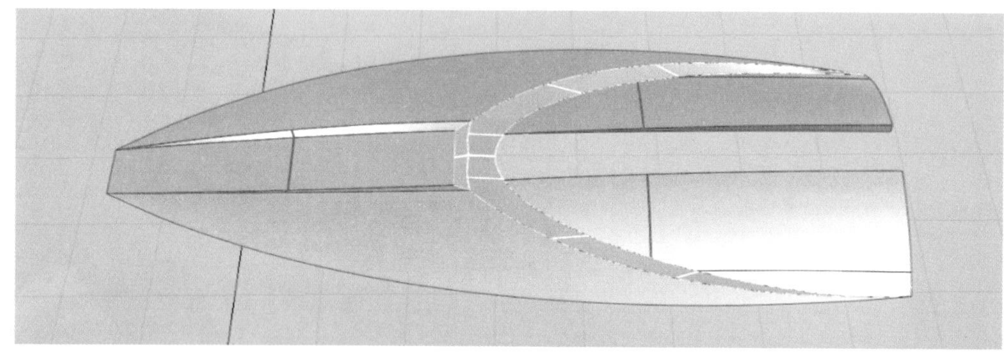

图7-130 顶部台阶曲面

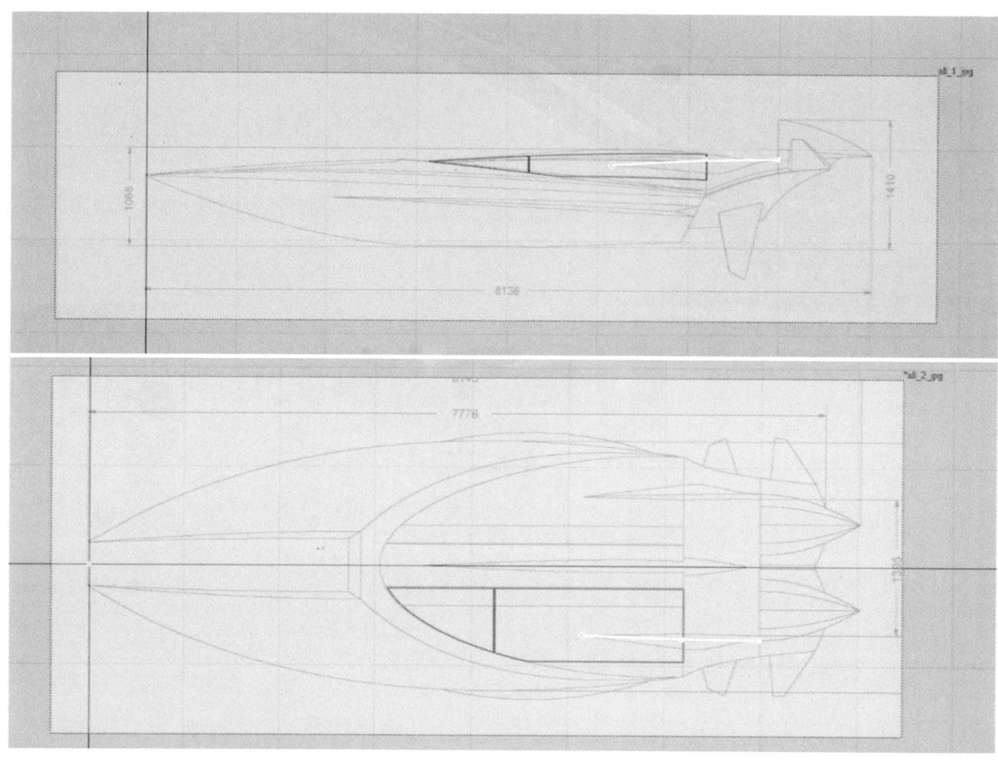

图7-131 侧边曲面

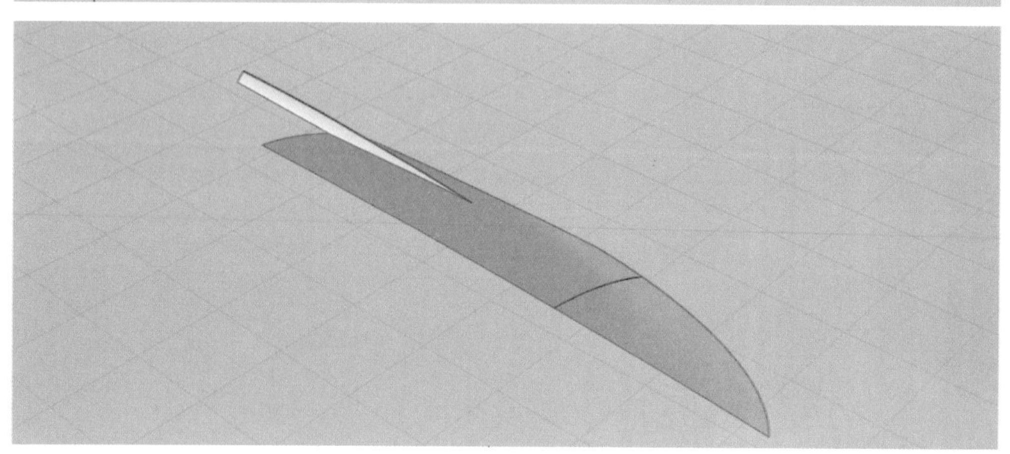

图7-132 Draft生成的曲面

绘制如图7-133所示的两条曲线。

通过Rail工具生成相应曲面（图7-134）。

船尾侧边曲面，绘制如图7-135所示曲线。

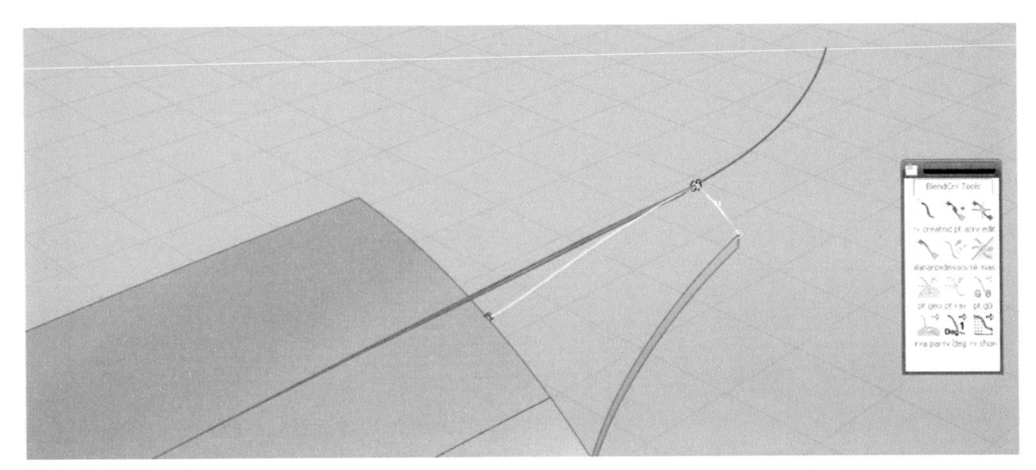

图7-133 绘制曲线

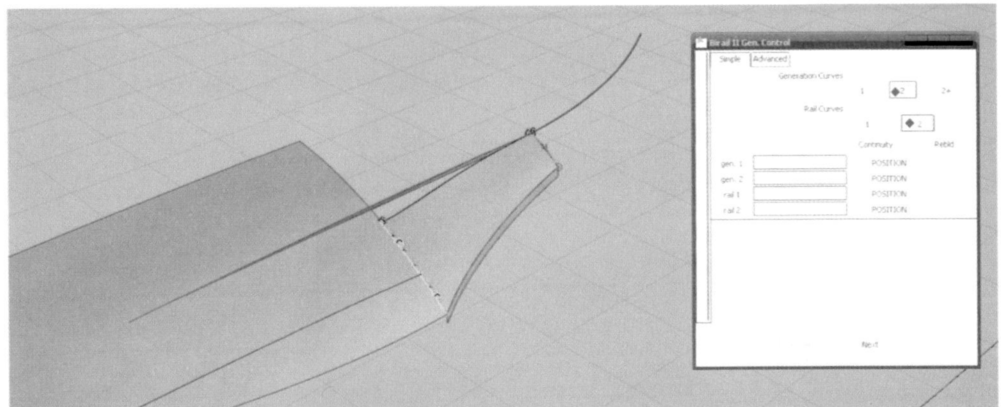

图7-134 生成曲面

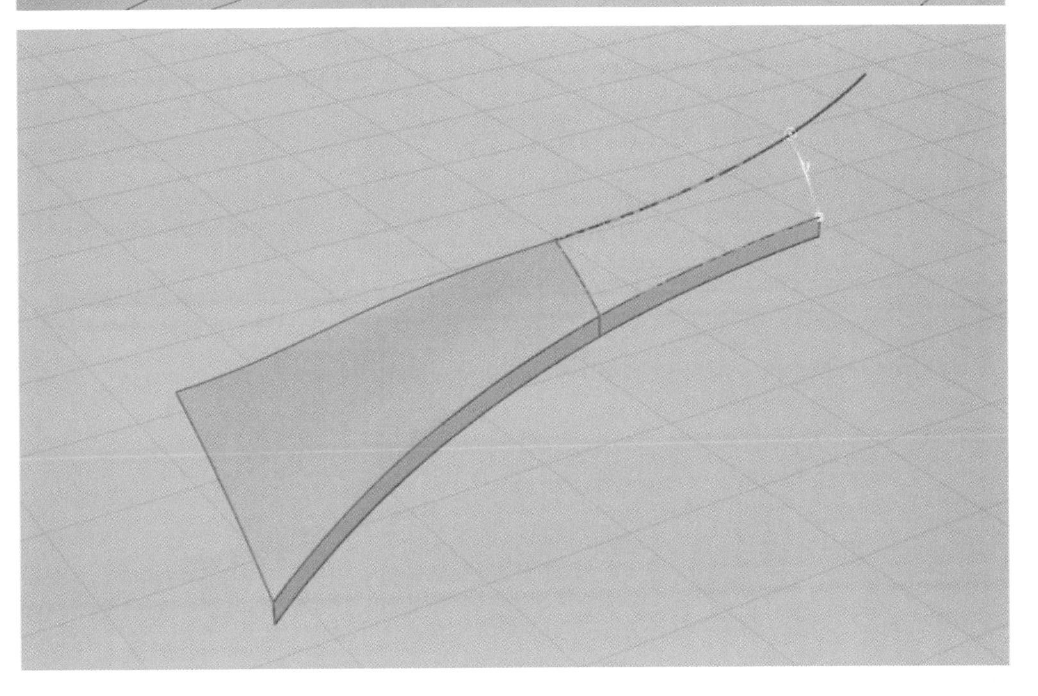

图7-135 绘制曲线

通过Rail工具生成曲面（图7-136）。

通过Draft工具生成曲面，然后剪裁（图7-137）。

通过Rail工具生成曲面（图7-138）。

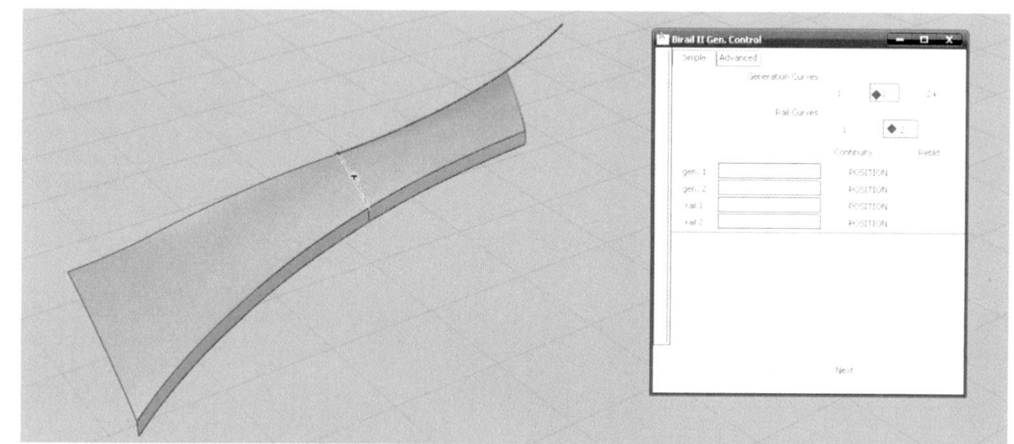

图7-136 生成曲面

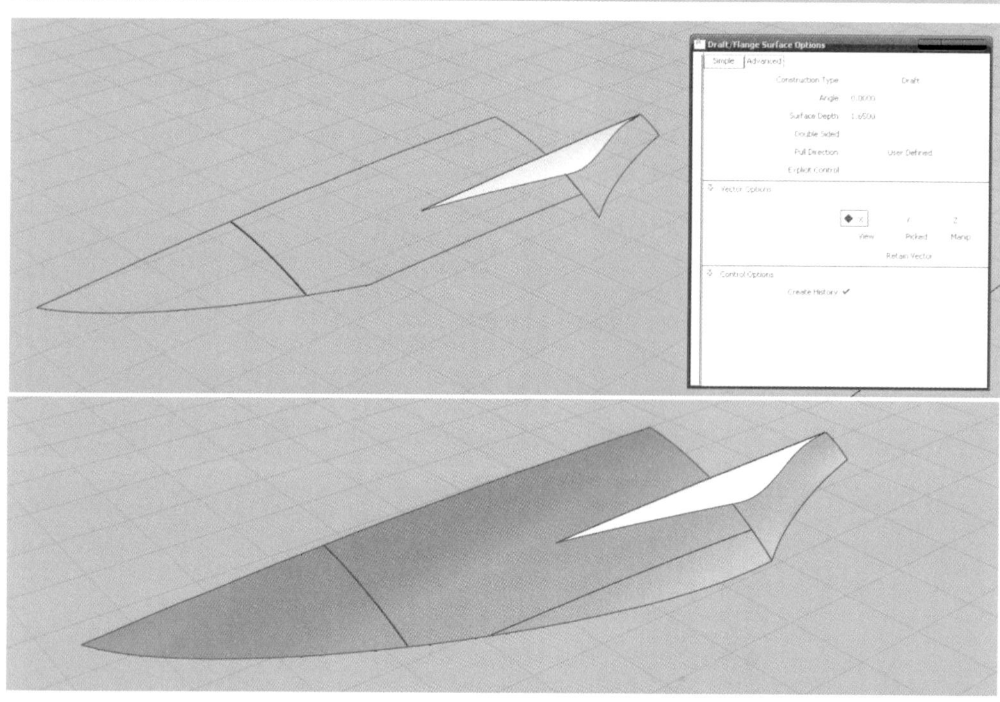

图7-137 Draft生成的曲面

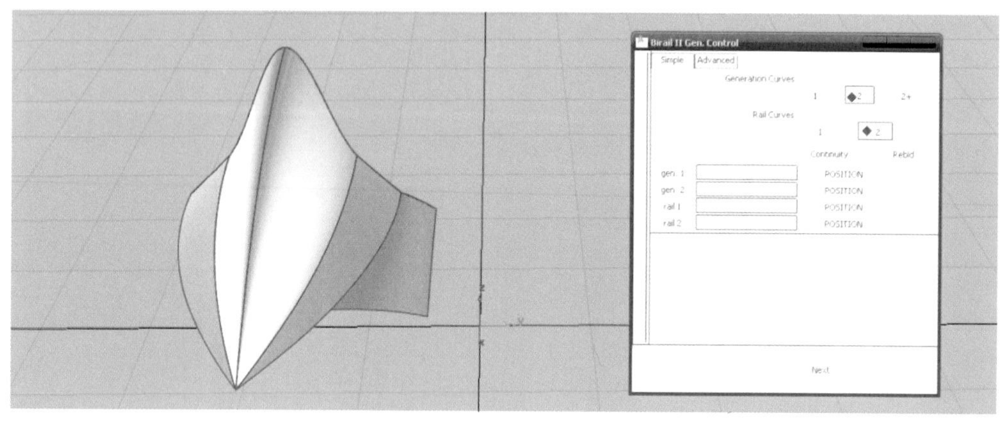

图7-138 护头部分的曲面

绘制船顶部脊上的曲线（图7-139）。

通过Rail工具生成其曲面并剪裁（图7-140）。

图7-139（上） 脊部曲线的绘制

图7-140（下） 剪裁

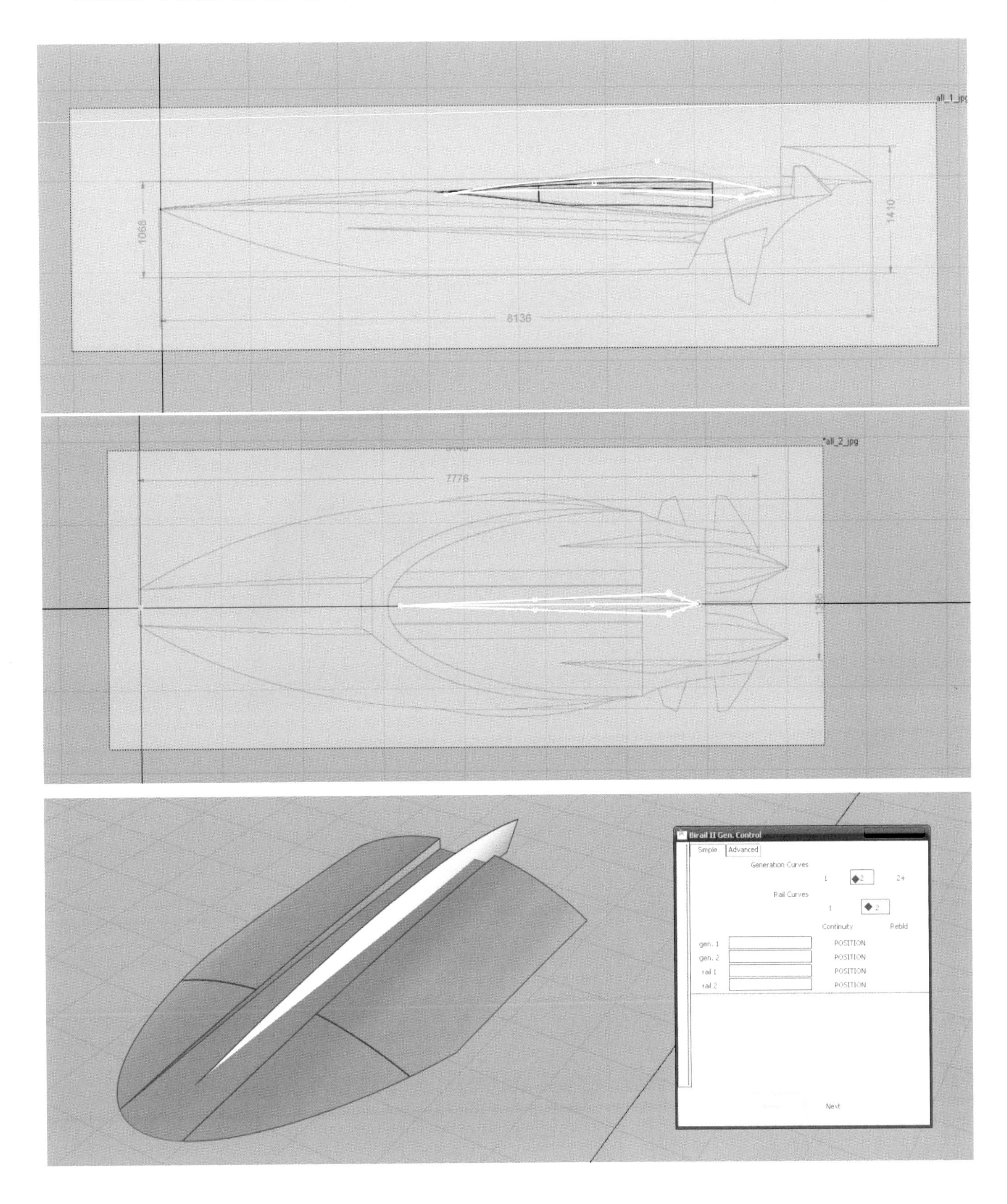

图7-141（上） 补面

图7-142（下） 侧翼曲线

补面，使模型最后成为一个封闭的实体（图7-141）。

绘制侧翼曲面曲线（图7-142）。

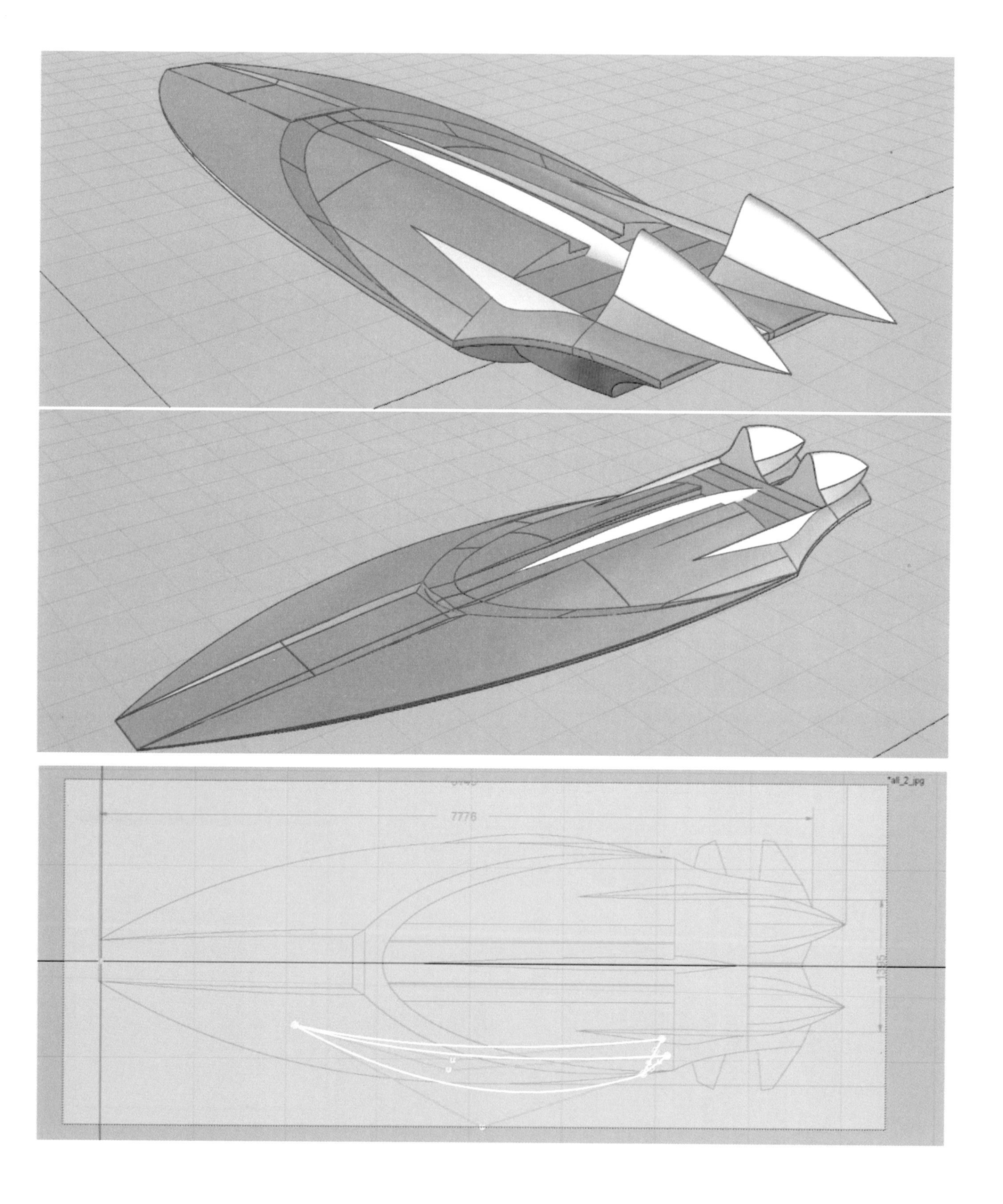

通过Rail生成曲面（图7-143）。

构建尾翼曲面，根据开始绘制的尾翼曲线通过Rail将曲面构建出来（图7-144）。

至此全部建模过程完毕，最终效果如图7-145所示。

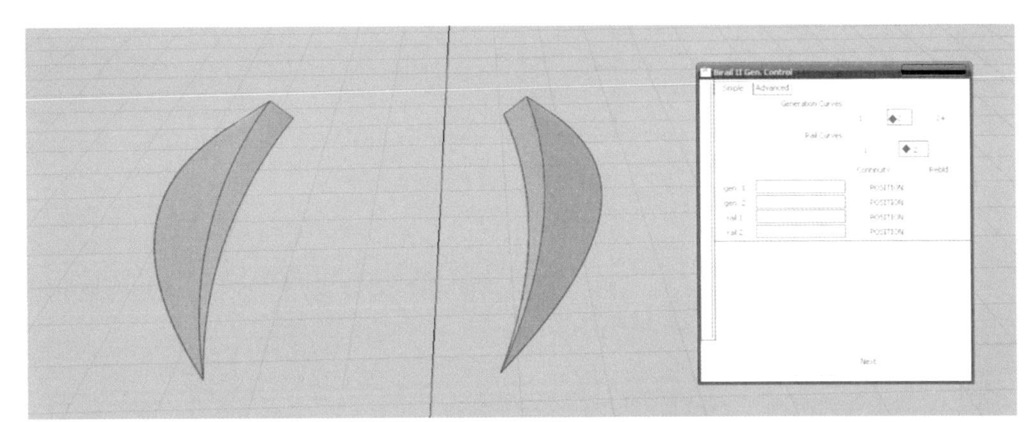

图7-143 侧翼曲面

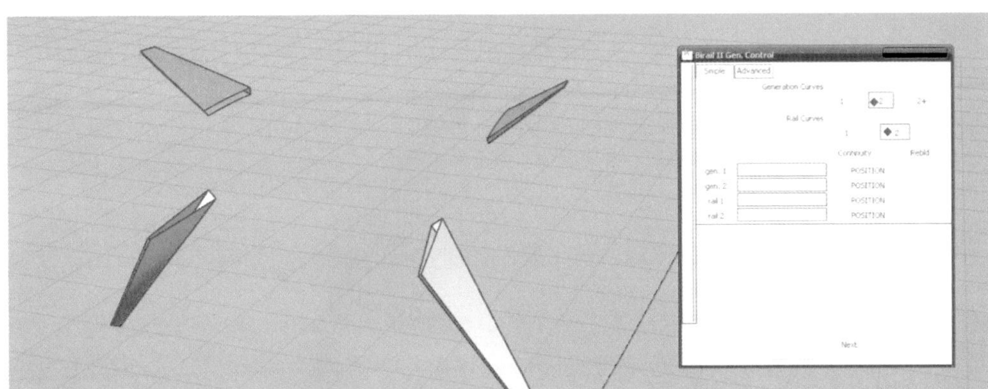

图7-144 尾翼曲面

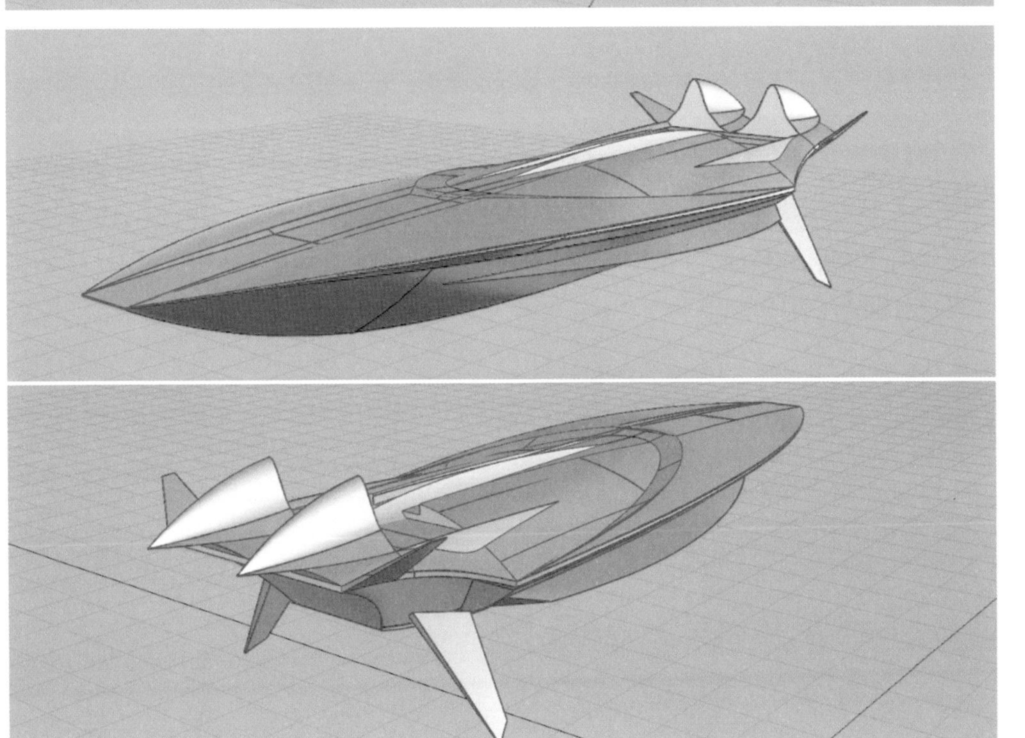

图7-145

参考文献

[1] 熊光楞，郭斌，陈晓波，蹇佳. 协同仿真与虚拟样机技术. 北京：清华大学出版社，2004

[2] 刘永翔，蔡硕. 计算机辅助产品造型设计. 北京：机械工业出版社，2009

[3] 鲁晓波，关琰，覃京燕. 计算机辅助工业设计. 北京：高等教育出版社，2007

[4] 张祖耀，朱媛. 计算机辅助工业设计. 北京：高等教育出版社，2009

[5] 张立群. 计算机辅助工业设计. 上海：上海人民美术出版社，2004

[6] 林璐，周波. 思维的再现——工业设计视觉表现. 北京：中国建筑工业出版社，2009

[7] 刘传凯，张英惠. 产品创意设计CARL LIU DESIGN BOOK. 北京：中国青年出版社，2005

[8] 孙守迁，黄琦. 计算机辅助概念设计. 北京：清华大学出版社，2004

[9] 张阿维. 计算机辅助工业设计教程：产品设计. 北京：北京理工大学出版社，2006

[10] 姜霖，顾秋健. 小家电产品设计典型实例. 江苏：凤凰出版传媒集团，江苏科学技术出版社，2010

[11] [美]Tien-Chien Chang，[美]Richard A. Wysk，[美]Hsu-Pin Wang著. 崔洪斌译. 计算机辅助制造. 北京：清华大学出版社，2007

[12] 王霄，刘会霞. CATIA逆向工程实用教程. 北京：化学工业出版社，2006

[13] 李砚祖. 设计新理念：感性工学. 新美术，2003

[14] 汤凌洁. 感性工学方法之考察. 硕士论文，2008.4

[15] 戴锋. 我国大型制造企业采购流程再造. 硕士论文，2005.4

[16] 雷达，邬露蕾. 计算机辅助产品设计. 杭州：中国美术学院出版社，2005

[17] 方兴. 计算机辅助工业设计. 武汉：华中科技大学出版社，2005

[18] 张文莉. 基于虚拟环境的意图驱动产品造型设计研究. 博士论文，2006

http://baidu.com（百度）

http://brazil.mcneel.com（巴西渲染器）

http://www.vray.com.cn/index.asp（V-Ray渲染器）

http://www.bunkspeed.com/index.html（HyperShot渲染器）

www.baidu.com

www.baisi.net

http://www.caxhome.com/

http://www.3ddl.net/

http：//www.5dcad.cn

http://www.catia.com

http://www.solidworks.com

http://www.dolcn.com

后 记

在长期的计算机辅助工业设计（CAID）教学实践中，我们发现很难找到集理论性和实践性于一体的适用教材。借助湖南大学出版社组织的这个出版计划，来自全国多个大学工业设计教学第一线的老师们基于多年科研和教学经验编写了此书。为该书的出版，工业设计学生系统了解CAID理论基础及最新发展趋势、掌握常用设计软件提供参考和指导。

《计算机辅助工业设计——三维产品表现》由理论和实践两部分组成。理论部分阐述虚拟产品开发环境下计算机在工业设计各个阶段的作用；实践部分则选择三维设计最常用的软件，并结合实例进行解说。

本书理论部分论述了计算机在三维概念可视化（江苏大学工业设计系李明珠编写）、设计商品化、设计集成管理及评价（江苏大学工业中心王春艳编写）等领域的运用。系统掌握这些知识，将有助于读者在虚拟产品开发的全局视野下，了解工业设计相关的各种计算机辅助工具。考虑到工业设计对计算机辅助工具要求的复杂性和独特性，本书的实践部分除了阐述Alias Studio Tools计算机辅助全流程设计（南京理工大学工业设计系姜斌编写）之外，还结合目前各高校教学的具体情况介绍了简单易学的Rhino（江苏大学工业设计系张文莉编写）。

本教材历经数年面世，应该感谢上述几位作者的刻苦努力，感谢江苏大学工业设计系数字化艺术设计工作室的沈锴、胡佳宁和王欢同学为本书做了大量的资料收集和案例整理工作。另外，特别感谢湖南大学何人可教授以及湖南大学出版社对出版本书的支持。

计算机辅助工业设计是一个飞速发展的领域，新的理论和技术不断涌现。本书的不足之处敬请专家和读者批评指正。

编者

2013.5于奥地利